中国碳市场发展报告
——从试点走向全国

段茂盛　吴力波／主编
齐绍洲　胡　敏／副主编

ZHONGGUO TANSHICHANG
FAZHAN BAOGAO
CONG SHIDIAN ZOUXIANG QUANGUO

人民出版社

编 者 序

2017 年 12 月 19 日，中国正式宣布启动全国碳市场的建设，标志着一个比欧盟碳排放权交易体系（EU ETS）更大的碳市场将在全球最大的发展中国家中逐步建立，为推进中国温室气体排放量早日达峰、协同治理区域性环境问题提供制度保障。基于外部性理论与产权理论所设计的排放权总量控制与交易机制，是一种比税费机制更为灵活、总量控制效果更为直接的市场化政策工具。自 2005 年 EU ETS 启动以来，全球已经有近二十个国家、区域层级的碳市场逐步建立起来。中国碳市场从试点走向全国，意味着碳排放许可的控制与交易机制已经成为推动我国低碳转型、优化资源配置的主导性市场工具。

在全球应对气候变化、实现温室气体减排的艰难征程中，中国逐渐成为重要的引领者。这种引领不仅体现在积极推动《巴黎气候协定》最终达成、重建国际气候治理体系上，也体现在努力探索建立有效的政策体系，引导国内生产、消费模式的低碳转型中。自“十二五”以来，中国首先针对碳排放的总量控制，建立了碳排放强度下降目标，并将其分解至各个省区市；与这一命令控制式政策工具相配合，必须要有适当的基于市场的工具来规制、引导企业的减排行为，通过价格信号实现全社会总减排成本的优化。为此从 2013 年以来，中国启动北京、上海、广东、深圳、湖北、天津和重庆七省市碳市场试点。各地方政府根据国家对碳市场建立的总体设计思路，结合本地社会经济发展特征，在总量设定、部门覆盖、配额分配、交易规则、履约机制等多个方面进行了政策实践，为后续全国性市场的建立探索可行路径。由于七省市在经济发展阶段、产业结构特征、资源禀赋条件等方面存在较大差异，利用碳排放总量控制与交易这一高度市场化工具来解决外部性问题时,既有共性化特征,更有差异化考量。本报告邀请了直接参与碳市场试点的专家学者分析总结各地政策实践,从不同视角对碳市场制度设计的决定性影响因素进行剖析,对相关影响进行总结。这些宝贵的理论和政策思考将为全国碳市场制度的优化提供有益借鉴,也将为各地方参与全国市场提供相关的技术参考和必要引导。

全国性碳市场的建立,核心难点在于碳市场关键制度要素的设计如何与我国东、中、西部发展阶段的差异性特征相协调、与我国现行的能源、环境、气候治理体系相适应,从而实现效率与公平的有机统一、实现理论严谨性与现实操作性的良好平衡。碳减排目标的实现,从微观机制上,需要企业通过增加减排投入、减少产出、调整能源要素的投入比例等手段实现;从宏观机制上,则需要调整区域产业结构、能源结构,推进技术创新。因此碳市场的总量目标设定的松紧程度、控排部门的阶段性纳入、许可分配机制的动态优化等会影响碳市场所产生的减排效果,也决定了碳市场实施后可能带来的直接和间接经济影响。从碳市场的实施过程来看,能否建立有效的排放监测、核查、验证机制,降低信息不对称则是碳市场的价格机制引导资源有效配置的先决条件和重要保证。在前期碳市场试点期间,国家层面的 MRV 体系设计得到了进一步的完善,在未来的国家碳市场推进过程中,相关的制度设计将直接规范控排企业的减排、履约行为。本报告将对上述全国碳市场建设关键问题予以深入阐释,为相关市场主体和地方政府全面参与全国碳市场提供指引。

本报告的编写得到了多位直接参与碳市场试点和全国碳市场设计工作的专家的大力支持,他们是周剑(第一章),吴力波和李瑾(第二章),王班班、齐绍洲和黄锦鹏(第三章),葛兴安(第四章),曾雪兰(第五章),程思、曾雪兰、齐绍洲和吴力波(第六章),段茂盛和李东雅(第七章),钱国强、黄晓辰、赖寒和段茂盛(第八章),唐人虎、李鹏、李路路和邬乐雅(第九章),佟庆、周丽和张希良(第十章),全书由吴力波、段茂盛、齐绍洲负责统稿,吴力波、孙玲负责校对。

雄关漫道真如铁,而今迈步从头越!让我们共同期待碳市场从试点成功走向全国,推动中国生态文明建设目标的早日实现,共创低碳社会,建设美好家园!

目　　录

第一章　北京碳排放权交易试点

第一节　北京碳交易试点概况

近年来，北京市的能源消费总量增速显著放缓，碳排放的结构和增速显著有别于其他试点省市。因此，北京市的碳交易试点体系充分考虑了北京市社会经济发展和能源消费、碳排放的阶段性特征，进行了针对性的制度设计。

北京市经济总量一直保持着快速、健康的发展态势。截至 2015 年年底，北京市 GDP 已增加到 12015 亿元，是 2000 年的 7.3 倍，人均 GDP 达到 17000 美元，基本迈入了高收入地区门槛。

北京市产业结构逐年优化，第三产业占 GDP 比重已接近 80%。长期以来，北京市第一产业在地区生产总值中的比重不足 1%，且随着其他产业规模的扩张呈现出逐年下降的趋势。北京市第二产业的地区生产总值逐年增加，但增速逐步放缓，其在地区生产总值中的比重也持续下降，截至 2015 年年底，第二产业增加值仅占地区生产总值的 19.7%，对地区生产总值增长的拉动作用仅为 0.8%。北京市第三产业一直呈现出迅猛发展的势头，其在地区生产总值中的比重到 2015 年增加到 79.7%，第三产业对北京市地区生产总值增长的贡献约为 90%。

北京市能源消费持续增长，但近年来增速明显放缓。“十二五”期间（2011—2015 年），北京市能源消费总量增速放缓，年均增长率仅为 1.5%。截至 2015 年年底，北京市能源消费总量达到 6853 万吨标准煤，仅比上一年增长

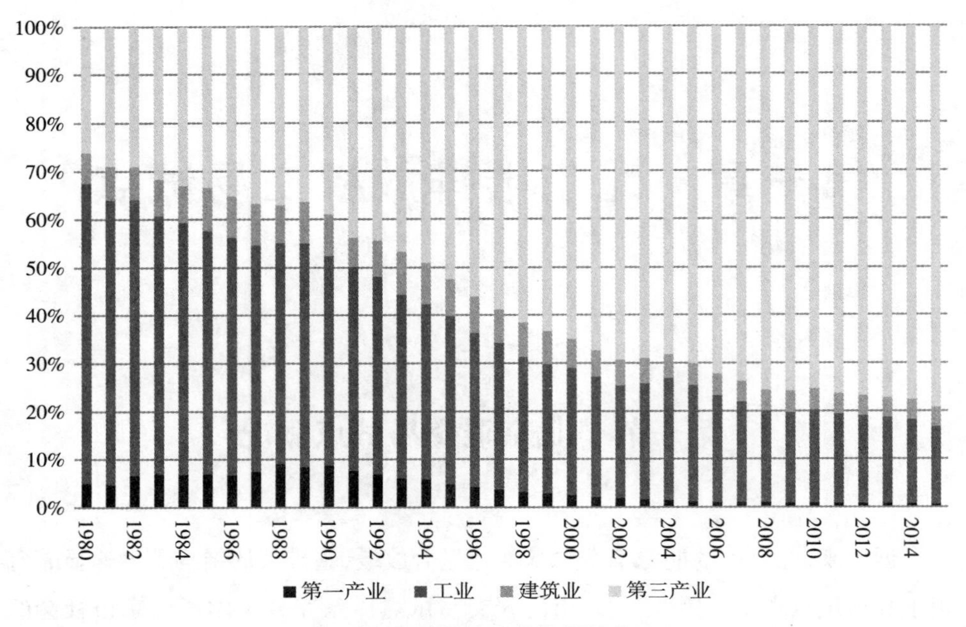

图 1.1 北京市产业结构调整状况

0. 3%。北京市人均能源消费已达到峰值,呈现出稳步下降的趋势,目前基本保持在 3. 2 吨标准煤/人·年的水平,基本与国际平均水平相当。

北京市能源强度持续降低,下降率全国领先。2006—2015 年北京市能源强度较低,但年下降率仍保持在 5. 5%以上。截至 2015 年年底,北京市能源强度为 0. 30 吨标准煤/万元 GDP,在历年全国节能减排考核中成绩突出,能源强度水平为全国最低。

北京市第二产业的能源消费已经达到峰值,但第三产业和居民生活的能源消费增长迅猛。2005 年开始,第三产业和居民生活消费的能源量开始超过第二产业,在能源消费总量中逐渐占据主导地位;2008 年开始第三产业能源消费量增长至 2400 万吨标准煤,赶超第二产业,成为北京市能源消费量第一大部门,第二产业能源消费量达到峰值,并开始逐步下降。截至 2015 年年底,北京市第二产业消耗能源 1900 万吨标准煤,占全市能源消费量的 28%;第三产业能源消费量则逐步增长至 3300 万吨标准煤,占全市能源消费量的 48%;居民生活消费能耗也持续增长,达到 1550 万吨标准煤,占全市能源消费量的 23%。

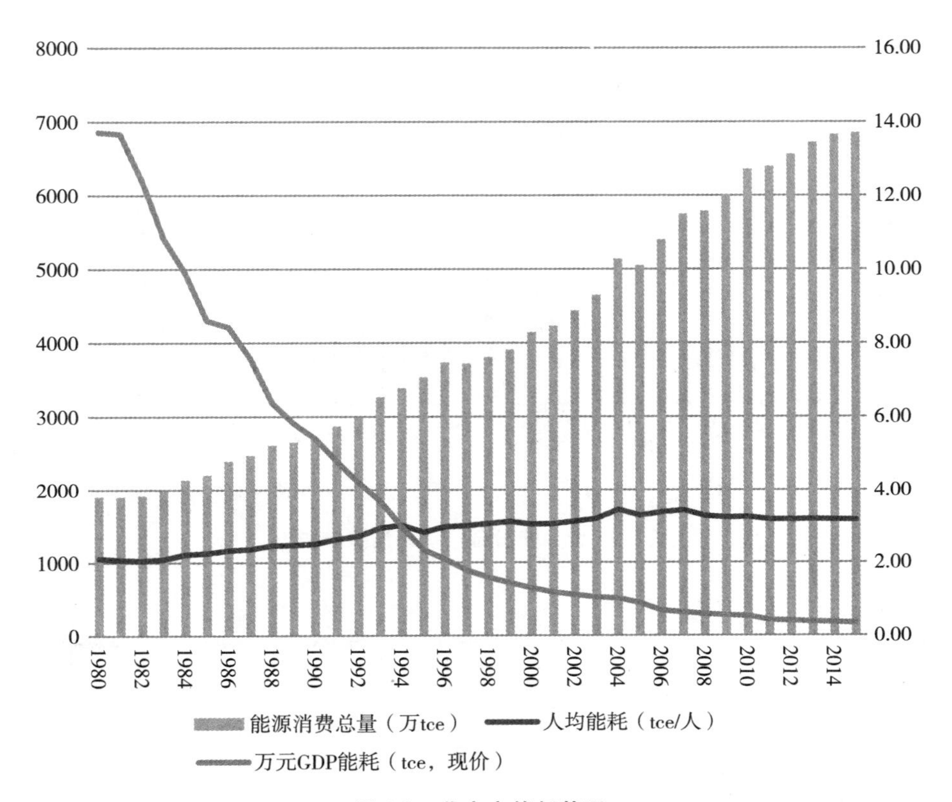

图 1.2　北京市能耗状况

北京市燃煤压减取得成效，能源结构显著改善。在应对气候变化和大气污染的双重压力下，北京市积极推动能源结构优化，目前清洁低碳的能源结构已经初步形成。根据统计数据，全市煤炭消费从"十一五"末的 2600 万吨下降到 2015 年的 1150 万吨，累计压减燃煤近 1400 万吨，全市清洁低碳能源比重已达到 86%。在此期间，煤改气效果显著，"十二五"期间，煤炭占能源消费总量的份额由近 30%下降到 14%；而天然气份额则由 15%上升到 29%，为北京市的能源结构改善做出突出贡献。

北京市的碳排放构成中，间接排放已成为主要的排放源。根据北京市 2010 年温室气体排放清单核算的结果，能源活动领域中能源加工转换部门的碳排放量占到了 19. 13%左右，工业和建筑业占比 13. 47%，服务业（不含交通）占比 7. 15%，交通运输占比 12. 24%，居民生活占比 4. 72%，农业占比 0. 68%，非能源

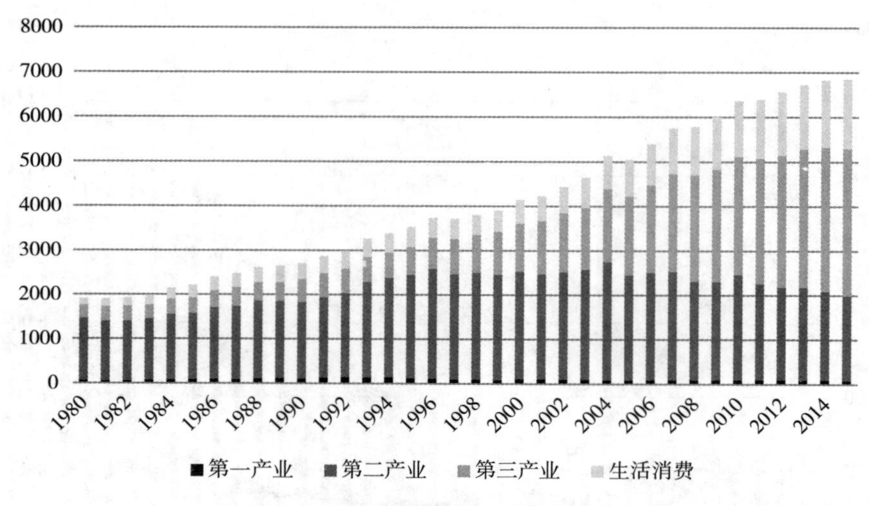

图 1.3　北京市分部门能源消费结构

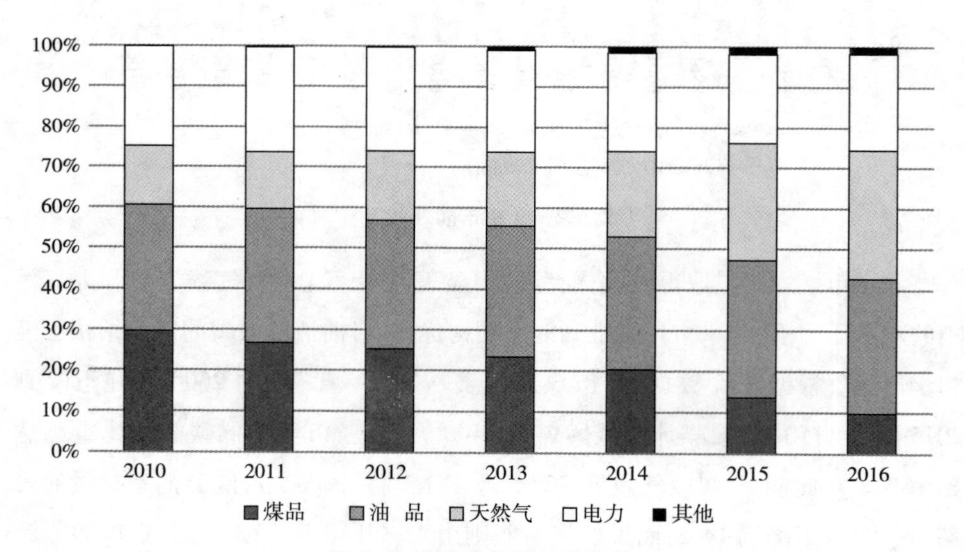

图 1.4　北京市能源结构优化

利用占比 1.05%，电力净调入间接排放占比 41.54%。

北京市自被确定为碳排放权交易试点以来，在制度设计、能力建设、宣传引导等方面开展了大量工作，建立了较为完善的碳排放权交易体系，并完成了 2013 年度和 2014 年度履约，履约率较高。自 2013 年 11 月 28 日启动交易至

2015年12月31日，北京碳排放权交易市场配额累计成交量达532万吨，累计成交额超过2.38亿元，线上成交均价为52.68元/吨。

第二节　北京碳市场制度设计

制定出台法规政策，是市场经济条件下依法建立碳排放权交易市场的必要条件和法制基础。目前，北京市已经制定完成了全市“1+1+N”的碳排放权交易法规政策总体框架。

第一个“1”：是指市人大常委会《关于北京市在严格控制碳排放总量前提下开展碳排放权交易试点工作的决定》（以下简称《决定》）。《决定》是构建碳交易市场的法律依据，通过北京市人大发布《决定》，明确配额产生、分配、流转和抵消等碳排放权交易基本环节的规则。一是建立碳排放配额管理制度，确立全市对碳排放实行管控制度，规定重点排放单位的碳排放权利与责任，全市行政辖区内的重点排放单位需持有二氧化碳排放配额。二是实行碳排放报告报送制度，明确二氧化碳排放报告单位需履行碳排放报告责任，建立二氧化碳排放报告第三方核查制度。三是确立碳排放权交易制度，明确重点排放单位可采用市场交易方式完成二氧化碳排放控制目标。四是建立罚则，对不履行碳排放控制责任等违反碳排放管控相关制度的行为，明确相应的惩罚要求。

第二个“1”：是指市政府《北京市碳排放权交易管理办法（试行）》（以下简称《管理办法》）。《管理办法》主要对合理排放二氧化碳的权利以及超额排放的责任等相关事项做出规定；明确配额产生、分配、流转和抵消等碳排放权交易基本环节的规则，是在市人大决定基础上的细化和完善。其内容包括：（1）总则。主要阐明了编制目的、适用范围、工作原则、相关责任和管理体系等基本要求和原则规定。（2）碳排放配额管理。主要明确了排放配额管理制度的适用主体，规定了二氧化碳排放报告报送与核查、碳排放配额分配与核发、碳排放配额上缴与履约等事项的要求和流程，明确了各相关机构的职责分工和办理时限。（3）二氧化碳排放交易。主要明确了全市碳排放交易的交易主体、交易产品、交易方式的基本要求，规定了交易机构及其开展经营活动的基本原则，明确了全市开展碳排放交易的方式及创新。(4)监督管理与激励措施。主要规定了全市加强碳排放交易的监管方式，规定了全市促进重点排放单位积极参与碳排放交易的激励政策。(5)法律责任。主要规定了所涉及相关方在开展碳排放交易过程中出现违规违法行为时的责任追究和处理方式。

“N”：是指配套细则，主要由北京市发改委会同有关部门制定出台的配额核定方法、核查机构管理办法、交易规则及配套细则、公开市场操作管理办法、行政处罚自由裁量权规定、碳排放权抵消管理办法，以及北京环境交易所推出的碳排放权交易规则及细则等 17 项配套政策文件与技术支撑文件。表 1.1 列出了 2013—2014 年北京市发布的人大决定、管理办法和 14 项配套政策文件。这些配套政策文件覆盖了碳排放核算报告及核查、配额分配、登记系统、交易、处罚、市场调控、抵消等在内的碳排放权交易体系所有要素，表明了北京市碳排放权交易体系制度建设的完整性。

表 1.1　北京市碳排放权交易试点制度文件列表

<table>
<tr><th colspan="4">框架性文件</th></tr>
<tr><th>序号</th><th>级别</th><th>文件名称</th><th>出台时间</th></tr>
<tr><td>1</td><td>人大立法</td><td>《关于北京市在严格控制碳排放总量前提下开展碳排放权交易试点工作的决定》</td><td>2013</td></tr>
<tr><td>2</td><td>政府文件</td><td>《北京市碳排放权交易管理办法(试行)》</td><td>2014</td></tr>
<tr><th colspan="4">配套政策文件</th></tr>
<tr><th>序号</th><th>要素</th><th>文件名称</th><th>出台时间</th></tr>
<tr><td>3</td><td>MRV
(核算报告)</td><td>《北京市企业(单位)二氧化碳核算和报告指南》</td><td>2013、2014</td></tr>
<tr><td>4</td><td>MRV(报告)</td><td>《北京市温室气体排放报告报送流程》</td><td>2013</td></tr>
<tr><td>5</td><td rowspan="3">MRV(核查)</td><td>《北京市碳排放权交易核查机构管理办法(试行)》</td><td>2013</td></tr>
<tr><td>6</td><td>《北京市碳排放报告第三方核查程序指南》</td><td>2013、2014</td></tr>
<tr><td>7</td><td>《北京市碳排放第三方核查报告编写指南》</td><td>2013、2014</td></tr>
<tr><td>8</td><td rowspan="2">配额分配</td><td>《北京市碳排放权交易试点配额核定方法(试行)》</td><td>2013</td></tr>
<tr><td>9</td><td>关于发布行业碳排放强度先进值的通知</td><td>2014</td></tr>
</table>

续表

配套政策文件			
序号	要素	文件名称	出台时间
10	登记系统	《北京市碳排放权交易注册登记系统操作指南》	2013
11	交易	《北京环境交易所碳排放权交易规则(试行)》	2013
12		《北京环境交易所碳排放权交易规则配套细则(试行)》	2014
13		《北京市碳排放配额场外交易实施细则(试行)》	2013
14	处罚	《关于规范碳排放权交易行政处罚自由裁量权的规定》	2014
15	市场调控	《北京市碳排放权交易公开市场操作管理办法(试行)》	2014
16	抵消	《北京市碳排放权抵消管理办法(试行)》	2014

第三节　北京碳市场试点特征

一、自上而下的立法体系建设

地方立法最大的挑战是需要国家已制定相应的上位法,有较好的立法基础。北京市在设计碳排放权交易体系时考虑了以下原则:一是要借助于北京市乃至全国治理环境的迫切需求,与环境治理政策协同,注重政策的协同效应;二是充分利用北京具有地方立法权的有利条件,推动地方人大通过人大常委会决定,为碳排放权交易提供法律保障;三是要注重立法文件的层次性,既需要地方人大的法律保障,同时还需要地方政府的管理办法以明确关键要素设计;四是需要主管部门制定相关文件,以进一步明确实施的主要流程和关键时间点。为此,北京市立法进程采取两步走的策略:首先,通过《决定》,为北京市碳排放权交易试点提供法律保障。其次,北京市通过应对气候变化的《管理办法》,为北京市碳排放交易健康发展提供可靠的法律保障。

北京市确立了双层级的立法模式。北京市建立了地方人大《决定》和地方政府《管理办法》并举的双层级立法模式,这种模式是最为理想的立法模式:一方面既能通过人大《决定》解决碳排放许可、确立碳排放管控制度和交易机制，并能扩大罚则效力；另一方面也能通过市政府《管理办法》进一步明确碳排放交易的流程各环节的具体要求。

率先实行碳排放总量控制，探索建立“总量控制”下的碳排放交易制度。北京市在人大决定及碳排放权交易实施方案中都明确了要建立“碳排放总量控制”的指导方针，提出了建立“总量控制”下的碳排放权交易体系。另外在相关规划中也明确了2015年的能源消费总量以及煤炭、油品、电力等具体能源品种的消费总量，同时还明确了各行业的能源消费总量目标，这些碳排放总量控制目标和能源消耗总量控制目标的设立为实施碳交易奠定了基础，也为北京市实现碳排放和能源消耗总量“双控、双降”提供了有效途径。

二、“有形之手”与“无形之手”的前置式融合

1. 充分结合北京市非首都功能疏解，合理确定管控对象覆盖范围

配额分配方法包括历史总量法、历史强度法和基准线法。方法的选择决定了碳排放交易政策的鼓励对象。目前，北京碳市场采取了多元化的配额分配方法集成，对制造业和第三产业采用历史总量法，对供电和供热企业采用历史强度法，对新增设施采用基准线法。北京市目前配额分配对象包括：电力、热力生产和供应企业（单位）；制造业和采矿业企业、服务业企业（单位）。主要原因是：

一是借鉴了欧盟排放交易体系的成功经验。例如，EU ETS 第一期（2005—2007）第一阶段配额分配的对象为能源供应、石油提炼、钢铁、建材、造纸，第二阶段配额分配的对象包括电力和热力生产、钢铁、石油精炼、化工、玻璃、陶瓷、建筑材料（包括水泥）、造纸和印刷（包括纸浆），第三阶段纳入了航空业和化工、制氨、制铝。

二是有助于贯彻实现中央关于控制京津冀地区燃煤总量，实现控制 PM2.5 和雾霾天气的协同效应。北京 2013 年燃煤总量约 2500 万吨，其中很大程度上来自于这三大部门的燃煤锅炉。根据北京市《加快压减燃煤促进空气质量改善的工作方案》，到 2015 年，燃煤总量削减目标再加码，削减到 1500 万吨；到 2020 年，北京燃煤总量将进一步降至 1000 万吨以内。因此，将上述部门纳入 BETS

的范围，将推动重点排放单位积极进行燃煤锅炉改造。

三是有助于通过碳市场建设控制北京市重点用能单位的能源消耗总量。根据《北京市重点用能单位2012年能源利用状况公报》，2012年，北京市能源消费总量5000吨标准煤(含)以上的用能单位共591家，其中，工业重点用能单位216家，非工业重点用能单位375家。大部分重点用能单位也是北京市的重点碳排放单位，也是碳排放交易体系的强制参与者。通过对这些单位实现碳排放控制，也有助于实现北京市“十二五”期末GDP能源强度下降的目标。

四是北京市目前配额分配的对象还有一定的节能减排空间。根据《北京市重点用能单位2012年能源利用状况公报》，重点用能单位规划了近期拟实施的节能改造项目160个，预计单位节能量投入由低到高依次是：区域热电联产、能量系统优化、余热余压利用、电机系统节能、发电(供热)机组、节约和替代石油、绿色照明、燃煤工业锅炉(窑炉)改造、建筑节能。其中，预计单位节能量投入最低的节能改造项目类型是区域热电联产，为0.195万元/吨标准煤，比平均值少0.1万元/吨标准煤。

2. 结合北京市的产业结构调整和能源结构优化，合理确定控排系数

控排系数确定的方法学具体原理是：首先基于历史年份的统计数据和配额分配期的控制目标或规划数据，确定参与配额分配的各部门/行业的碳排放总量上限；而后将排放总量上限拆分为配额分配期之前已投产产能的配额总量上限，以及允许在分配期内新增产能的配额总量上限两部分；最后，将已投产产能的配额总量上限除以祖父排放量(本方法设定为2009—2012年的年均排放量)，即可得到不同部门/行业的调整系数。

表1.2给出了北京市在2013—2015年期间所给出的控排系数。

表1.2　各行业年度控排系数

	2013年	2014年	2015年
制造业和其他工业企业	98%	96%	94%
服务业企业(单位)	99%	97%	96%
火力发电企业的燃气设施	100%	100%	100%

续表

	2013 年	2014 年	2015 年
火力发电企业的燃煤设施	99.9%	99.7%	99.5%
供热企业(单位)的燃气设施	100%	100%	100%
供热企业(单位)的燃煤设施	99.8%	99.5%	99.0%

三、强化的履约保障

从碳交易试点运行经验来看,法律制度、政策执行力等因素对履约完成情况具有较大影响。

1. 提高碳交易立法层级,直接给出政府对控排企业违约行为的处罚力度,从而影响企业的违约成本

在缺乏上位法支持的情况下,若试点立法停留在政府一般规范性文件的层级上,而不上升到人大立法的高度,从而导致碳交易主管部门在设计罚则时无法通过提高罚金等方式增强对企业的约束力,从而导致试点控排企业违约成本存在明显差异。

北京市人民代表大会常务委员会《关于北京市在严格控制碳排放总量前提下开展碳排放权交易试点工作的决定》(2013 年 12 月 27 日北京市第十四届人民代表大会常务委员会第八次会议通过)规定,未按规定报送碳排放报告或者第三方核查报告的,由市人民政府应对气候变化主管部门责令限期改正;逾期未改正的,可以对排放单位处以 5 万元以下的罚款。重点排放单位超出配额许可范围进行排放的,由市人民政府应对气候变化主管部门责令限期履行控制排放责任,并可根据其超出配额许可范围的碳排放量,按照市场均价的 3—5 倍予以处罚。例如第一个履约年度(2014 年),415 家重点排放单位的主动履约率高达 97.1%,未主动完成履约的 12 家重点排放单位被严格执法,按照市场均价 3—5 倍进行处罚。由于 2014 年 1—6 月北京碳配额公开交易成交均价为 54.57 元/吨,因此,北京市重点排放单位 2013 年超额排放在 10%以内、10%—20%之

间、20%以上的分别被处以 164 元/吨、218 元/吨、273 元/吨的罚款。北京开出了中国碳市场最重的罚单，成为全国严格执法的典范。

2. 加强碳交易执法能力的力度

碳交易体系具有高度的复杂性，涉及经济社会发展的诸多产业，履约流程执行情况将直接影响到履约情况的真实性，从而对配额同质性产生较大影响。相对来说，北京碳交易试点履约政策执行较为严格，其在机构设置上不仅涵盖了碳交易主管部门、交易机构、核查机构、政策制定支撑机构等相关方，还成立了执法大队对违约企业进行监督，保证控排企业履约数据质量。

首先，建立执法细则和执法队伍。例如，北京碳市场加强了执法监察，以执法推动控排企业履约，并对未履约企业施行 3—5 倍平均配额价格的罚款。出台了《关于规范碳排放权交易行政处罚自由裁量权的规定》，遵循处罚法定、过罚相当、综合裁量的原则，确保行使行政处罚自由裁量权的合法性和合理性，并明确了处罚种类、幅度。

基于教育为主的原则，给予了纠错机会，对当事人有下列情形之一的，不予处罚：(1)年综合能源消耗 2000 吨标准煤(含)以上的法人单位在责令改正期限 5 个工作日内完成碳排放报告报送的；(2)重点碳排放单位在责令改正期限 5 个工作日内完成第三方核查报告报送的；(3)重点排放单位在责令期限 10 个工作日内完成碳排放配额履约的；(4)其他不予处罚的情形。

其次，也建立了与“大棒”相配套的“胡萝卜”政策。北京碳市场除了对未履约企业进行罚款和扣除配额等处罚外，还将未履约企业纳入征信系统管理，并将取消其享受节能减排激励政策，包括享受财政补贴、限制其参与项目申请等。

第四节　案例分析：北京碳价稳定机制

根据经济学原理，供给和需求共同决定价格。碳排放权交易市场的特殊性在于，市场的供给由政府决定，且在碳市场运行初期，由于缺乏数据基础等原因，很容易造成供给与需求不匹配的情况。且随着经济发展，当配额市场需求不断减少时，若要保持价格的稳定，则供给也应相应减少。而现实中，政府确定的供给无法对需求变化做出及时的回应与调整。此外，不同行业减排成本的差异、市场参与主体的数量和活跃度，都会对交易价格产生影响。从实践经验看，由于经济下行压力造成的配额过剩，是包括欧盟在内的大部分碳市场面临的问题。这种特殊的“市场失灵”难以为碳市场机制自身所克服，需要政府进行适当调控。

碳交易价格是碳市场与减排有关的所有经济活动的信号。合理的碳交易价格可以促进经济体的低碳转型和优化社会激励机制，反之，可能放大经济发展和减排之间的矛盾。北京市推进碳交易试点制度构建时已开始考虑碳价调控的制度设计问题，并在借鉴欧盟经验教训的基础上开展了许多有益的探索。北京的政策明确了配额调整方案、价格控制措施以及配额价格最高和最低区间，为国内碳市场价格控制机制的实施提供了良好的范例。主要包括：

一、建立公开市场操作机制，避免碳价格剧烈波动，稳定碳交易市场

对北京碳市场而言，要发挥碳交易机制对控制碳排放的作用，要紧密跟踪碳价的走动，既要保障碳价不能过高，避免对 GDP 带来较大的冲击；又要避免碳价过低，失去了碳排放成本内部化对重点排放单位的影响力。

1. 主要情景设置

根据上述分析，主管部门所制定的配额分配方案是影响碳价波动的重要因素。为此，选择两种不同的配额分配方案（详见表 1.3 和表 1.4）：适度配额（S1 情景）、宽松配额（情景 S2）。其中，S1 情景所对应的适度配额方案就是北京市现有配额分配方案（2013—2015 年），“十三五”按现有配额分配方案再适度收紧。

表 1.3　S1 情景所对应的配额分配方案

	2013 年	2014 年	2015 年	2016 年	2017 年	2018 年	2019 年	2020 年
制造业和采矿业企业	98%	96%	94%	93.5%	93.0%	92.5%	92.0%	91.5%
服务业企业（单位）	99%	97%	96%	95.5%	95.0%	94.5%	94.0%	93.5%

续表

	2013 年	2014 年	2015 年	2016 年	2017 年	2018 年	2019 年	2020 年
火力发电企业的燃气机组	100%	100%	100%	99.5%	99.0%	98.5%	98.0%	97.5%
火力发电企业的燃煤机组	99.90%	99.70%	99.50%	99.0%	98.5%	98.0%	97.5%	97.0%
供热企业(单位)的燃气机组	100%	100%	100%	99.5%	99.0%	98.5%	98.0%	97.5%
供热企业(单位)的燃煤机组	99.80%	99.50%	99.00%	98.5%	98.0%	97.5%	97.0%	96.5%

表 1.4 S2 情景对应的宽松配额方案

	2013 年	2014 年	2015 年	2016 年	2017 年	2018 年	2019 年	2020 年
制造业和采矿业企业	98.0%	97.9%	97.8%	97.7%	97.6%	97.5%	97.4%	97.3%
服务业企业(单位)	99%	98.9%	98.8%	98.7%	98.6%	98.5%	98.4%	98.3%
火力发电企业的燃气机组	100%	100%	100%	99.5%	99.0%	98.5%	98.0%	97.5%
火力发电企业的燃煤机组	99.90%	99.8%	99.7%	99.6%	99.5%	99.4%	99.3%	99.2%
供热企业(单位)的燃气机组	100%	100%	100%	99.5%	99.0%	98.5%	98.0%	97.5%
供热企业(单位)的燃煤机组	99.80%	99.7%	99.6%	99.5%	99.4%	99.3%	99.2%	99.1%

2. 分析结果

针对上述情景,分别进行动态 CGE 模型的模拟。考虑碳交易的碳价,北京市的宏观经济、能源消耗和碳排放等变量在实施碳交易政策前后的变化。

表 1.5 S1 情景(配额适度)所内生的碳价及其影响

	2013 年	2014 年	2015 年	2016 年	2017 年	2018 年	2019 年	2020 年
碳价格(元/吨二氧化碳)	54	65	89	93	103	112	125	137
GDP 总量变化	-0.29%	-0.38%	-0.56%	-0.65%	-0.73%	-0.78%	-0.83%	-0.89%

续表

	2013 年	2014 年	2015 年	2016 年	2017 年	2018 年	2019 年	2020 年
GDP 增速变化	-0. 31%	-0. 10%	-0. 20%	-0. 09%	-0. 08%	-0. 06%	-0. 06%	-0. 06%
能源强度相对 2010 年变化			-25. 01%					-39. 35%
碳强度相对 2010 年变化			-29. 01%					-44. 27%

表 1.6　S2 情景（配额宽松）所内生的碳价及其影响

	2013 年	2014 年	2015 年	2016 年	2017 年	2018 年	2019 年	2020 年
碳价格（元/吨二氧化碳）	8	8	9	11	13	15	16	18
GDP 总量变化	-0. 02%	-0. 02%	-0. 03%	-0. 03%	-0. 04%	-0. 04%	-0. 04%	-0. 04%
GDP 增速变化	-0. 02%	0. 00%	-0. 01%	0. 00%	0. 00%	0. 00%	0. 00%	0. 00%
能源强度相对 2010 年变化			-23. 2%					-37. 63%
碳强度相对 2010 年变化			-24. 95%					-40. 48%

根据上述测算结果可知（详见表 1.5 和表 1.6），S2 情景下，过低的碳价，对碳排放控制的干预作用明显偏弱，失去了政策设计的初始意义。而在 S1 情景下，维持北京市现有配额分配方案的控制力度，在“十三五”继续适度收紧，2015 年能源强度和碳强度分别相对 2010 年下降 25%、29%，与此相对应的政策成本是 GDP 总量、GDP 增速相对无碳交易情景下分别损失 0. 56 个百分点和 0. 20 个百分点。

3. 关于公开市场操作触发价格区间的建议

根据上述情景研究，在碳排放交易体系设计中北京市对碳价设置了一个地板价的触发机制，若价格过低，低于 20 元，则根据北京市人大《决定》，启动回购机制；若碳价过高，高于 150 元，则启动拍卖机制。

例如北京市公布《公开市场操作管理办法》：当配额的日加权平均价格连续 10 个交易日高于 150 元/吨时，进行拍卖；当配额日加权平均价格连续 10 个交易日低于20元/吨时,可组织配额回购。

二、建立场内交易与场外交易的防火墙机制,避免场外交易的碳价波动影响场内交易的碳价

欧盟碳排放权交易初期主要在场外市场(OTC)进行,以伦敦能源经纪商协会(LEBA)为主,占一半以上交易量。LEBA于2003年成立,主要交易商品包括原油、精炼石油、燃气、电力、煤以及排放权,其作用是充当一个代理人,以成本有效的方式安排两个独立的交易对手方进行交易,合约非标准化。在碳交易方面,LEBA的主要功能包括公布碳价、会员企业规格等有用的市场信息,从事合规和政策规划等方面的工作,开展会员间的合作,游说政府部门。根据LEBA统计,2014年清算总量为14.18亿吨,也就是说,90%的OTC碳交易会入场清算。企业慢慢转向了以清算为基础的场内交易,主要原因是清算所扮演了中央担保者的角色,买卖双方要提交交易保证金,通过计算每日盈亏变化随时追加,因此清算所形成了一个担保金池,化解交易者的风险。因此,交易方也希望通过交易所的场内清算来规避交易风险。

北京市公布了《北京市碳排放配额场外交易实施细则(试行)》,规定了试点期初的配额交易若有以下行为之一的,则须采取场外交易方式:

(1)关联交易。即两个(含)以上具有关联关系的交易主体之间的交易行为。

(2)大宗交易。即单笔配额申报数量超过10000吨(含)的交易行为。

(3)经相关主管部门认定的其他情形。

三、建立相应的风险管理制度,交易所建立涨跌幅限制、配额最大持有量限制等风险管理制度

涨跌幅限制起到双面的移动平均线作用。积极的作用在于:第一,涨跌幅限制设置了涨停板和跌停板,每日的价格必须在涨跌停板之间波动,有效的止盈和

止损控制了价格的波动风险;第二,涨跌幅限制提供了一个冷却期,给投资者提供时间去理性地重新估计价格。但是,过紧的涨跌幅限制也会带来一定副作用:第一,波动率溢出假设表明,涨跌幅限制不但不能减少波动率,反而会引起波动率在涨跌停后的较长一段时期内蔓延;第二,价格发现延迟假设表明,涨跌幅限制预先设定了价格上下运动的范围,一旦涨跌停发生,交易通常不活跃甚至不能成交造成对价格发现过程的干涉;第三,交易干涉假设表明,当价格涨跌停时,交易会变得缺乏流动性,使得随后的买压和卖压更重,严重干涉市场变化。由此可见,涨跌幅限制的制定必须符合市场规律,既要防范价格剧烈波动风险,又要避免对市场的过度干涉。

目前,股票、期货等较为成熟的交易市场的涨跌幅一般范围在5%—10%之间。由于碳市场刚刚起步,尚未形成稳定的流动性,合理的价格区间有待发现,所以可以考虑适当放宽涨跌幅限制。中国碳市场处于起步阶段,与欧盟碳市场(EU ETS)初期有相似之处。供求关系尚未明朗,价格机制正在形成。因此,应给予交易方更大的议价空间,涨跌幅设为±20%。随着市场的发展,可根据风控需要再行调整。

第五节　主要成效、挑战及其对全国碳市场建立的借鉴

一、主要成效

北京市碳交易试点为国家碳市场建设积累了宝贵经验,同时也产生了良好的经济社会效益和环境效益,体现了首都对全国的示范引领作用。

一是展现了负责任大国首都形象,有利于兑现国际承诺。为落实国家自主贡献,北京市在2015年首届中美气候智慧型/低碳城市峰会上率先做出了2020年二氧化碳排放总量达到峰值的承诺。碳市场建设的深入开展将对全市二氧化碳排放总量控制形成有利支撑,对于北京市早日兑现碳排放达峰承诺、展现负责

任大国首都形象具有重要意义。

二是服务于疏解非首都功能，有利于构建高精尖经济结构。在碳交易制度框架下，北京市以控制碳排放为重要抓手，倒逼企业升级转型，引导投资方向，加快产业调整。同时，低碳咨询、碳金融等新兴业态不断涌现，节能环保服务产业蓬勃发展。碳市场建设两年来，已有数十家高耗能企业关停退出，全市节能环保产业收入超过2300亿元，经济提质增效效果显著。

三是促进能源清洁利用，有利于协同治理大气污染。碳市场的建立，有利于充分发挥节能减碳和污染减排的协同作用，深入推进大气污染防治。碳市场建设两年来，北京市以年均0.9%的能耗增长支撑了7.1%的经济增长，单位生产总值能耗和二氧化碳排放累计分别下降11.1%和13%左右，累计实现节能量约860万吨标准煤，减少二氧化碳排放约2000万吨，减排二氧化硫、氮氧化物、细颗粒物等大气污染物约5万吨，PM2.5浓度累计下降10%。

四是综合降低全社会减排成本，有利于发挥市场化机制作用。碳市场的建立促使企业加强碳排放管理，加快低碳技术创新和应用，提升行业节能减碳意识和水平，自觉开展各类节能低碳改造，切实减少了能源消耗和二氧化碳排放，通过市场交易获得减排收益。经测算，北京市碳市场建设使各重点排放单位碳减排综合成本降低2.5%左右。

二、产业结构的调整力度对历史总量法提出了分配方法修正的要求

随着北京市重新定位首都职能，北京市在“十二五”期末加大了产业结构调整的力度。截至2015年年底，第二产业增加值仅占地区生产总值的19.7%，对地区生产总值增长的拉动作用仅为0.8%；北京市第三产业到2015年增加到79.7%，第三产业对北京市地区生产总值增长的贡献约为90%。北京市产业结构调整的力度和速度超出了北京市碳排放权交易启动时的预期，这也对北京市配额分配中的历史总量法提出了分配方法修正的要求。例如，工业部门中，2016年水泥行业、石化行业相对历史基准年的二氧化碳年均下降率大于10.9%、

7.5%。这就要求北京市2016年度在维持历史总量法不变的前提下,需要针对该行业缩减所分配的配额,包括进一步收紧控排系数,针对富裕量较大的企业启动核减机制。当然,这种通过采取事后调节机制的补漏式融合做法可以在一定时间段起到修正分配方法的效果,但从长期而言,必须要考虑分配方法的根本性修正。

三、对全国碳市场发展的主要借鉴

1. 全国碳市场的设计必须满足国家温室气体排放控制目标及行业碳排放控制目标的要求

从碳排放权交易试点的经验来看,每个试点碳市场都是围绕区域内的产业结构、能源及碳排放结构来设计,为此,全国碳市场的设计也必须满足国家温室气体排放控制目标及行业碳排放控制目标的要求。

例如,在全国碳市场中的发电行业,《电力发展"十三五"规划(2016—2020年)》提出,30万千瓦级以上具备条件的燃煤机组全部实现超低排放,煤电机组二氧化碳排放强度下降到865克/千瓦时左右,相对2015年的碳排放水平(煤电机组二氧化碳排放强度下降到约890克/千瓦时)总下降幅度为2.81%。建议通过基准值设定实现行业碳排放强度下降目标,且按照先松后紧的原则,逐年提高样本累计产量所对应的行业历史综合碳排放强度的先进程度,使得基准值逐年趋严,最终实现基准值设定的任务目标。

2. 建立第三方核查机构的现场核查与地方主管部门的两级数据质量监管体系

根据目前的全国碳排放权交易市场的配额分配思路,第一阶段覆盖行业主要采取基准法,这就要求建立产品产量的两级质量管理体系,即核查机构的现场核查、省级主管部门的事后管理。

(1)核查机构的现场核查:经验值判断与现场校验相结合的方法

发电行业主要核查供电量,可考虑加强对厂用电率数据异常的现场判断。核查机构还可借助交叉校验,以判断月供电量、供热量与月化石燃料消耗量的匹配度和逻辑关系判断；采用多种数据源进行校核，包括月报、日报。

（2）省级主管部门的事后管理：通过对标的方法

针对发电行业，首先，需与各地方发电相关标准进行对标。有些地方发布了发电煤耗标准（地标），对标，看是否有异常。其次，相同区域的电厂的供电煤耗和供热煤耗可做比较。再次，采用供电、供热排放强度与历史年度纵向比较法。强度波动5%以上就算是较大波动了，必须有合理的解释。（如机组有何变化？供热比有何变化？需求侧有何变化？是否做了某些节能技改措施？燃料品种品质是否有变化等）

3. 建立碳定价的事先评估与事后评估相结合的机制

借鉴北京市的评估经验，通过模型法和实证法相结合的方法，建立综合评估循环方法。全国碳市场启动前，可借助于能源—碳排放模型及能源经济模型，并通过模型的耦合，通过碳价的外生和内生处理，来评估不同的配额分配方案所产生的碳价，并评估其对国民经济、能源消费及碳排放的影响。全国碳市场启动后，实施了2—3个履约年度，可用实际碳价来评估其经济影响和环境影响，并与此同时，还可用实际数据来进行实证分析减排效果、碳减排成本等。

（本章作者：周剑，清华大学）

第二章　上海碳排放权交易试点

第一节　上海碳交易试点概况

上海是中国的超大型城市之一，其经济发展水平一直位于中国各城市的前列，是中国的经济、金融中心。2017 年上海市 GDP 达 30133.86 亿元，在全国各城市 GDP 排行榜中位列第一，其中第三产业占比 69.0%，在全国七个碳交易试点地区中仅次于北京的 80.6%。

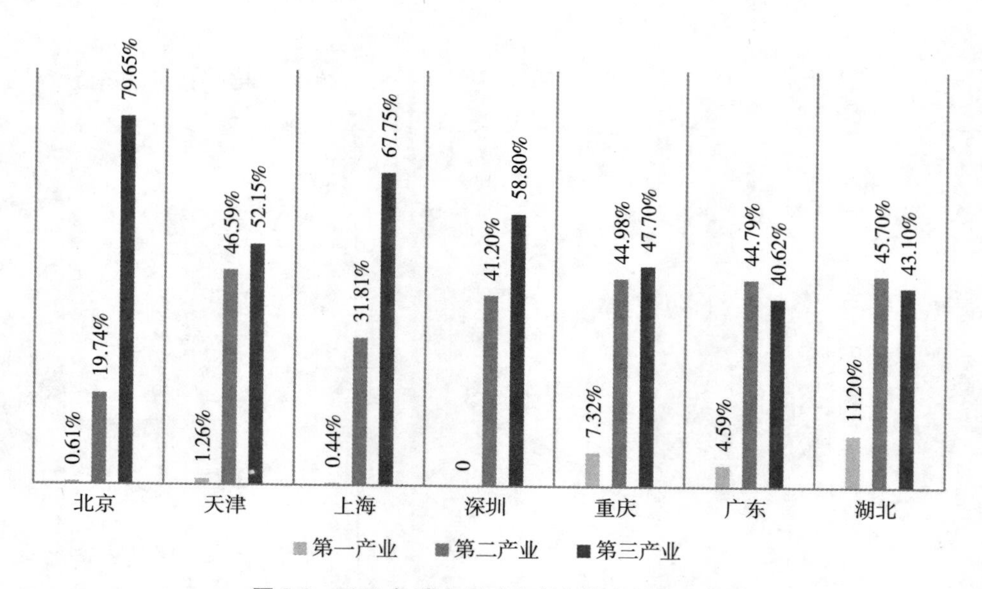

图 2.1　2015 年碳交易试点省市产业结构比较

“十二五”期间上海市单位GDP能耗逐年下降,按照2010年的可比价计算,单位GDP能耗已从2011年的0.589吨标准煤/万元下降至2015年的0.463吨标准煤/万元,其中工业的能源消费量占比也由2011年的54.83%下降至51.07%。随着节能减排潜力的深挖和产业结构的调整,上海市低碳转型的重点部门和重点领域也在发生变化。市场化的减排机制的建立有助于不同行业减排资源配置的优化,对于降低全社会减排成本,促进社会经济的全面绿色转型有很大裨益。

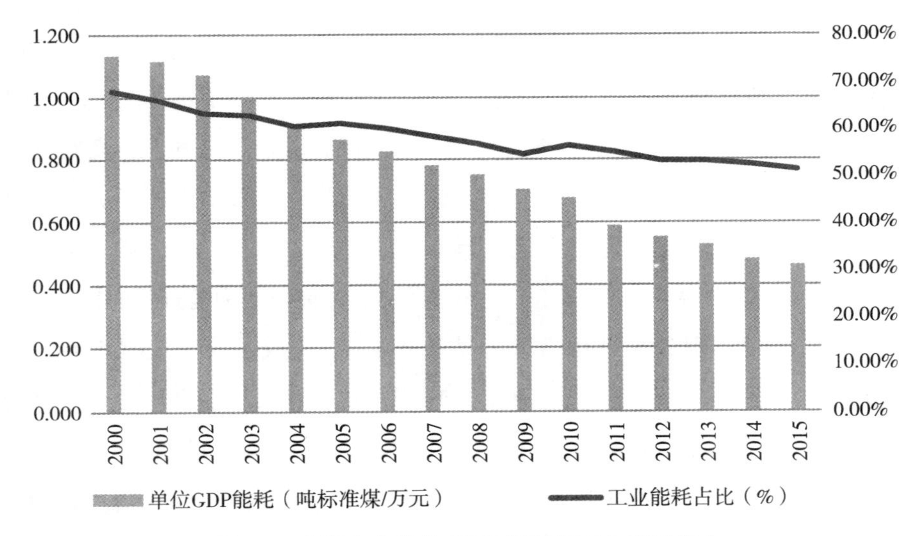

图2.2　上海全市单位GDP能耗与工业能耗占比

2011年国家发改委印发《关于开展碳排放交易试点工作的通知》批准北京、上海、广东、深圳等七省市开展碳排放交易试点,上海碳交易工作随即启动。经过近两年的筹备,上海成功建立起了总量控制、配额分配、报告核查、市场交易和监督管理等一系列制度,于2013年11月正式启动运行。截至2017年6月30日,上海累计配额交易量为2680万吨,CCER交易量为5323万吨,其中CCER交易量在全国各试点省市中位居首位。在碳配额交易中,交易量较大的行业是电力与热力生产和供应业、石化、有色金属、航空业等,而在CCER的交易中,最为积极的便是机构投资者,包括项目业主、中间商和机构买家等,其次是电力、热力企业。各行各业中,不同的企业参与交易的频率以及交易量各不相同,以 2016 年为例,电力、热力企业交易总量位居各行业首位。[①]

2014 年 9 月 3 日,国内七个碳交易试点中首个针对机构投资者的准入条件规则——《上海环境能源交易所碳排放交易机构投资者适当性制度实施办法(试行)》出台。[②] 截至 2017 年,上海环境能源交易所已经引入近三百家机构投资者入市。2015 年 5 月 28 日,上海电力股份有限公司吴泾热电厂通过上海环境能源交易所交易平台完成了 10 万吨可在上海碳交易试点履约用的 CCER 协议转让,成为首个在上海碳市场中购买可用于上海履约用途 CCER 的试点企业。2015 年 8 月 5 日,申能财务公司与上海外高桥第二发电有限责任公司(外高桥二发电)、上海外高桥第三发电有限责任公司(外高桥三发电)、上海吴泾第二发电有限责任公司(吴泾二发电)、上海临港燃机发电有限公司(临港燃机)这四家上海企业签订借碳业务协议,完成了上海碳市场的首单借碳业务。[③] 2016 年 1 月 18 日,上海吴泾发电有限责任公司与中碳未来(北京)资产管理有限公司举行借碳交易签约仪式,完成了借碳交易开展以来业务量最大的借碳交易——总量 200 万吨。[④] 2016 年 12 月 19 日,上海碳配额远期交易作为全国首个采用中央对手清算模式的碳金融衍生品的试运行正式启动。自碳金融产品相继开发后,以国泰君安、兴业银行、上海银行、建设银行为代表的金融机构以投资方、结算方等形式更多地参与到交易当中,为碳市场注入了活力。

---

① 上海环境能源交易所:《上海碳市场报告 2016》,2017 年 4 月,见 http://www.cneeex.com/sub.jsp?main_colid=240&top_id=238。

② 上海环境能源交易所:《上海环境能源交易所碳排放交易机构投资者适当性制度实施办法(试行)》,2014 年 9 月,见 http://www.cneeex.com/detail.jsp? main_colid=222&top_id=218&main_artid=6773。

③ 上海环境能源交易所:《上海市首单借碳交易业务花落申能》,2015 年 8 月 6 日,见 http://www.cneeex.com/detail.jsp? main_colid=215&top_id=213&main_artid=7055。

④ 上海环境能源交易所:《上海环境能源交易所举办借碳交易经验分享沙龙》,2016 年 2 月 6 日,见 http://www.cneeex.com/detail.jsp? main_colid=215&top_id=213&main_artid=7116。

第二节　上海碳交易市场制度介绍

一、政策体系

上海碳交易市场的建立离不开一系列先行政策文件的支持，市场的运行和管理必须遵循相关管理制度。上海市通过政府令的方式确立了碳排放交易体系的强制性，具体内容见表2.1，从中我们也可以了解到上海碳交易市场建设的进程。

表2.1　上海碳交易市场建设主要政策文件

发布日期	政策、法规名称	发布单位
2012年7月3日	《上海市人民政府关于开展碳排放交易试点工作的实施意见》	上海市人民政府
2013年11月18日	《上海市碳排放管理试行办法（沪府令10号）》	上海市人民政府
2013年11月22日	《上海市2013—2015碳排放配额分配和管理方案》	上海市发展与改革委员会
2013年1月22日	《上海市温室气体排放核算与报告指南（试行）》	上海市发展与改革委员会
2014年1月10日	《上海市碳排放核查第三方机构管理暂行办法》	上海市发展与改革委员会
2014年3月12日	《上海市碳排放核查工作规则（试行）》	上海市发展与改革委员会

二、配额管理制度

上海碳交易市场基于本地企业碳排放强度、增长速度等原则，选取钢铁、电力等十个工业行业以及航空、港口等六个非工业行业企业进行试点，同时根据上述行业中2010—2011年任何一年的二氧化碳排放量水平,将年二氧化碳排放量达到2万吨及以上的工业企业和年二氧化碳排放量达到1万吨及以上的非工业企业纳入市场,接受控排管理,共有191家企业参与了试点。上海在全国七个试点省市中唯一将航空业纳入试点管理。

配额分配原则上依据2009—2011年企业生产运行情况,一次性发放2013—2015年各年度配额。[1] 主要采用历史排放法和基准线法两种配额分配方法。试点阶段配额免费发放。(1)历史排放法主要应用于产品多元化的行业,主要包括工业行业如钢铁、石化、化工、有色、建材等大部分试点行业,以及非工业行业如大型公共建筑;(2)基准线法主要应用于基础数据较好、行业基准清晰的行业,包括工业行业如电力,非工业行业如航空、港口、机场。

三、排放核查与配额清缴制度

上海碳交易市场参照国外成熟碳交易市场做法建立MRV制度,纳管企业需依据年度监测计划于每年年底提交碳排放监测计划、按时编制企业年度碳排放报告并提交第三方核查机构,同时接受第三方机构核查。市场的主要履约时间安排见表2.2。

表2.2 上海碳交易市场核查与配额清缴细则安排[2]

单位	时间	任务要求
纳管企业	每年12月31日前	编制下一年度碳排放监测计划,明确监测范围、监测方式、频次、责任人员等,报上海市发展与改革委员会
纳管企业	每年3月31日前	编制本单位上一年度的碳排放报告,报上海市发展与改革委员会

① 上海环境能源交易所:《上海市发展和改革委员会关于印发〈上海市2013—2015年碳排放配额分配和管理方案〉的通知》沪发改环资〔2013〕168号,2013年11月,见http://www.cneeex.com/searchresult_detail.jsp? main_artid=6355。

② 上海市人民政府:《上海市碳排放管理试行办法》(沪府令10号),2013年11月18日,见http://www.shanghai.gov.cn/nw2/nw2314/nw2319/nw2407/nw31294/u26aw37414.html。

续表

单位	时间	任务要求
第三方核查机构	每年4月30日前	核查纳管企业提交的碳排放报告，将核查结果报上海市发展与改革委员会
上海市发展与改革委员会	每年5月30日前	审定纳管企业上一年度的碳排放量
纳管企业	每年6月1日—6月30日期间	登录登记系统，足额提交配额，完成年度清缴工作

四、执行处罚制度

上海碳交易市场为规范市场交易行为，警示违规行为，制定相关处罚规定，具体执行单位为上海市节能监察中心。具体处罚原则见表2.3。

表2.3　上海碳交易市场处罚规定①

受罚单位	处罚金额	处罚依据
纳管企业	1万—3万元	虚假报告或拒绝按时提交上一年度碳排放报告； 接受第三方核查机构核查时提供不实信息，限期整改，逾期不改
纳管企业	3万—5万元	无理阻碍第三方核查机构工作，限期整改，逾期不改
纳管企业	5万—10万元	未履行清缴义务
第三方核查机构	5万—10万元	出具虚假报告； 核查报告有重大错误； 未经许可擅自使用或发布被核查单位的商业秘密和碳排放信息
上海环境能源交易所	1万—5万元	违规发布信息； 违规收取交易手续费； 未建立并执行风险管理制度； 未按规定向上海市发展与改革委员会提交相关资料

① 上海市人民政府：《上海市碳排放管理试行办法》（沪府令10号），2013年11月18日，见http://www.shanghai.gov.cn/nw2/nw2314/nw2319/nw2407/nw31294/u26aw37414.html。

五、交易制度

上海碳交易市场采用挂牌交易、协议转让两种主要的交易方式。挂牌交易，是指在规定的时间内，会员或客户通过交易系统进行买卖申报，交易系统对买卖申报进行单项逐笔配对的公开竞价交易方式。挂牌交易按照价格优先、时间优先原则。当买入申报价格高于或等于卖出申报价格，则配对成交。成交价为买入申报价格、卖出申报价格和前一成交价三者中居中的一个价格。交易配额的最小变动单位为 1 吨，交易报价的最小变动单位为 0.1 元/吨，后调整为 0.01 元/吨。协议转让针对单笔配额交易规模达到 10 万吨及以上的情况，交易价格由交易双方通过交易系统经报价、询价达成一致后确定。[①]

上海碳交易市场采用价格涨跌幅限制制度，规定挂牌交易价格为前一交易日收盘价的±10%，协议转让价格为当日挂牌交易收盘价格的±30%，协议转让中单笔交易超过 50 万吨以上不受价格涨跌幅限制。现货市场交易不允许采用杠杆和保证金交易方式，交易资金不得超过账户资金余额，交易配额数量亦不得超过账户配额余额。市场规定协议转让交易的数量计入当日交易总额，但交易价格不计入当日配额成交价。交易在交易所达成，因此与欧盟碳交易市场（EU ETS）上的场外市场（OTC）并不完全相同，协议转让方式不属于严格意义上的场外交易。

第三节　市场交易与价格水平

上海碳交易市场执行一次性发放三年配额的政策，企业可以提前掌握三年内的配额情况，有利于制定长期的生产计划和节能减排的计划。三年的配额价格信息也对长期市场有引导作用。但一次性发放的不利因素也体现在市场配

① 上海环境能源交易所：《上海环境能源交易所碳排放交易规则（修订版）》，2015 年 6 月 15 日，见 http://www.cneeex.com/detail.jsp? main_colid=222&top_id=218&main_artid=7034。

额可调节性较弱。我们可以从2016年度的配额成交统计中看到这一点，具体见表2.4。

表2.4　上海碳交易市场2016年度配额成交统计①

交易品种	交易方式	2016年		开市至2016年年底	
		成交量（万吨）	成交额（万元）	累计成交量（万吨）	累计成交额（万元）
SHEA13	挂牌交易	0.0004	0.01	90.9	3585.3
	协议转让	0	0	62.4	2453.5
	小计	0.0004	0.01	153.3	6038.8
SHEA14	挂牌交易	22.7	168.5	229.6	5650.9
	协议转让	0	0	66.9	1296.3
	小计	22.7	168.5	296.5	6947.2
SHEA15	挂牌交易	313.6	2088.2	319.1	2166.4
	协议转让	791.5	2650.3	852.5	3459.3
	小计	1105.1	4738.5	1171.6	5625.7

从表2.4中，我们可以发现配额成交呈现了一定的年度特征，即在一个履约年当中，当年成交的产品主要是上一年度和当前年度的配额，较远年度的配额并没有太多交易，主要还是由于未来预期不明确。以2015年全年交易情况为例，2014年度配额成为成交最为活跃的产品（2015年度配额清缴可使用上一年度配额），2015年度配额的成交量和成交额明显少于2014年度的配额。

根据复旦大学能源经济与战略研究中心前期研究成果，上海市的碳市场符合弱有效市场。通过采用VR方差比、Chow和Denning多重方差比联合检验法、Wild bootstrap原始自举法对上海碳交易市场价格行为进行检验，统计结果表明上海碳交易市场符合弱式有效的要求。但交易价格涨跌幅的限制制度客观上缩小了交易价格的波动区间，同时由于碳交易市场属于准入制市场、交易行为具有"薄（thin）"市场的特征，也客观上降低了碳配额的流动性，因而，适度放开交易

① 上海环境能源交易所：《上海碳市场报告2016》，2017年4月，见http://www.cneeex.com/sub.jsp?main_colid=240&top_id=238。

价格的涨跌幅限制，有利于更好地实现市场价值发现的功能。由于上海碳交易市场中协议交易价格不纳入交易系统的当日价格统计，而协议交易量纳入当日交易总额统计的制度安排，对于分析上海碳交易市场价格表现有其局限性，无法从整体上全面反映市场供求状况。因此，需加快实现协议交易价格与挂牌交易价格的并轨统计或者建立单独的协议价格统计体系，以便于市场参与者准确了解碳交易市场的价格行为与成交信息，从而做出各自的行为判断，更有效地参与市场。对于研究者而言，更明确地数据统计，也有利于采用更多的分析方法，更加准确地解读市场运行情况，为市场进一步的建设提供实证支撑。

第四节　上海碳排放交易试点特征

一、试点部门覆盖面广，碳排放量占比高

近年来，上海市产业结构升级，第三产业占比保持着稳定的上升趋势，第二产业占比也相应地逐年下降——2010 年上海市第二产业占比为 42%，其中工业占比 38%；2015 年第二产业占比降至 31. 8%，工业占比为 28. 4%。在能源消耗方面，工业依然占据主要地位，交通行业紧随其后并有逐年增加的趋势。因此，在试点行业的选择上，工业与交通行业作为试点第一阶段首选。

在制定参与碳排放交易的企业门槛时，不仅要考虑企业的碳排放强度，还需考虑碳排放总量。2013 年首批纳入试点的单位为钢铁、石化、化工、有色、电力、建材、纺织、造纸、橡胶、化纤等工业行业中年二氧化碳排放量两万吨以上的重点排放企业，以及航空、港口、机场、铁路、商业、宾馆、金融等非工业行业中年二氧化碳排放量 1 万吨及以上的重点排放企业。参与试点的工业企业的碳排放量约占总量的 51%，运输及服务业的碳排放量约占总量的 26. 1%。

2013—2015 年第一阶段试点工作完成之后，2016 年结合“十三五”期间上海市碳排放的控制目标，2016 年进一步扩大纳入碳交易体系的行业和企业范

围，试点企业的纳入门槛为：工业领域中年综合能源消费量1万吨标煤以上（或年二氧化碳排放量两万吨以上），以及已参加2013—2015年碳排放交易试点且年综合能源消费量在5000吨标煤以上的（或年二氧化碳排放量在一万吨以上的）重点用能（排放）单位；交通领域中航空、港口行业年综合能源消费量在五千吨标煤以上（或年二氧化碳排放量在1万吨以上），以及水运行业年综合能源消费量在5万吨标煤以上的（或年二氧化碳排放量在10万吨以上的）重点用能（排放）单位；建筑领域（含酒店、商业）年综合能源消费量在5000吨标煤以上（或年二氧化碳排放量在1万吨以上）且已参加2013—2015年碳排放交易试点的重点用能（排放）单位。由此可见，相较于2013—2015年的试点企业纳入门槛，针对新增企业扩大了工业企业的行业范围，门槛维持不变，2016年试点企业数量增加至300余家。①

二、具有行业针对性的配额分配方法

上海市政府在第一阶段试点工作中根据试点行业的不同特点采取了历史排放法和行业基准线法两种不同的方法开展碳排放配额分配。对于工业（除电力行业外），以及商场、宾馆、商务办公等建筑，采用历史排放法；对于电力、航空、港口、机场等行业，采用行业基准线法。通过对第一阶段试点工作的梳理及总结，上海市政府针对新一轮的碳排放交易工作制定了《上海市2016年碳排放配额分配方案》，新的方案中对各行业配额分配方法进行了调整：由于电力热力行业企业以及汽车玻璃生产企业的产品单一、生产流程差异不大，因此这些企业依然使用行业基准线法；针对航空、港口、水运、自来水生产行业企业，以及主要产品可以归为三类（及以下）、产品产量与碳排放量相关性高且计量完善的工业企业，这些类型的企业产品类型较少但又有所区别或者生产工艺有所差异，因此该类型企业可采用历史强度法，根据2013—2015年的碳排放强度及变化来确定配额；而对商场、宾馆、商务办公、机场等建筑以及产品种类丰富的工业企业，行业

① 上海市发展和改革委员会，《关于印发〈上海市碳排放交易纳入配额管理的单位名单（2016版）〉的通知》，2016年2月22日，见http://www.shdrc.gov.cn/xxgk/cxxxgk/23051.htm。

基准线法以及历史强度法无法反映其碳排放量的变化引致的配额需求变化,因此采用历史排放法来确定其配额。

相较行业基准线法,历史法无法反映各企业间的生产效率的差异性,容易受到企业历史排放状况的影响。当企业突然增产时,由于其排放量增加,其配额缺口也就更高。为了鼓励企业的历史减排工作,上海市出台的配额分配方案中提出企业的先期减排量也将影响企业所获配额:上海市发展改革委根据企业的发展阶段、产量、能源消耗量以及减排情况调整配额的分配,当企业的历史能源消耗量及二氧化碳排放量减少较多时,发改委将在配额的分配中予以该企业更加有利的条件。《上海市 2013—2015 年碳排放配额分配和管理方案》中提出:试点企业若在"十一五"期间实施节能技改或者合同能源管理项目,且得到国家或本市有关部门按节能量给予资金支持的,可获得先期减排配额。先期减排配额量依据其获得资金支持的核定节能量所换算的碳减排量的 30%确定,在 2013—2015 年期间,按每年 10%分三年发放。节能量与碳减排量的换算系数为 2.23 吨二氧化碳/吨标准煤。此项规定可体现企业历史的减排工作在配额分配中的公平性。

为了更加有效地调节市场价格和避免风险,配额分配方法中将配额总量分为直接发放配额及储备配额,直接发放配额是根据各行业的分配方法核定的配额一次性发放给企业,而储备配额则是政府持有一部分的配额,该类配额的设立可避免碳市场价格的剧烈波动,有利于市场的平稳发展。储备配额以部分、适度有偿的方式进行竞买,试点企业可根据自身的配额需求、履约要求、市场情况选择是否向政府购买配额。

三、配额总量的可调节性及可储存性提高企业减排效率

根据《上海市 2013—2015 年碳排放配额分配和管理方案》所制定的配额发放办法,试点企业根据所属行业的配额核定方法获得碳排放配额,而 2013 年至 2015 年每年的配额于 2013 年一次性发放,每吨碳排放配额均具有唯一编码,含年份标识。在各年度清缴期前,上海市发展改革委根据企业当年业务量对其年

度排放配额进行调整，对预配额和调整后配额的差额部分予以收回或补足。这一措施使得配额分配更加灵活，使之能够适应市场经济运行过程中的不确定性，在控制碳排放量的同时也降低了企业的减排成本。

试点企业获得配额后可通过上海市碳交易平台进行交易，即三个交易品种（SHEA13、SHEA14、SHEA15）均可进行交易，试点企业持有的未来各年度的配额不得低于其通过分配取得的对应年度配额量的50%。据规定，试点企业可将当年未使用完的配额储存下来，或者经交易平台卖出，但当企业碳排放量超过配额时却不能提前透支未来年份的配额，即跨期的配额使用是从现在到未来单向的流动。试点企业应于每年6月1日至6月30日期间，履行清缴义务，用于清缴的配额为企业持有的上年度或此前年度的配额。配额不足的，可通过碳交易平台购买补足；配额结余的，可在试点期间储存使用。

通过对往年碳交易活动的观察可发现，交易频率最高的时段为每年的配额清缴期。相较第一阶段试点工作中把三年的配额一次性发放，2016年上海市碳排放配额分配方法中只制定了2016年的碳排放配额分配方法，因此只发放2016年度的配额，并针对采用行业基准线法或历史强度法分配配额的纳管企业，政府在2017年清缴期前，根据其2016年度实际数据对配额进行调整，对预配额和调整后配额的差额部分予以收回或补足。自2016年起，碳排放配额便不再含年份标识，配额有结余的，可以在后续年度使用，也可在交易平台进行交易，但2013—2015年企业留存的配额将根据有关规定结转为上海市统一的碳排放配额并进行管理。

试点企业在履行清缴义务时，除了可使用碳排放配额外还可使用符合要求的国家核证自愿减排量（CCER）进行清缴，每吨CCER相当于1吨碳排放配额。由于CCER可以跨省市进行交易，因此此项规定实则是各省的试点企业之间的潜在联系。2013—2015年CCER使用比例最高不得超过该年度通过分配取得的配额量的5%，且其所有核证减排量均应产生于2013年1月1日后。而2016年对CCER碳排放清缴功能的控制更为严格：CCER所属的自愿减排项目应是非水电类项目，此外，CCER使用比例不得超过企业年度基础配额的1%。

四、市场运行与政府监管并行以保证碳市场规范有效

1. 管理制度完善

上海市政府根据国家下达的减排目标制定配额总量上限，并结合不同行业产品形式以及生产工艺的复杂程度设计相应的分配方法，将配额一次性发放给企业后由企业自行选择参与交易，最后在每年的6月1日至6月30日进行清缴，从而对碳排放进行管理。在交易方面有明确的交易主体、交易规则、交易方式并提供规范、透明的交易平台。试点单位须于每年12月提交下年度的碳排放监测计划，明确监测方式、频次、责任人员等内容，并提交主管部门备案；每年3月提交年度排放报告，第三方核查机构提交企业碳排放核查报告。针对不同主体（试点企业、第三方机构、交易所）发生的违规行为，政府也制定了相应的处罚措施：限期整改、罚款、信用记录、通报等。

2. 市场规则全面

上海碳市场在建立初期就对市场机制及管理制度有着详细且较为完善的设计。上海碳市场以"高起点、严监控"为原则，就交易、会员、结算、风险控制、信息公开等业务制定了相应的规则。在交易过程中，2013年参与交易的只有试点企业，而后为了增加市场的流动性，符合规定条件的机构投资者也可参与交易；交易标的物是各年度的碳排放配额，企业可交易不同年份的配额；参与交易的企业可自由选择挂牌交易或者协议转让模式进行交易。在交易完成并进行结算时，碳排放交易资金的划付，应当通过交易所指定结算银行开设的专用账户办理，而配额的交割则通过登记注册系统实现。结算银行应当按照碳排放交易规则的规定，进行交易资金的管理和划付。为了稳定市场，交易平台通过采用对碳交易每日价格的波动设定上下限、大用户报告制度、配额最大持有量限制制度、风险准备金制度等方式进行风险控制。

3. 监管措施严格

为了保障碳市场的规范运行，上海市建立了一套完整的监管体系。首先是

以《上海市碳排放管理试行办法》为指导文件的一系列规章制度，这些文件覆盖了政府规章、规范性文件、管理文件以及其他的重要文件。其次，各主体的分工明确，上海市发展改革委是上海市碳排放管理和交易工作的主管部门，负责对主体范围、配额分配、碳排放报告与核查等碳排放管理和交易工作进行综合协调、组织实施和监督管理；上海环境能源交易所负责对配额交易进行监管，对会员及其客户等交易参与方进行监督管理，同时负责信息的发布；核查机构负责对企业的排放行为进行核查并将核查报告提交上海市发展改革委，同时核查机构需在政府部门备案并接受政府部门的监管；试点企业负责提交碳排放报告，接受政府委托的第三方机构进行核查，企业应配合核查并提供真实的相关文件及资料。最后，当第三方机构、交易所、试点企业发生违规行为时则由执法机构依据相关规定进行处罚。

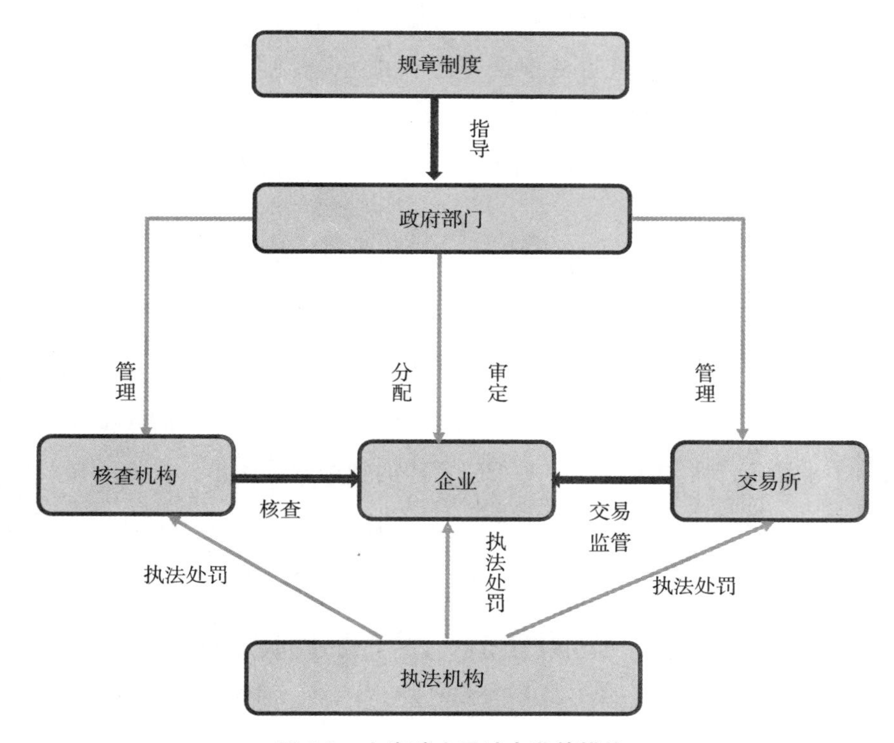

图 2.3　上海碳交易试点监管措施

五、碳金融的制度创新

截至2016年年底,上海碳交易试点开发的碳金融产品有CCER质押贷款、CCER购买权、碳基金、碳信托、借碳交易、碳配额远期交易。上海的金融市场运行活跃且机制较为成熟,政府在碳金融的机制设计中发挥的作用也创新频出。

2015年5月,上海环境能源交易所推出《协助办理CCER质押业务的规则》,使交易所协助办理CCER质押业务制度化、标准化、规范化,明确了CCER质押贷款业务从确权、估值、质押、放款、还款到解除质押等全环节。CCER质押是企业将由国家发改委签发的CCER在交易所质押登记并从金融机构获得贷款的业务,可帮助企业充分发挥存量碳资产价值,拓宽企业融资渠道。

2015年4月17日,上海环境能源交易所推出《交易服务商管理办法(试行)》,交易服务商可依据此办法根据交易所的业务范围,寻求愿意参与碳配额和核证自愿减排量交易的投资者,并向交易所提供投资者信息,服务商可据此收取一定的服务费。交易服务商的引入可以进一步地扩大碳排放交易市场的影响力,吸引更多的市场主体参与交易。

2015年6月23日,上海环境能源交易所推出借碳交易业务,并制定了《上海环境能源交易所借碳交易业务细则》对借碳交易的业务流程、风险控制以及违约处置做出了详细的规定。借碳交易有利于盘活控排企业手上的碳资产,帮助碳资产管理机构以较低成本获得可交易的碳配额,通过合理的规则建立控排企业和专业碳资产管理机构之间对于碳资产的契约管理关系。交易所在其中发挥了平台的监管作用,并通过规范合同降低双方的谈判成本,有效地活跃碳市场。

第五节　案例分析:上海关于碳金融的探索与发展经验

国内七个碳排放权交易试点于2013年以来陆续启动,但主要以碳现货交易为主；国家统一碳市场建设工作正稳步推进；国内各类金融机构积极参与，各个碳交易试点也不断推出各类金融创新业务，但都局限于碳托管、碳质押、碳债券、碳基金、碳信托、借碳等以现货市场为基础的碳金融工具创新，不能从根本上满足碳市场需求，尤其缺乏发现价格、规避风险和实现套期保值的多样化碳金融工具。

从国际经验来看，欧盟碳市场上95%的交易量主要是碳期货、碳期权等碳排放衍生品，美国和印度的碳交易所也推出了碳排放金融衍生品。相比之下国内碳金融衍生品还处于起步阶段，政策和市场条件下均有待突破。随着碳市场的深入发展，碳金融产品交易业务有着强烈的市场需求。

从国内环境来看，国家正大力鼓励绿色金融发展并积极支持碳排放金融产品市场的试点推出，而上海作为金融要素市场最为完备的地区，在上海探索开发满足实体企业发现价格、规避风险和实现套期保值需求的碳金融衍生品具有良好的金融资源基础和技术条件。

为加快推动碳金融创新，上海环境能源交易所于2015年年初开始着手研究上海碳配额远期产品。为规避金融市场风险，在上海碳配额远期产品设计过程中，引进第三方清算机构作为中央对手方承担清算交割及履约担保风险。上海环境能源交易所与银行间市场清算所股份有限公司（以下简称“上海清算所”）展开战略合作，共同致力于开发上海碳配额远期业务。上海环境能源交易所是上海市发改委指定的上海碳配额交易平台，也是国家发改委备案的CCER交易平台之一。上海清算所是经中国人民银行批准并主管的专业化中央对手清算机构。清算所已经初步建立本外币、多产品、跨市场的金融市场中央清算服务体系，包括银行间市场金融衍生品、大宗商品金融衍生品和银行间市场现货产品三大类中央对手清算业务。

一、上海碳配额远期产品政策环境

1. 国家政策导向明确

2016年8月30日，习近平在中央全面深化改革领导小组第二十七次会议上强调，要利用绿色信贷、绿色债券、绿色股票指数和相关产品、绿色发展基金、绿色保险、碳金融等金融工具和相关政策为绿色发展服务。8 月 31 日，中国人民银行等七部委联合发布了《关于构建绿色金融体系的指导意见》，指出为促进建立全国统一的碳排放权交易市场和有国际影响力的碳定价中心，要大力有序发展碳远期、碳掉期、碳期权、碳租赁、碳债券、碳资产证券化和碳基金等碳金融产品和衍生工具，探索研究碳排放权期货交易。

2. 地方政策有力支持

为了加快上海市碳市场发展，2016 年上海市启动第二阶段碳排放交易总体方案：一是主体范围扩大，根据第一阶段的行业适用性评估和上海市实际发展情况，在第二阶段适度降低新行业纳入门槛，增加纳管企业数量；二是逐步实现全国碳交易的衔接，根据全国市场的建设进度，在继续深化推进上海市碳交易机制的同时，有步骤地与全国市场实现衔接；三是将积极参与全国碳市场建设，力争在碳市场建设和碳金融产品发展部分领域实现创新突破，走在全国的前列。2016 年区域性的碳交易试点已经进入第二阶段；2017 年全国性碳排放权交易体系也启动建立；未来几年中国碳市场发展势必步入从分散到统一、从试点到规模化、从简单现货交易到金融化交易的跨越式发展阶段。

二、上海碳配额远期产品设计必要性和意义

上海碳配额远期产品于 2014 年年底提出设想，经过半年多的市场调研，于 2015 年 8 月形成初步的框架方案。再经过进一步的方案深化研究、规则设计与报备、系统开发与建设、市场培育与推广，于 2016 年 11 月 21 日—12 月 2 日开展为期两周的仿真交易，于 2016 年 12 月 19 日启动试运行，并于 2017 年 1 月 12 日正式上线。

1. 本产品是上海环境能源交易所在碳金融领域的重要创新

上海环境能源交易所基于碳现货交易，已陆续推出了碳基金、碳质押、借碳、碳信托等基础碳金融工具，但尚不能满足市场多样化需求。上海环境能源交易所立足国际金融中心，先行发展碳衍生交易品种，为全国碳市场启动后探索建立

全国性的碳衍生品奠定了基础、积累了经验。碳远期产品在制度设计、平台搭建、交易交割、风险控制方面开展了大量创新工作，是全国首个采用中央对手清算模式的碳金融衍生品。这一有益探索是全国碳市场开启前的先行先试，符合国家有关绿色金融发展的要求，将促进未来多层次碳金融市场体系的建设。

2. 本产品丰富了中国碳市场内涵，加快中国多层次碳交易市场建设

碳金融衍生品交易是碳市场的重要组成部分。在国际上，碳现货和碳金融衍生品几乎是同步发展的，碳金融衍生品交易占碳市场总体交易量的95%以上，在金融监管环境下，中国碳市场以碳现货交易为主，碳金融衍生品发展很缓慢。因此，在当前市场政策体系下，先行先试碳衍生品，一方面可以与碳现货市场互为补充、相互促进，另一方面也为后续推出多样化的碳金融衍生品探路。

3. 本产品是国内碳金融衍生品的首个尝试，将加速助推中国碳金融的发展

本产品推出不仅可以丰富碳金融市场品种，提高碳资源配置效率，还可以为碳市场各类参与者提供价格发现、实现套期保值、规避市场风险的对冲金融工具。此外，大量的金融机构也可以通过此产品更多参与到中国碳市场中来，将加快推动全国碳金融市场体系的构建。

4. 本产品将为未来发展碳期货等场内碳金融衍生品创造良好的市场基础

碳期货在场内交易、标准化程度较高、机制设计较复杂，而本产品属于场外标准化合约、采用询价方式、引入中央对手方清算模式。目前探索推出碳排放远期产品不仅可以为未来开展碳期货在机制设计、系统搭建、实物交割、交易结算、风险控制等方面探路，还可以为碳期货的发展培育现货市场和各类市场参与者。

5. 本产品不仅能促进碳现货市场稳定和繁荣，更能提高市场交易效率

通过本产品不仅可以锁定未来的碳市场价格水平实现风险转移和分散，还能够深化碳市场功能，提高市场稳定性和交易效率；同时，在客观上也可以显著降低市场参与者交易成本，提高市场流动性和透明度，并有助于弥补现货市场由

于配额过度集中、流动不足造成的价格波动。此外,现货市场为远期市场实物交割提供基础,还可以降低远期市场的投机性。

三、上海碳配额远期产品设计框架

上海碳配额远期产品,是以上海碳配额为标的,由交易双方通过上海环境能源交易所交易平台完成交易和交割,并由上海清算所作为中央对手方完成清算服务的碳金融衍生品。①

1. 各方主要职责

(1)上海环境能源交易所

上海环境能源交易所是上海市指定的碳排放交易平台和交割机构,制定碳配额远期产品交易规则及配套文件,为碳配额远期产品提供交易、交割等服务。

(2)上海清算所

上海清算所作为中央对手方清算机构,为碳配额远期产品提供中央对手清算服务,包括资金清算结算、碳配额清算交割及相关风险管理服务。

(3)上海市信息中心

上海市信息中心作为上海市碳排放配额登记注册系统的管理机构,为碳配额的登记、变更提供服务,将根据上海环境能源交易所发送的碳配额交割明细完成碳配额登记变更。

2. 交易机制

(1)交易产品

交易产品是上海市碳配额远期协议。协议标的为上海市碳交易主管部门根据相关制度免费或有偿发放的上海市各年度碳配额。

根据业务发展需要,未来将增加其他碳排放远期交易产品。

① 上海环境能源交易所:《上海碳配额远期业务规则》,2016 年 12 月,见 http://www.cneeex.com/detail.jsp? main_colid=282&top_id=218&main_artid=17327。

(2)协议要素

上海市碳配额远期协议要素如表 2.5 所示。

表 2.5　上海市碳配额远期协议要素

协议名称	上海市碳配额远期协议
产品简称	SHEAF
协议规模	100 吨
报价单位	元人民币/吨
最低价格波幅	0.01 元/吨
协议数量	为交易单位的整数倍,交易单位为“个”
协议期限	当月起,未来 1 年的 2 月、5 月、8 月、11 月的月度协议
交易时间	交易日:10:30 至 15:00(北京时间)
最后交易日	到期月倒数第五个工作日
最终结算日	最后交易日后第一个工作日
每日结算价格	根据上海清算所发布的远期价格确定
最终结算价格	最后 5 个交易日每日结算价格的算术平均值
交割方式	实物交割/现金交割
交割品种	可用于到期月协议所在碳配额清缴周期清缴的碳配额

(3)交易模式

上海碳配额远期交易采用询价交易方式,是指交易双方通过上海环境能源交易所远期系统实现报价、询价,最终达成交易。交易达成后,由上海环境能源交易所将成交数据实时发送至上海清算所。

(4)交易主体

上海碳配额远期产品的投资人仅限于机构投资者,包括控排企业、金融机构、碳资产管理公司及其他环交所和清算所认可的交易主体。

3. 清算机制

(1)清算模式

上海碳配额远期交易采用中央对手方清算模式,由上海清算所负责清算结算,并履行担保交收职责。

上海清算所实行分层清算制度,清算会员分为综合清算会员和普通清算会员。综合清算会员可开展自营清算业务和代理清算业务;普通清算会员可开展自营清算业务。上海清算所与综合清算会员进行清算结算,综合清算会员与其客户进行清算结算并承担其客户的资金清算结算责任。

(2)风险管理

上海清算所将采用清算限额、持仓限额制度、保证金制度、日间容忍度、实时监控、强行平仓、多边净额终止、交割终止分配、清算基金及风险准备金等风控措施,严格控制管理上海碳配额远期业务清算风险。

四、上海碳配额远期产品运行效果

1. 试运行

上海碳配额远期交易于2016年12月19日启动试运行,各类机构均积极参与交易。试运行首日,数家碳资产公司参与首批交易。首批参与机构表示:上海碳配额远期产品的推出是中国碳市场发展的一个重要里程碑,不但为广大碳市场参与者提供了市场风险管理工具,起到了价格发现作用,同时还能提高碳市场现货交易流动性。有些机构认为,尽管短期内该产品交易可能并不会非常活跃,但一旦全国碳市场启动,该产品便能显现其强大的吸引力。同时,各参与机构希望将来能有更多的企业参与其中,更大地发挥价值。

2. 正式启动

经过十多个交易日的试运行,2017年1月12日,上海碳配额远期交易业务正式启动上线。当日,一家金融机构、四家碳资产公司和三家控排企业参与了首批交易。中国人民银行副行长潘功胜、上海市常务副市长周波等领导出席了正式启动仪式,并充分肯定上海碳配额远期交易是碳金融市场的重要尝试,是绿色金融的又一次重大创新,推动了我国碳市场和绿色金融的创新发展;希望下一步加强风险防范,进一步丰富产品序列,推动绿色金融发展。

3. 运行效果

截至2017年6月30日,上海碳配额远期产品累计成交数量4170600吨,开户机构包括金融机构、碳资产管理公司和控排企业约50家。上市交易的品种中，近月协议相对较为活跃。临近交割日时，远期协议和现货价格呈现收敛趋势。

上海碳配额远期产品发挥出了一定的套期保值和价格发现的作用，有利于参与机构规避风险。但由于远期产品市场依然依赖于现货市场的基础，包括长期政策预期等基本面因素，市场各方对于该产品的规则和流程需要一个适应和学习的过程，上海碳配额远期产品的市场作用将逐渐发挥。同时，该产品可以和已有的碳资产质押融资、借碳交易等多样化碳金融工具相结合，实现组合化效果，帮助控排企业和机构投资者降低参与市场风险，提高收益。

第六节　上海碳交易试点对全国碳市场建设的启示

一、纳管行业丰富，对未来碳市场向多个行业拓展提供借鉴

上海碳交易试点从启动初期就纳入了丰富的行业类型，包括十个工业行业和六个非工业行业。纳入行业中，除碳强度高、排放总量大的工业行业外，还纳入了增长速度快的建筑等部分非工业行业。同时，上海也是唯一一个在第一阶段纳入航空业的碳交易试点。基于纳入行业的多样性，上海试点开发并发布了基于行业的温室气体排放核算与报告方法。丰富多样的纳入行业提供了多样的行业核算方法，发现不同行业企业参与碳交易的适用性，为国家碳交易体系考虑并确定纳入行业以及逐步扩大行业范围提供了一手的试点经验。

二、碳交易政策确保稳定性与连续性，促进市场良性发展

碳交易是基于政策设计的市场体系，因此政策的制定与调整对碳交易的效果至关重要。上海碳交易试点从设计之初就非常重视政策的稳定性与连续性，政策制定前充分调研并广泛听取意见，一旦政策出台就在一定阶段内保持稳定与连续，给予市场稳定的预期与信心。重要政策的调整与出台需要经过充分的

论证，并经过严格的审批程序来保证政策的严肃性。2016年5月，上海市发改委发布《关于本市碳排放交易试点阶段碳排放配额结转有关事项的通知》，明确2013—2015年试点企业和机构投资者持有的上海市2013—2015年度碳配额等量结转为上海市第二阶段配额。至此，上海市碳交易试点实现第一阶段到第二阶段的顺利过渡。

三、坚持市场在碳配额的价格形成中发挥决定性作用

上海碳交易试点在建设和执行过程中，在稳定和连续的政策体系下，坚持市场化运作的核心，这体现在以下几个方面：第一，尽量减少政策对市场的干预。上海市碳交易体系在明确基本管理制度的框架下，避免由政策指导市场价格，尽量由市场本身来发现价格，当然政策本身也保留了通过一定措施来调节市场的功能，试点运行几年来，基本没有直接干预市场的做法。第二，交易制度设计。上海碳市场的交易制度设计参考了成熟金融市场的经验，从交易、结算、信息公开等方面规范市场，交易模式采用价格优先、时间优先的竞价方式，确保了以最有效率最能反映市场供需面的有效方式进行交易。第三，碳金融产品设计的规范性。上海碳市场在开展碳资产质押、借碳、碳配额远期等金融产品设计的时候，充分参考成熟的金融体系中的监管和风险控制的要求，设计一系列针对具体业务的规范流程和业务规则，同时由交易所制定标准合同降低各方的交易成本，大大提高了碳金融产品的适用性和风险可控能力。

四、储备配额有偿发放机制设计合理，对市场冲击小

由于经济发展前景的不确定性以及产业结构、能源结构转型带来的配额总量预期困难，各个地方政府除了直接发放给企业的免费碳配额外通常还持有一部分储备配额以供企业有偿购买。储备配额的存在可以缓解因实际经济增长率与政府预测发生偏差而带来的配额不足的情况。储备配额虽可缓解市场配额的不足，但为了保障碳市场的稳定性以及实现碳排放控制目标，储备配额的发放途

径有多种,以部分、适度有偿的方式进行竞买。此外,储备配额的量也应科学规划,尽早明确政策预期,避免出现过多或者政策不明确而引起的市场机制紊乱,或过少引起的配额总量不足。

在上海市碳交易试点配额分配方案中,明确碳交易体系的配额总量包含直接发放配额和政府储备配额。自2013年开始,上海市碳交易试点一共进行两次储备碳配额的有偿发放,一次为2014年的履约时间,一次为2017年的履约时间,主要目的为在不影响市场的前提下满足控排企业履约需求。以2017年有偿发放为例,2017年6月12日,上海市发改委发布《关于上海市碳排放配额有偿竞价发放的公告》(沪发改公共[2017]3号),明确将于6月30日即履约截止的最后一天有偿发放总量为200万吨的上海碳配额,此次发放只针对上海市控排企业,竞买底价为上海碳排放配额之前交易日挂牌交易的市场加权平均价的1.2倍,且不高于42元/吨,最后根据申报价格和申报量按照统一价格成交。这次有偿发放属于事后分配政策,即已经了解当年配额的免费分配情况和企业的实际碳排放情况,根据这些信息可以掌握市场的供需面,从而有针对性地制定有偿发放政策,其发放总量可以完全满足控排企业的履约需求,高于前期市场均价同时又设置上限的底价政策使得企业的履约成本在适当的范围,避免了市场的大起大落。

事后有偿发放配额的制度与事前免费发放相比,是作为事前免费发放碳配额的一种补充,既可以作为事前价格发现的一种途径,也可以作为通过增加碳排放成本来提高企业节能减排意识的一种手段。事后发放服务于一定的政策目标,其发放时间、发放总量和价格确定方式均会影响市场走向和市场参与方的行为方式,是可以通过一个阶段市场运行的效果来进行市场调控的一种间接性灵活政策工具。

五、一次性发放的配额分配机制利弊兼有,适时调整确保市场设计的科学合理

在一个成熟的市场机制内,商品价格是由市场供需水平决定的。然而碳市

场与其他商品市场不同的是,供给端中企业所持有的碳排放配额是由政府分配的,因此,政府对配额总量的设定以及企业间配额的分配会影响市场的供给。此外,由于碳配额的可储存性,以及CCER的抵消条件等也间接影响了市场的供给面。但是各行业经济增长的不确定性使得这种配额分配依旧充满了不确定性。配额分配与实际的经济增长与行业发展直接影响了碳市场的效果,因此如何制定符合实际经济增长和节能减排目标的需求的碳排放控制目标和配额分配方法至关重要。

上海市根据全市的节能减排工作要求和碳强度下降目标,测算并确定试点企业的碳排放控制目标;同时制定各个纳入行业的配额分配方法,并根据行业分配方法对试点企业一次性分配2013—2015年各年度碳排放配额。其优点在于可以给予企业较长的政策预期,方便企业留出充足时间制订生产计划和节能减排改造计划,也有利于市场长期的趋势判断。但由于配额分配需要提前对经济增长速度以及各个行业的发展趋势、节能减排技术潜力等进行预测,而实际情况一旦与预测水平有偏差,配额松紧度就有可能和初始配额分配时的预期有偏离,造成市场供需基本面的不合理。"十三五"期间正是稳增长、调结构的关键时期,上海同样处于产业结构调整的关键时期,能源密集型行业面临的调整尤为突出,这就给初始配额分配带来了一定的困难。

(本章作者:吴力波,复旦大学;李瑾,
上海环境能源交易所;周颖,复旦大学)

参考文献

上海环境能源交易所:《上海碳市场报告2016》,2017年4月,见http://www.cneeex.com/sub.jsp? main_colid=240&top_id=238。

上海环境能源交易所:《上海环境能源交易所碳排放交易机构投资者适当性制度实施办法(试行)》,2014年9月,见http://www.cneeex.com/detail.jsp?main_colid=222&top_id=218&main_artid=6773。

上海环境能源交易所:《上海市首单借碳交易业务花落申能》,2015年8月

6 日，见 http://www.cneeex.com/detail.jsp? main_colid=215&top_id=213&main_artid=7055。

上海环境能源交易所：《上海环境能源交易所举办借碳交易经验分享沙龙》，2016 年 2 月 6 日，见 http://www.cneeex.com/detail.jsp? main_colid=215&top_id=213&main_artid=7116。

上海环境能源交易所：《上海市发展和改革委员会关于印发〈上海市 2013—2015 年碳排放配额分配和管理方案〉的通知》沪发改环资〔2013〕168 号，2013 年 11 月，见 http://www.cneeex.com/searchresult_detail.jsp? main_artid=6355。

上海市人民政府：《上海市碳排放管理试行办法》（沪府令 10 号），2013 年 11 月 18 日，见 http://www.shanghai.gov.cn/nw2/nw2314/nw2319/nw2407/nw31294/u26aw37414.html。

上海环境能源交易所：《上海环境能源交易所碳排放交易规则（修订版）》，2015 年 6 月 15 日，见 http://www.cneeex.com/detail.jsp? main_colid=222&top_id=218&main_artid=7034。

上海环境能源交易所：《上海碳市场报告 2016》，2017 年 4 月，见 http://www.cneeex.com/sub.jsp? main_colid=240&top_id=238。

上海市发展和改革委员会：《关于印发〈上海市碳排放交易纳入配额管理的单位名单（2016 版）〉的通知》，2016 年 2 月 22 日，见 http://www.shdrc.gov.cn/xxgk/cxxxgk/23051.htm。

上海环境能源交易所：《上海碳配额远期业务规则》，2016 年 12 月，见 http://www.cneeex.com/detail.jsp? main_colid=282&top_id=218&main_artid=17327。

第三章　湖北碳排放权交易试点

第一节　湖北碳排放权交易试点概况

一、湖北碳排放权交易试点的基本情况

2011 年 10 月，国家发改委确定北京、上海等七省市开展碳排放权交易试点，湖北省成为试点地区中唯一一个中西部省份。经过一系列的准备工作，湖北试点于 2014 年 2 月正式启动，截至 2017 年 6 月，已完整运行两个周期。湖北省碳排放权交易试点运行以来，交易量领先、市场流动性较好，同时碳价格基本稳定，未出现暴涨暴跌。截至 2017 年 5 月 31 日，湖北碳市场累计成交量 3738.6 万吨，占全国的 37%；累计成交额 7.57 亿元，占全国的 34%。湖北试点的制度设计在保障碳市场平稳运行，协调经济发展与节能减排中发挥了重要的作用。

二、湖北碳排放权交易试点的制度要素

湖北省碳排放权交易试点的制度设计特点与其社会经济及能源排放特征密不可分。相较于其他试点省市，湖北省经济尚处在快速发展阶段，产业结构偏重，经济增速可观；碳排放总量亦处于增长阶段，减排成本高于中部其他省份。在此背景下，湖北试点制度设计体现出几个鲜明特点：控排企业“抓大放小”，配额总量结构灵活，事前分配、事后调节等。与此同时，湖北省碳排放权交易试点还特别重视协调重要市场力量，强调市场流动性，积极探索碳金融创新。

湖北在试点阶段构建了层次明晰的制度体系：一是发布《湖北省碳排放权交易试点工作实施方案》，明确湖北碳排放权交易试点建设的总体思路、主要任务和重点工作。二是制定“五项制度”，以《湖北省碳排放权管理和交易暂行办法》为基础，制定《湖北省碳排放配额分配方案》《湖北碳排放权交易中心碳排放权交易规则》《湖北省温室气体排放监测、量化和报告指南》《湖北省温室气体排放核查指南》，为市场运行提供了有力的制度支撑。三是陆续出台《2015 年湖北省碳排放权抵消细则》《湖北碳排放权交易中心配额托管业务实施细则》《碳排放权出让金收支管理办法》《碳排放配额投放和回购管理办法》等支撑政策，通过政府的调控降低市场运行风险（见表 3.1）。上述文件对湖北省碳排放权交易试点的制度要素，如行业覆盖、配额分配、交易机制、核查体系、抵消机制和履约管理等做出了规定。

表 3.1　湖北碳排放权交易试点重要政策性文件

政策内容	相关文件	发布机构	时间
制度框架①	《湖北省碳排放权交易试点工作实施方案》	湖北省人民政府	2013 年 2 月
	《湖北省碳排放权管理和交易暂行办法》	湖北省人民政府	2014 年 4 月
	《关于修改〈湖北省碳排放权管理和交易暂行办法〉第五条第一款的决定》	湖北省人民政府	2016 年 10 月
配额分配和管理②	《湖北省 2014 年碳排放权配额分配方案》	湖北省发改委	2014 年 3 月
	《湖北省 2015 年碳排放权配额分配方案》	湖北省发改委	2015 年 11 月
	《湖北省 2016 年碳排放权配额分配方案》	湖北省发改委	2017 年 1 月
	《湖北省碳排放配额投放和回购管理办法（试行）》	湖北省发改委	2015 年 9 月
	《湖北省碳排放权出让金收支管理暂行办法》	湖北省发改委	2015 年 12 月

① 湖北省人民政府：《湖北省碳排放权交易试点工作实施方案》，2013 年 2 月，见 www.hubei.gov.cn/govfile/ezbf/201302/t20130227_1033938.shtml。湖北省人民政府：《湖北省碳排放权管理和交易暂行办法》，2014 年 4 月，见 http://gkml.hubei.gov.cn/auto5472/auto5473/201404/t20140422_497476.html。湖北省人民政府：《关于修改〈湖北省碳排放权管理和交易暂行办法〉第五条第一款的决定》，2016 年 10 月，见 http://gkml.hubei.gov.cn/auto5472/auto5473/201610/t20161020_907991.html。

② 湖北省发展与改革委员会：《湖北省碳排放权配额分配方案》，2014 年 3 月，见 http://fgw.hubei.gov.cn/ywcs2016/qhc/tztgqhc/gwqhc/201403/t20140327_76425.shtml。湖北省发展与改革委员会：（转下页）

续表

政策内容	相关文件	发布机构	时间
交易规则和管理②	《碳排放权交易规则(试行)》	湖北碳排放权交易中心	2014 年 12 月
	《碳排放权现货远期交易规则》	湖北碳排放权交易中心	2016 年 4 月
监测、报告与核查③	《湖北省温室气体排放核查指南(试行)》	湖北省发改委	2014 年 7 月
抵消机制④	《省发改委关于 2015 年湖北省碳排放权抵消机制有关事项的通知》	湖北省发改委	2015 年 4 月

资料来源:作者整理。

1. 行业覆盖

在行业和企业选择上湖北遵循“抓大放小”原则。湖北省碳排放权交易试点的企业纳入门槛为年综合能源消费量 6 万吨标煤,首批纳入 138 家工业企业,二氧化碳排放量占全省总量的 35%,覆盖了电力、钢铁、有色金属和其他金属制品、医药、汽车和其他设备制造、化纤、石化、水泥、食品饮料、玻璃及其他建材、化工和造纸 12 大行业。2015 年纳入企业总数达 166 家,涉及 15 个行业。

2. 配额分配

湖北省碳排放权交易试点的配额管理以“总量刚性、结构柔性”“历史法与

(接上页)《湖北省 2015 年碳排放权配额分配方案》,2015 年 11 月,见 http://fgw.hubei.gov.cn/xw/tzgg_3465/gg/tpwj/201511/t20151125_91461.shtml。湖北省发展与改革委员会:《湖北省 2016 年碳排放权配额分配方案》2017 年 1 月,见 http://fgw.hubei.gov.cn/xw/tzgg_3465/gg/tpwj/201701/t20170103_109021.shtml。湖北省发展与改革委员会:《湖北省碳排放配额投放和回购管理办法(试行)》,2015 年 9 月,见 http://fgw.hubei.gov.cn/ywcs2016/qhc/tztgqhc/gwqhc/201509/t20150929_89225.shtml。湖北省发展与改革委员会:《湖北省碳排放权出让金收支管理暂行办法》,2015 年 12 月,见 http://fgw.hubei.gov.cn/gk/xxgkzl/xxgkml/bmgfxwj/gfxwj_3619/201703/t20170327_110678.shtml。

② 湖北碳排放权交易中心:《碳排放权交易规则(试行)》,2014 年 12 月,见 http://www.hbets.cn/index.php/index-view-aid-478.html。湖北碳排放权交易中心:《碳排放权现货远期交易规则》,2016 年 4 月,见 http://www.hbets.cn/index.php/index-view-aid-713.html。

③ 湖北省发展与改革委员会:《湖北省温室气体排放核查指南(试行)》,2014 年 7 月,见 http://www.hbfgw.gov.cn/ywcs2016/qhc/tztgqhc/gwqhc/201407/t20140724_79338.shtml。

④ 湖北省发展与改革委员会:《省发改委关于 2015 年湖北省碳排放权抵消机制有关事项的通知》,2015 年 4 月,见 http://www.hbfgw.gov.cn/ywcs2016/qhc/tztgqhc/gwqhc/201504/t20150416_86147.shtml。

标杆法相结合”“总量和配额的灵活机制”为特征。

一是“总量刚性、结构柔性”。在保持配额总量刚性的前提下，将总量分为三部分：第一部分是对既有企业、既有设施的年度初始配额，遵循适度从紧原则；第二部分是政府预留配额，用于调控市场；第三部分，即总量中的剩余部分是新增预留配额。

二是“历史法与标杆法相结合”。2014 年，湖北对电力行业之外的工业企业均采用历史法进行分配，仅在产品较单一的电力行业采用了标杆法。2015 年，湖北将标杆法的使用范围扩大到水泥、热力及热电联产行业。对按标杆法分配的企业，先按其 2014 年产量计算并预分配配额，再按 2015 年实际产量核定 2015 年度配额，并对预分配配额多退少补。2016 年标杆法适用和配额发放方法与 2015 年保持一致，唯一的区别在于 2016 年仅公布标杆位，不公布具体的标杆值，标杆值以当年核查时的实际排放量和产量数据为准。①

三是设置总量和配额的灵活机制。第一，配额实行一年一分配，每年逐步优化分配方案。第二，采用双“20”控制损益封顶机制。当企业碳排放量与年度碳排放初始配额相差 20%以上或者 20 万吨二氧化碳以上时，主管部门应当对其碳排放配额进行重新核定，对于差额或多余部分予以追加或收缴。第三，设置年度市场调控系数，将上一年市场积存的配额在下一年分配时从总量中扣除。②

3. 交易机制

湖北省碳市场的参与主体多元化，包括国内外机构、企业、组织和个人，对各类投资人低门槛开放；提供“协商议价转让”和“定价转让”两种交易方式，满足不同市场主体的需要。③ 此外，湖北试点交易机制的一大特征是交易规则注重风险防控，通过涨跌幅等化解市场风险。在特殊情况下，湖北碳排放权交易中心

---

① 湖北省发展与改革委员会：《湖北省碳排放权配额分配方案》，2014 年 3 月，见 http://fgw.hubei.gov.cn/ywcs2016/qhc/tztgqhc/gwqhc/201403/t20140327_76425.shtml。湖北省发展与改革委员会：《湖北省 2015 年碳排放权配额分配方案》，2015 年 11 月，见 http://fgw.hubei.gov.cn/xw/tzgg_3465/gg/tpwj/201511/t20151125_91461.shtml。湖北省发展与改革委员会：《湖北省 2016 年碳排放权配额分配方案》2017 年 1 月，见 http://fgw.hubei.gov.cn/xw/tzgg_3465/gg/tpwj/201701/t20170103_109021.shtml。

② 武汉大学：《湖北省碳交易试点对全国的借鉴意义》，2016 年 12 月，内部报告。

③ 武汉大学：《湖北省碳交易试点对全国的借鉴意义》，2016 年 12 月，内部报告。

还可以采取暂停交易、特殊处理(缩紧议价幅度)及特别停牌等监管措施。①

4. 履约和抵消

依据《湖北省碳排放权管理和交易暂行办法》(简称《管理办法》),对企业未履约的部分,依照当年度配额的市场均价,将对差额部分处以 1 倍以上 3 倍以下罚款,并在下一年度配额分配中予以双倍扣除。此外,湖北在信用记录、舆论监督、项目审批等方面对未履约企业的处罚进行了规定,同时配合行政管理手段保障履约。

中国核证减排量(CCER)也可用于企业履约,抵消部分减排量。但湖北省对抵消比例、抵消范围进行了限制,规定在本省行政区域内,纳入碳排放配额管理企业组织边界范围外产生的 CCER 方可用于抵消,抵消比例不超过企业年度碳排放初始配额的 10%。同时鼓励国家发展和改革委员会已备案的农村沼气、林业类项目,特别是本省连片特困地区产生的项目减排量。

三、湖北碳排放权交易试点的市场运行

1. 交易量和交易额

湖北省碳排放权交易试点自运行以来,市场交易领先。截至 2017 年 5 月 31 日,湖北碳市场累计成交量 3738.6 万吨,占全国的 37%;累计成交额 7.57 亿元,占全国的 34%。配额清缴期虽有波动但仍平稳过渡(见图 3.1)。

2. 市场价格和波动

湖北碳排放权交易市场价格始终较为稳定,保持在 21.86 元左右。

碳价格的波动主要受短期因素影响。从价格形成机制来看,可将湖北市场的碳价格波动分解为内在趋势项、重大事件影响和市场短期波动。② 湖北试点碳价格的内在趋势项自开市以来变化幅度微弱,但大致呈现出"先上升,后下降"的形态;价格波动受外部因素冲击较小;碳价格与市场短期波动分解量的运

① 湖北碳排放权交易中心:《碳排放权交易规则(试行)》,2014 年 12 月,见 http://www.hbets.cn/index.php/index-view-aid-478.html。

② 徐佳、谭秀杰:《碳价格波动的时空异质性研究》,《环境经济研究》2016 年第 2 期。

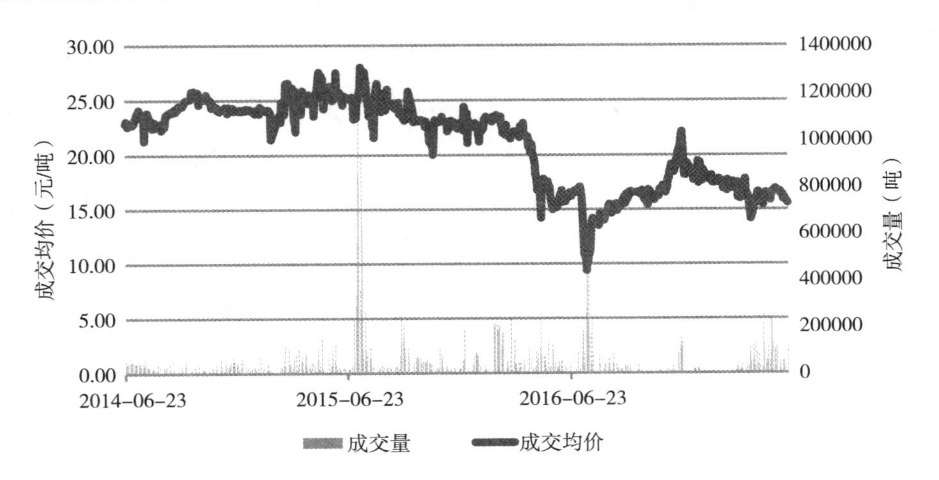

图 3.1　湖北碳市场成交量价（自 2014 年 4 月 2 日至 2017 年 6 月 30 日）

资料来源：Wind 数据库。

行状态较为一致。

3. 流动性和有效性

湖北碳市场属于高流动性、短期弱势有效市场。武汉大学内部报告《湖北省碳交易试点对全国的借鉴意义》对此进行了测算。采用 Amivest 流动性比率的测算结果表明，湖北碳市场的流动性随时间呈“先上升，后下降”的趋势，除去最高值外的均值达到 7.1，显示出较高的流动性。采用方差比率（Variance Ratio，VR）指标对碳价格进行测算表明湖北碳市场短期内达到弱势有效，长期未达到弱势有效，碳市场对市场信息的反映并不及时、全面，投资者可以利用历史信息对未来价格进行预测从而获利。①

第二节　湖北碳排放权交易试点制度设计的特点

一、制度设计与经济发展特征相协调

湖北省可谓中国的“发展中地区”。2015 年，湖北省地区生产总值 29550.19

① 武汉大学：《湖北省碳交易试点对全国的借鉴意义》，2016 年 12 月，内部报告。

亿元，位列全国第八；年经济增速 8.9%，增幅高于全国 2 个百分点，同样居于第八位。湖北省的产业结构偏重，第二产业占比 45.7%，其中钢铁、水泥、化工、电力等重化工行业依然是湖北工业的支柱。然而，高增长往往伴随着高不确定性，这也是发展中地区较为常见的特征。在碳排放权交易试点制度设计之初，湖北从 2009 年的经济低潮中复苏，经历了 2010—2011 年年均 13%以上的快速增长。随后湖北省的经济增速开始放缓，在试点启动的 2014 年，GDP 年增长率回落至 9.7%。

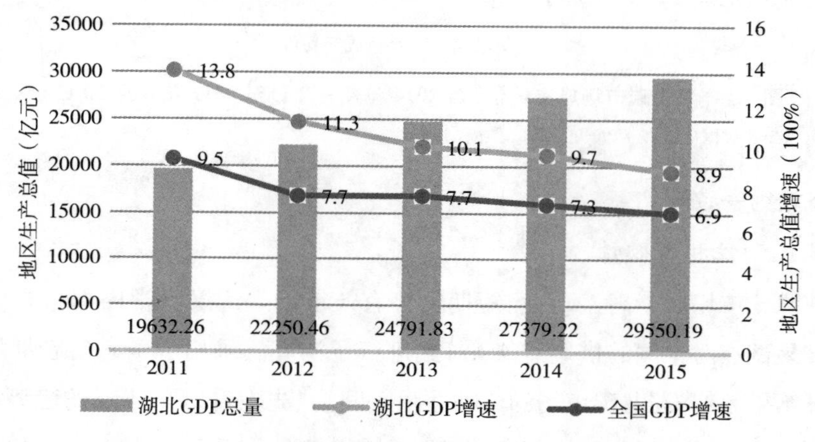

图 3.2　湖北省地区生产总值与增速（2011—2015 年）

资料来源：中国国家统计局。

经济增速高、排放体量大、产业结构重，这正是湖北有别于北京、上海、深圳等碳交易试点地区最重要的社会经济背景。第一，湖北省依然需要经济增长空间，平衡经济发展和节能减排的任务艰巨，碳交易市场的经济影响是政府极为关切的问题。因此，为经济发展留空间、为企业减排降成本成为制度设计的重中之重。第二，尽管湖北省经济增速的变化趋势与全国基本一致，但由于其经济增长和碳排放相关度高，且排放基数大，经济增速的小幅度回落将带来碳排放量绝对值的大幅变化，从而影响碳市场对配额的需求，并进一步影响配额总量的余缺。第三，以重化工业为主导的产业结构使湖北省主要的排放主体均为工业企业，工业排放占全省排放的七成以上，并集中了一批钢铁、水泥、化工等行业的大型企业。第四，进入“十三五”时期后，湖北省开始经历新一轮的产业结构调整，伴随着全国范围内钢铁、建材等行业的产能过剩，湖北省部分重点工业行业也由快速扩张向“去产能”转变。

上述社会经济特征塑造了湖北碳排放权交易试点的制度特色。相对于其他六个试点地区，湖北的试点企业排放量纳入门槛最高、配额分配中的总量预留比例最大，正是为了适应经济发展阶段特征的需要。

1. 高纳入门槛与湖北省的产业结构特征

湖北省碳排放权交易试点纳入企业的标准为年排放量6万吨标准煤及以上的工业企业。这一门槛远高于其他试点地区。按照1吨标准煤等于2吨二氧化碳排放量进行粗略折算，这相当于设置了年排放12万吨二氧化碳的门槛。相比其他试点地区年排放5000—20000吨二氧化碳的纳入标准，湖北的门槛几乎是其6—24倍。然而，这一门槛对应的碳排放量占湖北全省能源消耗碳排放量的35%以上，仅略低于北京、深圳和重庆。这充分体现出湖北省产业结构重、排放主体规模大的经济发展阶段特征。

事实上，在制度设计之初，湖北依据2011年的企业能源统计数据对全省能耗在2万吨以上的企业排放量分布进行了分析。结果发现，当纳入门槛为6万吨时，纳入企业数量为153家，能源消耗碳排放量约占全省的35%；而当纳入门槛降至2万吨时，企业数量翻倍，增至332家，但覆盖的碳排放量仅增加至39%（见图3.3）。因此，降低门槛一方面对湖北省完成能源强度和碳强度目标的贡献相当有限，另一方面却将显著扩大碳排放权交易体系涉及的企业范围，有可能给更多企业带来减排负担，同时也将大幅增加政府主管部门的管理成本。权衡成本收益，以6万吨能耗作为纳入门槛成为湖北碳交易试点的最终方案。当然，这一选择也意味着湖北碳排放权交易体系的参与主体中，纳入企业的数量极为有限。经第三方核查排除未达到门槛和已关停企业，最终2014年湖北市场纳入企业138家、2015年纳入企业165家。因此，需要开放吸引更为丰富的市场交易主体，并设计保障市场流动性的配套措施。

2. 灵活的总量结构以适应经济增长和高不确定性

高增长和高不确定性对湖北试点的总量设置提出了两个方面的挑战。第一，经济增速和未来排放的预测难度大。2012年，在湖北试点制度设计初期官

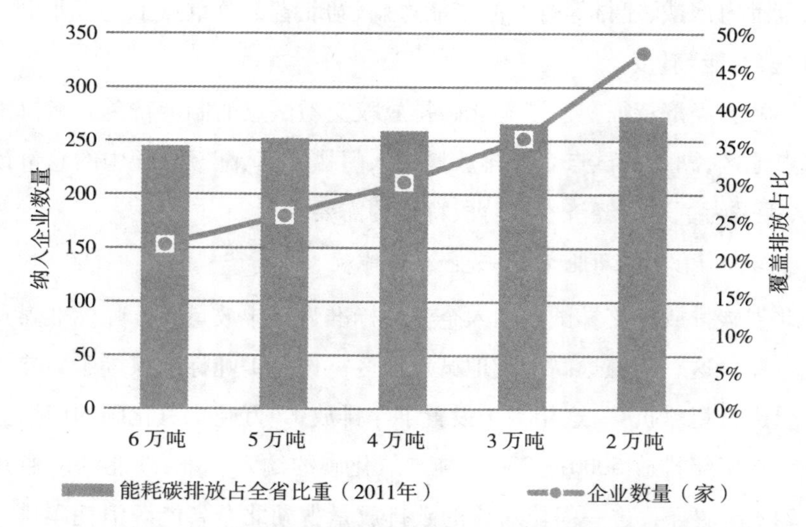

图 3.3　湖北试点不同纳入门槛的企业数和排放覆盖比例

注：图 3.3 依据企业能耗统计数据计算，能耗碳排放根据企业能源消耗和所在行业的能源结构估算，企业数量和排放与最后核查结果有所差异。

资料来源：Qi，S.，B. Wang，J. Zhang，"Policy Design of the Hubei ETS Pilot in China"，*Energy Policy*，Vol.75（2014），pp.31－38.

方对全省未来经济趋势的判断为在 2015 年以前将依然保持两位数的增长率。因此，对排放权交易体系总量进行建模预测时，中速经济增长情景被设定为 GDP 年增速 11%，这在当时被认为是最符合未来趋势判断的情景。尽管如此，主管部门依然担心"配额不够怎么办"。然而进入 2013 年，经济增速低于预期，"配额多了怎么办"成为新的担忧。第二，企业层面基础数据不足。尽管湖北省在准备阶段已通过企业能耗统计、企业自报排放和第三方盘查三套数据进行对标，但由于企业碳排放数据基础薄弱、统计口径和标准在不同数据体系间存在差异，主管部门对企业究竟排放了多少、未来将排放多少依然难以有非常准确的把握，而这将直接决定配额市场的需求和配额总量的相对余缺情况。

对此，湖北在总量设计时确定了以下基本的思路：第一，对既有企业的既有产能排放应严格控制，从紧发放并保持不变甚至逐年下降，以实现"节能减排"；为新增企业和新增产能排放预留充足的空间，从而不限制企业扩产，以保障"经济增长"；政府亦预留较为充足的配额，以实现对市场配额余缺的调节。第二，通过“总量刚性、结构柔性”来实现上述目标。湖北碳排放权交易体系实际上执行的是双层总量系统：调控总量依据全省碳排放预测和纳入企业排放占比推出，即“大帽子”，可适度偏松，但不能突破；调控总量下设预设总量，即依据基准年计算并发放的企业配额总和，称为年度初始配额，此为“小帽子”，应适度从紧；“大帽子”和“小帽子”之间的差额为新增预留和政府预留配额，可以对企业配额及市场供给进行灵活调节。可以说，真正影响湖北碳市场配额供给的是“小帽子”和已投放至市场的调节配额，而非“大帽子”；但后者对碳市场的增量做了封顶。

依据上述思路，湖北试点对总量结构进行了设计：年度初始配额为纳入企业初始配额之和，政府预留配额等于配额总量的8%，而配额总量与前两者之差即为新增预留配额。这并非湖北的原创，在EU ETS各成员国的配额总量中也存在新增产能和政府预留配额，在中国其他碳交易试点地区的总量设计方案中同样存在类似的结构。然而，湖北试点的预留比例最大。在试点的第一个履约周期，依据预测数据确定的市场配额总量即“大帽子”为3.24亿吨二氧化碳，但既有企业配额，即“小帽子”仅为2.28亿吨，约占总量的70%，而初始分配给企业的配额仅为1.93亿吨，因为其中对电力企业实行预分配制度，仅分配了其预估配额的一半；此外政府在市场启动初期拍卖了200万吨配额流入市场。

经过对第一个履约周期的盘点，纳入企业2014年实际获得的初始配额与设计的“小帽子”规模相当。经配额事后调节，2014年纳入企业总体配额基本持平但略有短缺，短缺量占排放量的0.43%，说明2014年度实际流入市场的配额总量是适度从紧的。“大帽子”3.24亿吨基于较高经济增速的预期，被证明过于宽松，但在配额结构柔性的设计下，“大帽子”的过剩配额并未影响市场供给和配额价格。到2015年，总量基于对2015年GDP增长9%的预测，被调整为2.81亿吨。但在总量结构的设计上，依然保持与2014年的高度一致。“大帽子”的缩减在配额结构中主要体现为新增预留配额的减少，而年度初始配额的增加主要由于2015年达到门槛的企业数量增至165家(见图3.4)。

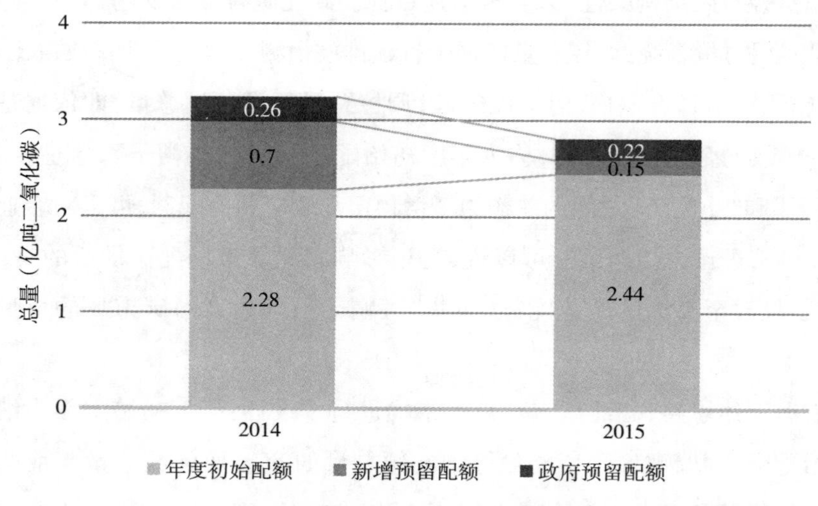

图 3.4　湖北碳交易试点的配额总量结构

资料来源:作者绘制。

二、事前分配和事后调节机制的平衡

作为发展中地区,湖北的经济增长面临更高的不确定性,而现实与预期的小幅度偏离都有可能因为湖北纳入企业较大的排放基数而导致企业配额的较大偏离。为此,湖北试点在企业配额分配方面采用了两个灵活机制。一是配额的年度核发,并在计算配额时采用滚动基准年,从而避免一次分配导致的配额过剩无法回收问题,并使配额计算依据的历史数据更接近当期水平。但是滚动基准年也存在两个缺点:配额数量每年变动不利于企业的长期决策和预期;分配基准滚动使得企业当期减排时面临未来配额变少的担忧。二是事前分配和事后调节相结合,设计了一系列企业配额的追加、回收和兜底的事后调节机制,以降低不确定性对企业减排成本的影响。对配额及市场进行事后调节和干预也是湖北试点制度设计的重要特点,湖北试点因而面临着市场机制与政府干预平衡的问题。

1. 企业配额的事前分配和事后调节

湖北试点对企业的配额设计了两类事前分配、事后调节机制。一是对于采用标杆法分配的企业，由于无法预知配额分配当年的实际产量，故依据基准年企业的历史产量核算配额并事前预分配 50%，剩余部分待当年度核查结束后，再根据实际产量予以调节和发放。二是对以历史法和标杆法分配的全部企业，在事前分配年度初始配额的基础之上，均设置企业配额余缺封顶的调节措施。若企业当年碳排放量与年度初始配额的差额超过企业年度初始配额的 20%或 20 万吨，则予以追加或扣减，将企业配额余缺控制在 20%或 20 万吨以内。相对量 20%针对的是排放规模较小的企业，绝对量 20 万吨则针对排放规模较大的企业。

第一类调节措施与各地区的碳强度目标直接相关，其他试点地区，如深圳也有类似的应用；而第二类调节措施为湖北独创，这一措施相当于政府对企业买卖配额的成本和收益进行“兜底”或“封顶”，甚至引起一些争议。湖北试点设计“20%和 20 万吨”事后调节机制主要出于以下两点考虑：

第一，避免企业的免费配额与实际排放量严重偏离。不论采用历史法还是标杆法进行分配，均只能基于企业排放和产量的历史数据，分配时对企业未来的排放无从得知。湖北试点第一年（2014 年）企业的配额分配主要采用历史法。由于试点筹备时间较长，配额计算时依据的是 2013 年夏天核查的纳入企业 2009—2011 年的排放，部分企业可获得 2012 年的历史数据。大部分企业得到的初始配额都基于其 3—5 年以前的排放水平。这是数据基础不足的无奈之举，但对高增长、高不确定的地区来说是极为严重的问题，因为企业的产能、产量以及与此相关的排放都已发生了较大的变化。历史法分配暗含的前提是企业的生产工艺和活动水平并没有发生重大变化。而湖北市场的现实是，由于市场环境的变化和企业生产线、生产设备的更新改造，这种变化对单个企业来说并非线性的，难以依据历史数据做预测或推算。特别是对生产工艺发生重大变化的企业来说，当期配额的计算确实不适合依据历史排放数据。对实际排放量和历史排放量相差过大的企业需要予以调整。

造成上述问题更深层次的原因在于试点的排放数据监测与核查均是基于企业而非设施层面。与之相对，EU ETS 在启动初期就以设施为排放主体纳入体系。设施层面的碳排放一般不会受到重大产能变化的影响，即使存在设施的更新改造也更容易追踪和计量。然而,由于欠缺前期的数据基础能力,中国的碳交易试点大多仅能做到企业层面的核查,不少企业没有设施层面数据监测和统计的能力。中国在上一阶段建立的与碳排放联系最紧密的能源计量体系也是基于企业层面。为了尽早启动排放权交易体系,以企业作为排放主体是更为现实的选择。然而,企业的排放边界复杂,在湖北试点的纳入企业中,广泛存在设立或关闭厂房和生产线,改造升级机器设备和生产工艺等情形。这种产能变化带来的碳排放变化难以单独核算,又无法与纯粹由市场环境变化而引起的产量变化区分开,因此仅能通过限制排放量变化的范围进行调节。到了湖北试点的第一个履约阶段,企业在设施层面的产能变化导致的初始配额偏差问题开始显现。由于该问题的广泛性,湖北在履约期又组织研究并出台了《企业产能变化的配额变更方案》,对企业由于新增、改造、关闭设施或出售(转让)生产线等产能变化导致的排放变化设计了初始配额变更方案。对仅由产量变化导致的排放量变化不做初始配额变更调整,但若这部分排放变化量较大,依然可以运用"20%或20万吨"条款进行成本封顶。

第二,使企业承担"有限责任",降低碳排放权交易体系对经济的影响,提高企业的参与意愿。这是湖北试点以成本收益封顶的方式进行配额事后调节最主要的考虑。省内纳入试点的重化工业企业是湖北经济增长的重要贡献者。试点运行恰逢经济增速放缓,降低企业成本负担成为政府主管部门的重要考虑。此外,在试点工作初期,碳市场建设的重要工作目标是搭建碳排放权交易体系的制度框架,并促使企业及其他主体的主动参与。而湖北省境内大型企业、中央及省属企业较多,打消企业过多的顾虑,鼓励企业参与市场也成为湖北省配额调节"有限责任"的目的之一。

2. 市场积存配额的年度调节

除了企业层面的事后调节机制,湖北试点在第二年还引入了"市场调节因子"来化解上一年度的市场配额存量。市场调节因子的计算方法为"1-(上一年度市场碳排放配额存量/当年碳排放配额总量)",2015年该因子等于0.9883。引入市场调节因子的主要原因在于2014年履约期结束以后,市场依然留存一部分配额在企业或投资者手中。湖北试点规定凡交易过的配额可以储存至第二年使用,绝大部分积存配额均经过了市场交易,不能注销。而2015年以来经济增速持续下降,第二年度的配额总量中若不扣除这部分积存配额,则配额总供给过剩的风险将进一步加剧。然而,该因子虽然部分化解了历史配额积存的问题,但并未改变2015年配额分配整体过剩的局面,纳入企业配额最终盈余占纳入企业总排放量的1.47%。

三、增强市场流动性的机制设计

从碳市场交易量看,湖北试点交易总量和交易额领先。截至2017年5月31日,湖北碳市场累计成交量3738.6万吨,占全国的37%;累计成交额7.57亿元,占全国的34%。市场流动性高成为湖北碳排放权交易体系极具代表性的特征。具体来看,湖北市场从吸引多元化投资主体、稳定价格、信息公开、金融创新几个方面均出台了一系列措施,以有效提高市场流动性。

1. 吸引多元化参与主体

在七个试点地区中,湖北和深圳的市场参与主体最为开放,包括控排企业、机构和个人投资者(包括境外个人投资者)参与。截至2017年6月30日,湖北碳排放权交易体系共吸引投资者8313户,其中个人投资者7888户,机构投资者189户,控排企业236家;市场交易的50%左右为纳入企业,35%可以归功于机构投资者,剩余15%左右则由个人投资者贡献。

湖北试点纳入的控排企业数量较为有限,不利于市场交易的活跃。因此,湖北试点在机制设计时就专门针对吸引多元投资主体做出了一些安排。首先,在试点初期即允许合格的个人投资者参与,从而极大增加了市场参与者的数量,很好地起到活跃市场的作用。与此相对,目前大部分试点地区出于风险防控等原因,对投资人设置准入门槛。其次,湖北市场的开户费用和交易费用低,开户费、会员费、年费全免,仅对协商议价双向收取0.5%,对定价转让卖方收取4%的交易手续费,交易成本在七个试点地区中属于较低水平。最后,在市场开业之前,政府主管部门向市场公开拍卖了200万吨配额,不仅允许控排企业认购,也允许其他投资主体参与竞拍。在市场启动之初就将“活水”引入市场,这对流动性的形成起到了非常关键的作用。

2. 价格稳定机制

价格稳定也是市场流动性高的重要标志。湖北碳市场的配额价格在2014—2015年间长期稳定在20—29元的价格区间内,2016年上半年有所回落,并再次稳定在15元左右,在几个试点地区中价格波动最小。在价格稳定方面湖北试点主要采取了以下几点措施:第一,配额分配整体偏紧,有利于市场形成价格上升预期。如前所述,湖北通过总量结构对流入市场的价格进行控制和调控,而对发放给企业的年度初始配额一直秉承适度从紧的原则。当然,2015年度配额分配较2014年偏松,因此价格有所回落,这也反映出配额总量的相对松紧是影响碳市场价格最根本的影响因素。第二,政府预留充足的配额(占总量的8%)进行公开市场操作。在第一个履约周期,尽管湖北试点的管理办法有此条款,但并未对配额市场的公开市场操作设置具体的实施方案。随着配额管理的精细化,湖北于2015年9月颁布了《湖北省碳排放配额投放和回购管理办法(试行)》,对公开市场操作的触发条件、回购投放方式、决议过程、信息公开等做出规定。第三,设置有条件的配额储存规则。湖北市场规定,只有经过市场交易的配额才可以储存至下一期,从而鼓励市场参与主体参与交易。第四,交易中心对日常交易价格波动进行控制。依据交易中心的规定,湖北市场将每日配额价格涨跌幅限制在10%以内。2016年7月,为了控制配额价格下跌,对日议价区间进行调整,具体为涨幅上限10%不变,跌幅下限1%。此外,交易中心也对交易中的异常行为予以监控。

3. 金融创新和信息披露

金融创新和流动性之间存在相互促进的关系。流动性越高的试点,碳金融创新越丰富;同时,碳金融创新也为投资者提供了多样化的投资产品,有利于投资者规避风险,有助于提高市场流动性。

湖北作为流动性最强的试点,其金融创新种类较为多样。主要代表性产品有:其一,引入四支碳基金,从而将累计1.2亿元资金引入碳市场;其二,开发碳配额托管业务,分两批引入专业机构帮助企业进行碳资产管理,通过市场交易帮助企业获利379万吨;其三,开发首个现货远期产品,上线后交易活跃。2016年

8 月,湖北碳市场配额日均成交 7.78 万吨,其中现货远期日均成交 3.65 万吨,高于协商议价日均成交 2.86 万吨和定价转让日均成交 1.27 万吨;其四,开发银行碳金融授信业务 1200 亿元、碳配额质押贷款累计 15.4 亿元、首个 CCER 众筹项目 20 万元等。

信息公开透明是保障市场流动性的前提。在七个试点地区中,湖北试点的信息披露程度相对较高,信息披露更加具体。在交易方面,湖北省公布的信息包括日起始价、日收盘价、最高价、最低价、最新价、当日累计成交数量、当日累计成交金额、最高五个买入价格和数量、最低五个卖出价格和数量。对交易规则、重要市场信息等,均在交易中心网站予以公布。

需要说明的是,中国的碳交易试点在金融创新和信息公开方面,相对欧盟、美国等发达国家碳市场依然存在差距。在金融创新方面,根据国际经验,各类基于配额和 CCER 的金融衍生品应是主要的交易产品;而在信息公开方面,试点多停留在市场交易信息和政策公示,对行业、企业层面的总量、配额分配等相关数据则较少涉及,而这些信息是投资者形成配额价值预期的重要依据。

四、湖北碳市场政府干预市场的必要性和合理性

为了防范市场风险,维持合理的碳价格区间,化解经济增速的高不确定性、历史数据基础不足、企业参与意愿较低等现实困境,湖北试点设置了一套总量和配额的事后调节机制及价格稳定机制。这套机制在湖北碳排放权交易体系的发展中起到了重要的保障作用,在应对经济和市场风险,市场建设“边干边学”的过程中具有其合理性。当然,湖北市场的政府干预色彩因而也较为浓厚。碳交易市场本质上是一个“政府创造的市场”,然而政府干预,特别是“相机抉择”式的调节措施可能扭曲市场的价格信号,限制市场机制对减排的作用,这也给湖北试点带来了潜在成本。

1. 湖北碳排放权交易体系中政府干预市场的必要性

第一,削弱经济增长非预期冲击对配额供需的影响。

由于湖北尚处在发展阶段,经济增速仍然相当可观。在碳排放权交易体系

设置配额总量时，通常兼顾增长和减排，会基于一定的经济增速预期对碳排放进行预测。现阶段在总量设置时也参考了碳强度下降目标，还存在从强度目标到绝对量目标的转换。当实际经济增长和预期增速之间出现重大偏差时，就可能导致配额供给的相对严重过剩或短缺，不利于市场的平稳运行。

从国际经验来看，欧盟碳排放权交易体系（EU ETS）的第二阶段经历了体系设计之初未预料的欧洲债务危机和全球经济低迷，导致 EU ETS 的配额价格一度暴跌，价值接近于零。其制度原因在于该体系不允许任何调节机制。

湖北省经济增速高于全国，同时经济增速的波动也不容忽视。2014 年碳市场实际运行时经济增速为 9.7%，已较体系设计之初 2011 年的 13.8%下降了 4.1 个百分点。在这一背景下，碳排放权交易体系需要设置事前确定、透明公开的调节机制，从而削弱非预期冲击的影响，避免由于配额供需严重不匹配带来的价格暴涨或暴跌。

第二，稳定的价格机制有助于防范市场风险、促进清洁能源投资和发展。

从短期来看，湖北试点纳入企业门槛高，市场参与企业数量少，部分参与主体配额体量大。因此，湖北碳市场也需防范市场势力较大的参与主体对配额价格带来的冲击。此外，中国碳交易平台的交易方式受限，市场不能采用完全连续的方式进行交易，这也增大了配额价格被少数投资主体操纵的风险。为防范市场风险，有必要甄别市场价格的不正常波动，并进行必要的干预。此外，碳价格的剧烈波动不利于向低碳技术和清洁能源替代传递明确的市场信号，从长期来看不利于低碳投资和清洁能源的利用，因此也有必要进行适当的政府干预。

2. 湖北碳排放权交易体系中政府干预的合理性

第一，湖北试点的政府干预多为事前确定的自动调节机制，明确规定了政府干预的触发条件，制定了透明的调节措施。这种干预模式可避免"相机抉择"式政府干预对市场秩序和价格信号的干扰。市场参与主体可以对政府的干预时机和措施提前做出预期。

上文所述湖北试点的一系列总量和配额的灵活机制及价格稳定机制可以分为四类：第一类为灵活的总量结构和分类注销机制，主要为在宏观上调节市场配额总供给；第二类为企业配额的事后调节机制，主要为在微观上避免由于产能产量大幅变化、数据质量不佳等原因导致的企业配额的严重偏离；第三类为碳价格涨跌幅限制机制，主要为防止市场上短期碳价格的过度波动；第四类为配额投放和回购机制，尽管现实运行中并未执行，但也在湖北省发改委出台的《湖北省碳排放配额投放和回购管理办法（试行）》和《湖北省碳排放权出让金收支管理暂行办法》中予以了规定。

上述四类机制中，前三种均为事前确定规则的自动调节机制，即对什么情况下进行调节设置了明确的触发规则，对每种情形应如何调节设定了透明的调节措施。例如，在灵活的总量结构和注销机制中，配额的总量和结构占比事前确定，分类管理；在企业配额的事后调节机制中，企业当年配额达到20%或20万吨门槛后的追加或收缴公式、企业产能变化不同情形的配额变更计算方法均事前在历年《湖北省碳排放权配额分配方案》中进行了明确规定；在碳价格涨跌幅限制机制中，议价幅度已在《湖北省碳排放权管理和交易暂行办法》中规定，对暂停交易、特殊处理及特别停牌的处理情景和处理方法也明文规定。仅有配额投放和回购机制为相机抉择式的调节措施，但也对配额投放和回购的触发条件做出了规定。

第二，政府合理干预初见成效。

一是在2014年和2015年经济增速预期严重偏高的情况下，灵活的配额结构保证了企业实际获得配额的适度从紧。2014年度和2015年度碳市场依据自上而下情景预期制定的配额总量分别为3.24亿吨和2.81亿吨，而控排企业实际获得的初始配额共计分别为2.29亿吨和2.42亿吨排放量，与实际排放（2.36亿吨和2.39亿吨）基本相当。经过事后调节和产能变更调节后的企业新增预留配额剩余部分、拍卖后的政府预留配额剩余部分均予以注销。尽管经济增速放缓，湖北碳市场并未出现配额的相对供给过剩。

二是对企业产量产能变化过大、初始配额分配数据精细度和质量欠佳的情况，企业配额的事后调节机制发挥了微调的作用（见表3.2）。由于上述原因，湖北试点2014年和2015年的初始配额发放与企业的实际排放情况出现了一定程度的微观偏离，涉及企业面较广。配额的事后调节措施在一定程度上纠正了这种系统性偏差，同时对实际配额总量的影响十分有限。通过“双

20”调节机制，2014 年共计 28 家企业获得了 397 万吨的配额追加，共计 26 家企业获得了 408 万吨的配额扣减；通过产能变更调节追加配额 846 万吨，扣减 10 万吨。最终通过两种机制净追加 643 万吨，占初始配额的 3.6%，其中大头为产能变更追加，这主要是由于湖北试点第一年配额分配的基准年较早，数据质量欠佳，不能反映企业当年真实生产和排放情况所致。随着数据质量的提高，2015 年初始配额分配微观偏离的问题有所减少，两种事后调节措施涉及的企业数减少至 40 家，占初始纳入企业数的 24%；共计追加 113 万吨配额，仅占初始配额的 0.5%。

表 3.2　湖北省碳排放权交易试点事后调节机制统计

调节类型	年份	调节方向	调节企业数（家）	占初始纳入企业比重	调节配额量（万吨）	占初始配额比重
“双 20”事后调节	2014	追加配额	28	20.3%	397	1.7%
		回收配额	26	18.8%	408	1.8%
		调节企业总数/净追加	54	39.1%	-11	-0.05%
	2015	追加配额	15	9.0%	199	0.8%
		回收配额	16	9.6%	162	0.7%
		调节企业总数/净追加	31	18.7%	37	0.02%
产能变更调节	2014	追加配额	21	15.2%	643	2.8%
		回收配额			10	0.04%
		调节企业总数/净追加			633	2.8%
	2015	追加配额	12	7.2%	127	0.5%
		回收配额			51	0.2%
		调节企业总数/净追加			76	0.3%
事后调节合计	2014	/	55	39.6%	825	3.6
	2015	/	40	24.1%	113	0.5%

资料来源：作者根据核查机构报告计算整理。

三是碳价格涨跌幅限制保障了碳价格日常波动的合理区间。湖北市场的碳价格总体平稳、波动较小,自开市以来未见大起大落。截至 2017 年 5 月 31 日,碳价格在 10—29 元/吨之间浮动,价格极差为 18.44 元,波动幅度为七个试点碳市场中最小。

第三节　案例分析:重要市场力量对体系设计的影响

碳交易体系的构建不可避免地会对企业及其经济活动产生一定的影响,并与之产生交互作用。这是因为碳交易市场的构建使得碳排放成为了一种商品,企业作为这种商品最主要的供给方和需求方就不仅仅是碳交易政策的接受者,它们还可以通过自身活动,以某种合规合理的方式来参与碳交易体系的设计过程,从而反作用于碳交易政策的制定与实施。其中,以大企业为代表的市场力量对碳交易体系设计的影响尤为突出。

湖北试点纳入的企业整体门槛较高,单体排放量较大,在电力、钢铁、水泥、化工等行业均有足以影响政策设计的大企业存在,这些企业或行政级别高,或市场份额大,又或者是湖北本地的龙头企业。在湖北试点的体系设计中,大企业是一把双刃剑:一方面,大企业因为其自身在能源、产品、工艺流程等方面具有行业代表性,可以为政策设计和改进提供良好的试验田;另一方面,大企业也会利用其先天优势,从企业自身和行业的利益出发来影响政策设计。所以,湖北试点在碳交易体系设计中注重平衡大企业的双重影响,既依托于大企业,听取他们的合理化诉求,又要防止被大企业"绑架",损害中小企业利益和整个碳排放权交易体系的健康发展。

自启动至今,湖北试点已经完成多个完整的履约周期,从 2014 年到 2016 年,政策设计也有较大的改进,政策设计的背后均有以大企业为代表的市场力量的影响。在此选取钢铁、电力(包含热电联产)、水泥等三个行业的典型企业来分别阐述湖北试点在碳交易体系设计中如何利用大企业的独特作用来制定、改进和完善相关政策以及大企业如何影响政策设计。

一、钢铁行业、纳入规则和分配方法

在湖北试点的纳入行业中，钢铁行业是仅次于电力行业的第二大高排放行业。钢铁行业工艺较为复杂多样，在没有先例可循的前提下，湖北试点在碳交易体系制度设计之初对某些钢铁企业进行了重点调研。

钢铁企业对制度设计的诉求和影响主要围绕纳入规则和分配方法两方面。

一是围绕某些钢铁企业的诉求，湖北省曾就企业纳入规则进行了讨论。湖北省在最初确定纳入企业名单时，参考的是企业的统计报送层级。对集团公司及其下属企业，湖北试点纳入的企业层级依据为拥有独立组织机构代码的企业，即以法人单位纳入。某些企业在统计数据报送时确实作为一个整体，但由于企业体量巨大，配额分配之初的设想是将所属分厂进行拆分并分别分配。然而，一旦以分厂纳入碳交易体系就意味着企业不能以一个整体来享受“20 万吨”的事后调节政策，而必须在分厂层面分别履约，可能会极大地增加企业的履约成本。经过与主管部门申请，最终，某些企业以整体纳入湖北试点并履约。湖北试点在处理其他集团公司的纳入和履约问题时，也遵照纳入企业需拥有独立组织机构代码的原则。当然，这也再次反映了前文所述的以企业而非设施为单位纳入排放主体的问题。

二是分配方法中标杆法和历史法的选择问题。钢铁行业生产工艺复杂，湖北试点第一年的数据基础并不支持制定钢铁企业的排放标杆。对钢铁行业配额分配方法的选择历经几次反复。钢铁企业最初倾向对单位粗钢碳排放设置标杆进行分配，但由于钢铁生产工艺复杂，该方法并不能兼顾不同类型钢铁企业分配的公平性。最终钢铁企业同意采用历史法分配配额。

在湖北试点政策设计过程中，某些企业作为钢铁行业的代表，一方面为配额分配方案的制定、核查方法的试行等提供了试验田，为体系设计做出贡献；另一方面在合规合理范围内，提出本企业诉求，进而影响制度设计。

二、电力行业、成本转嫁和标杆值选取

在试点制度设计初期的调研阶段，纳入湖北试点的电力企业大多反映其煤炭供应不足，发电成本过高，但为了保障电力供应，经常处于亏损生产的状态。同时，考虑到在中国现行的电力体制下，发电企业的成本无法通过电价转嫁，而电力行业又是保障民生和生产的重要能源部门。因此，对电力行业配额分配方案的总体指导思想是避免对发电企业增加过多负担。同时，电力产品具有同质性特点，易于采用标杆法分配，湖北试点因而在第一年就开始对电力行业实行标杆法，期初先按照企业基准年历史排放预分配50%的配额，期末再根据企业经核查的实际发电量补发另一半配额。但是由于标杆值参照的基准年距离履约年份较远，同时多数电力企业通过节能减排等手段使得单位发电量碳排放明显下降，导致标杆值较实际偏大，最终电力行业出现整体性的配额盈余，盈余企业比例超过50%。

在2014年配额分配方案基础上，结合2014年电力行业履约期的配额盈缺情况，湖北试点依据最新的核查数据对2015年电力行业配额分配方法进行了改进和完善。改进的初衷有两点：一是区分纯发电企业和热电联产企业，分别取标杆；二是收紧电力行业的标杆值。初步的方案制定出来后，在电力企业配额分配方案征求意见讨论会上，某些有热电联产机组纳入的大企业代表提出了不同意见，他们认为热电联产行业的标杆值太紧，并阐述了相关理由。随后，这些企业向配额分配课题组提交了一份书面的申请报告，该报告不仅阐述了热电联产企业的特殊性和功能定位，还从技术层面分析了热电联产机组和纯电力机组的区别，并提出了建议方案。政府主管部门当即委托配额分配制度设计课题组对热电联产行业展开深入调研，摸清了所有纳入热电联产企业的基本情况，认为企业所提交报告内容基本属实。但课题组并没有直接采纳其所提的建议方案，而是对各种方案的潜在影响进行反复的评估和比较后，最终确定了热电联产企业的标杆值。

在湖北试点2015年电力行业配额分配方案改进的过程中，电力行业的代表

企业积极参与政策反馈，从专业角度提出不同意见，并对调研工作提供必要的支持与帮助，从而影响了热电联产标杆值的制定。课题组听取大企业的合理化诉求，在深入调研的基础上对热电联产标杆值进行优化。2015 年核查后，湖北试点纯电力行业配额偏紧，热电联产行业配额略有盈余，电力行业整体配额存在缺口。

三、水泥行业、数据质量与标杆设定方法

在湖北试点水泥行业第一年的配额分配中，由于企业层面产量数据统计存在差异，不足以支撑对水泥行业设计标杆，最终以历史法进行分配。在分配之初，全国水泥行业整体已经呈现产能过剩的态势，预期水泥行业至少不会出现大规模的配额紧缺。然而这一年中，湖北省的水泥企业却经历了逆势扩张。由于市场份额扩大、产量大幅增加，导致多数企业的配额不足，水泥行业出现了整体性的配额短缺，配额短缺的企业比例超过 80%。某些水泥企业并非以集团公司纳入试点，因此以下属分公司为单位分别履约，付出了较高的成本。但这些企业还是顾全大局，在付出较高成本的情况下其各个分公司百分之百全部履约，积极支持了湖北试点的履约工作，对其他履约企业产生了积极的影响和示范作用，体现了大企业的社会责任。

2015 年随着核查数据的完善，水泥行业实行标杆法分配配额的条件逐渐成熟。实际上，在湖北试点政策设计之初某些企业就提议用标杆法进行配额分配，只是迫于数据质量问题未能施行。在水泥行业配额分配方案改进过程中，企业主动与相关部门沟通，合理提出自己的诉求，不仅主动配合并邀请主管部门和配额分配方案设计专家组前往企业调研，还提供企业自身相关能源、产量等数据用于配额分配方法的研究。特别是在水泥行业标杆值的制定上，某些水泥企业和湖北省建材协会多次参与讨论，并与配额分配课题组就参数选取等问题进行反复讨论。

然而，在实际分配中，标杆法分配的效率和公平受到历史排放数据质量的影响。由于排放核算方法的调整、不同机构核查口径的差异等问题，年度初始分配

时根据历史数据确定的标杆值，到履约核查时却出现"过度宽松"的情况。2015年湖北试点水泥行业的标杆法分配就出现了这种情况，导致水泥行业配额大量盈余。对此，政府主管部门一方面加强了核查方法和口径的统一管理；另一方面，在2016年度的配额分配方案中对标杆设定方法做了较大的调整，规定采用当年排放数据确定行业标杆值。期初分配时，仅确定选取行业标杆的企业位数。期末核查后，再根据当年核查数据公布标杆的具体取值。

第四节　主要政策启示

一、湖北碳市场政府干预的潜在问题

湖北试点的这套灵活机制是把"双刃剑"，一方面保障了制度的灵活和市场的平稳，另一方面也使政府过多干预市场成为可能。这套机制中的不少措施是碳排放权交易体系运行初期不得已而为之的做法，以应对制度设计不完善、核查数据不细致、市场主体参与不积极等情况，但也在政府和市场之间带来新的冲突。最有代表性的问题如下：

1. 事后调节与市场预期问题

第一，"有限责任"的成本限制措施使总量和配额实质上成为一种软约束。在"20%和20万吨"的有限责任政策"兜底"下，排放超过这一界线的企业没有动力约束排放，而政府对企业减排责任的部分"豁免"又使得总量和配额的约束力度减弱，市场配额供需、企业减排行为选择被打破。此外，由于企业在履约期可以针对产能变化、产量变化提出初始配额变更要求，市场的真实配额供给直至履约期才能完全显现。这些措施也不利于发挥市场发现配额真实价值、提供真实减排成本信号并促进企业通过交易降低社会减排成本的作用。

第二，积存配额调节措施的作用存在两面性。积存配额调节的目的是为了消化上一期的市场存量，相当于减少下一期配额供给。在其他条件不变的情况下，配额的价格会上升，对于积存配额的企业或投资机构是有利的。然而，对全

部纳入企业采用市场调节因子以消化积存配额，使得没有积存配额的多数企业共同承担了积存配额的少数企业的成本，给这些企业额外增加了减排负担。

2. 增加市场流动性的机制存在“两面性”

增加市场流动性的机制使得湖北试点交易总量和交易额均居全国首位，市场流动性高成为湖北碳排放权交易体系极具代表性的特征。然而，此类机制的作用在实践中，也可能对市场产生负面的影响。

有条件的配额储存规则可能增加了市场波动。湖北市场规定，只有经过市场交易的配额才可以储存至下一期，从而鼓励市场参与主体参与交易，这在2014年配额总量从紧的情况下效果是明显的。然而，2015年，湖北经济下行超出预期，尽管设置了一系列的下降系数，市场配额仍整体盈余。在此情况下，受有条件的配额储存规则的约束，为了避免未交易的配额被收回，市场上配额盈余的企业在市场配额供大于求、碳价低迷的情况下，不得已仍然将配额投入市场出售，这进一步压低了碳价格，增加了市场波动和风险。

二、对全国碳交易体系建设的启示

总体而言，作为“发展中地区”碳排放权交易体系的代表，湖北试点在制度设计上充分体现了与自身经济发展阶段相适应的特征，同时也取得了较好的市场绩效。湖北试点的经验总结对中国的碳交易体系建设具有以下启示：

第一，应设计长期持续、规则透明的总量和配额灵活调节机制。在“发展中地区”，经济高增长与高不确定性往往相伴出现，产业结构偏重，排放主体规模大，经济发展空间和节能减排压力并存。在这一发展阶段特征下，一是需要为经济增长预留足够的空间，二是对经济预期的较小偏差可能导致配额和总量余缺的较大变化，这就需要在制度设计中引入灵活调节机制。湖北省主要通过总量结构、事后调节、一年一核配三大灵活机制来协调减排和经济增长，并应对不确定性。然而，出于基础能力和数据的限制，这些措施依然难以构成一个持续的、透明的制度，不利于市场长期预期的形成。在数据基础允许的条件下，应以稳定的总量和配额分配方法为主体框架，并纳入长期透明的事后调节机制，对总量和配额的调节方式、最优调节公式均应予以设计和公布，避免相机抉择式的调节政策。

第二，大企业是制度设计的重要案例，但同时也要限制市场力量对规则制定和市场的影响。大企业作为行业代表，可以为碳排放权交易体系制度设计提供重要的案例和数据素材，在制度设计过程中应重点调研并采纳其合理诉求。然而，也要特别重视市场力量对碳交易体系的塑造和影响，避免制度偏向。同时，为了削弱市场力量对配额市场的冲击，建议在确定企业清单时避免一家独大的局面，必要时可以以下属机构层面纳入大型企业集团。

第三，设施层面的数据积累和 MRV 体系建设非常必要。以排放设施为单位作为碳排放权交易体系的纳入主体并进行配额分配和履约，一是可以简化企业由于产能变化而导致的配额变更问题，二是可以削弱大企业作为整体进行交易和履约所形成的市场力量。然而，通过湖北试点的经验，相当一部分企业在参与之初无法做到设施层面排放数据的计量和监测，这需要在 MRV 体系建设时，就着手帮助和引导企业建立设施层面的计量监测体系，进行数据积累。

第四，吸引多元化市场参与主体，重视机构投资者的作用。机构投资者在市场中将自发地平抑价格、熨平风险，对稳定市场可以起到重要作用。

（本章作者：王班班，华中科技大学；齐绍洲，武汉大学；
黄锦鹏，湖北碳排放权交易中心）

参考文献

湖北省人民政府：《湖北省碳排放权交易试点工作实施方案》，2013 年 2 月，见 www.hubei.gov.cn/govfile/ezbf/201302/t20130227_1033938.shtml。

湖北省人民政府：《湖北省碳排放权管理和交易暂行办法》，2014 年 4 月，见 http://gkml.hubei.gov.cn/auto5472/auto5473/201404/t20140422_497476.html。

湖北省人民政府：《关于修改〈湖北省碳排放权管理和交易暂行办法〉第五条第一款的决定》，2016 年 10 月，见 http://gkml. hubei. gov. cn/auto5472/auto5473/201610/t20161020_907991.html。

湖北省发展与改革委员会:《湖北省碳排放权配额分配方案》,2014 年 3 月,见 http://fgw.hubei.gov.cn/ywcs2016/qhc/tztgqhc/gwqhc/201403/t20140327_76425.shtml。

湖北省发展与改革委员会:《湖北省 2015 年碳排放权配额分配方案》,2015 年 11 月,见 http://fgw.hubei.gov.cn/xw/tzgg_3465/gg/tpwj/201511/t20151125_91461.shtml。

湖北省发展与改革委员会:《湖北省 2016 年碳排放权配额分配方案》,2017 年 1 月,见 http://fgw.hubei.gov.cn/xw/tzgg_3465/gg/tpwj/201701/t20170103_109021.shtml。

湖北省发展与改革委员会:《湖北省碳排放配额投放和回购管理办法(试行)》,2015 年 9 月,见 http://fgw.hubei.gov.cn/ywcs2016/qhc/tztgqhc/gwqhc/201509/t20150929_89225.shtml。

湖北省发展与改革委员会:《湖北省碳排放权出让金收支管理暂行办法》,2015 年 12 月,见 http://fgw.hubei.gov.cn/gk/xxgkzl/xxgkml/bmgfxwj/gfxwj_3619/201703/t20170327_110678.shtml。

湖北碳排放权交易中心:《碳排放权交易规则(试行)》,2014 年 12 月,见 http://www.hbets.cn/index.php/index-view-aid-478.html。

湖北碳排放权交易中心:《碳排放权现货远期交易规则》,2016 年 4 月,见 http://www.hbets.cn/index.php/index-view-aid-713.html。

湖北省发展与改革委员会:《湖北省温室气体排放核查指南(试行)》,2014 年 7 月,见 http://www.hbfgw.gov.cn/ywcs2016/qhc/tztgqhc/gwqhc/201407/t20140724_79338.shtml。

湖北省发展与改革委员会:《省发改委关于 2015 年湖北省碳排放权抵消机制有关事项的通知》,2015 年 4 月,见 http://www.hbfgw.gov.cn/ywcs2016/qhc/tztgqhc/gwqhc/201504/t20150416_86147.shtml。

湖北省发展与改革委员会:《湖北省碳排放权配额分配方案》,2014 年 3 月,见 http://fgw.hubei.gov.cn/ywcs2016/qhc/tztgqhc/gwqhc/201403/t20140327_76425.shtml。

湖北省发展与改革委员会:《湖北省 2015 年碳排放权配额分配方案》,2015 年 11 月,见 http://fgw.hubei.gov.cn/xw/tzgg_3465/gg/tpwj/201511/t20151125_91461.shtml。

湖北省发展与改革委员会:《湖北省 2016 年碳排放权配额分配方案》2017 年 1 月,见 http://fgw.hubei.gov.cn/xw/tzgg_3465/gg/tpwj/201701/t20170103_109021.shtml。

武汉大学:《湖北省碳交易试点对全国的借鉴意义》,2016 年 12 月,内部报告。

湖北碳排放权交易中心:《碳排放权交易规则(试行)》,2014 年 12 月,见 http://www.hbets.cn/index.php/index-view-aid-478.html。

徐佳、谭秀杰:《碳价格波动的时空异质性研究》,《环境经济研究》2016 年第 2 期。

武汉大学:《湖北省碳交易试点对全国的借鉴意义》,2016 年 12 月,内部报告。

Qi S., Wang B., Zhang J., "Policy Design of the Hubei ETS Pilot in China", Energy policy, Vol.75(2014).

第四章　深圳碳排放权交易试点

2011年11月，经国家发展和改革委员会批复，深圳成为我国七个碳排放权交易试点地区之一。之后近两年时间里，深圳学习借鉴碳排放权交易制度的经典理论和成熟经济体的优秀实践，摸索创新出符合深圳市情的新型碳排放权交易制度体系。2013年6月18日，深圳在全国率先启动碳排放权交易市场，成为我国碳排放权交易制度的勇敢先行者和积极探索者。

第一节　深圳碳交易试点概况

一、经济发展阶段和碳排放情况

目前，深圳市仍处于城市化和工业化后期，城市化发展、人口数量上升和经济增长带来的能源消费和碳排放量仍将在一段时间内处于上升阶段，预计在能源消费拐点到来之前碳排放量仍然难以达到峰值。与此同时，在积极应对气候变化，加大节能减排，控制温室气体排放的背景下，深圳碳排放总量的增速已经显著低于经济增速，万元GDP碳排放强度持续快速下降。2005—2010年期间，全市GDP由4951亿元增长至9773亿元，增幅为197%，年均增长15%；同期，全市碳排放总量由6000多万吨增加到8000多万吨，增幅为26.3%，年均增长4.8%；万元GDP碳强度下降了34.7%，年均下降8.2%。另外，深圳市碳排放结构也发生了显著变化。一是直接碳排放占比下降，而间接碳排放占比上升。

2005—2010 年,全市碳排放年均增长 4.8%,其中直接排放量年均增幅为 1.3%,电力调入间接排放量年均增幅为 3.5%。二是深圳正在走向由欧美等发达经济体为代表的标准型碳排放结构。根据"十一五"期间碳排放数据趋势对深圳市 2011—2015 年的碳排放结构进行分析发现,深圳能源部门碳排放占比受外购电力增长和可再生能源发电上升影响趋于下降,制造业和建筑业碳排放占比亦下降,但交通运输、服务业和居民生活碳排放占比持续较快上升。①

表 4.1　2005—2010 年深圳碳排放结构及 2015 年碳排放测算(直接碳排放+间接碳排放)

部门	2005 年	2010 年	2015 年
能源	32.0%	20.0%	14.6%
制造业	33.5%	32.4%	26.3%
建筑业	2.9%	1.4%	1.0%
交通运输	16.3%	27.9%	40.0%
服务业	9.2%	11.4%	11.8%
居民生活	6.2%	6.9%	6.4%

二、建设具有深圳特色的碳交易体系

深圳市能源消耗与碳排放行业分布情况充分体现其作为消费型城市的特点。主要体现在:一是"十一五"期间制造业的碳排放呈逐年下降趋势,根据相关统计数据测算,2015 年制造业的碳排放仍占深圳市碳排放总量的 26.3%;二是深圳作为中国经济发展水平最高的城市之一,交通、服务业和居民生活的碳排放总量及占比呈快速增加的趋势,2015 年交通运输的碳排放占深圳市碳排放的 40%;三是自 2005 年开始,建筑能耗增长速度明显高于工业能耗增长速度,年平

① 深圳市碳排放权交易研究课题组:《建设可规则性调控总量和结构性碳排放交易体系——中国探索与深圳实践》,《开放导报》2013 年第 3 期。

均增长率为 8.8%。2014 年建筑能耗是 2005 年的 1.79 倍，占全社会总能耗的 19.9%。[①]

因此，建立以市场驱动为核心的碳排放权交易体系，将年碳排放量超过一定规模的制造业、公共交通和大型公共建筑物纳入碳交易体系管控范围，是遏制重点排放行业的碳排放增长、推动节能减排目标实现的重要举措。

在市场机制比较完善的环境背景下，碳排放权交易体系只需要涵盖直接排放源，通过碳价格的传导，使上下游行业共同实现节能减排。但在我国当前的电力价格管理体制下，发电厂的碳成本难以通过提高电价的方式向下游转移，这将使得碳市场的减排压力很难辐射到电力最终消费端。因此，为提高碳市场的有效性，深圳以遏制需求和控制增长为出发点，覆盖生产端直接碳排放和消费端间接碳排放，设计了“四种类型，三个板块”的碳排放权交易体系。

第二节　深圳碳交易试点制度介绍

一、政策法规

建立碳排放权交易市场首先需要有法律制度作为依据和支撑。法律赋权是规范碳排放权利分配、推动碳交易机制稳步发展的基石。深圳依法行政，率先制定碳交易试点相关法律法规，切实做到有法可依、有法必依，为试点碳市场的建设提供了坚实的保障。

1. 开展立法工作

2011 年 10 月 29 日，国家发展改革委印发了《关于开展碳排放权交易试点工作的通知》(发改办气候〔2011〕2601 号)，深圳作为唯一的计划单列市位列其中。在此基础上，深圳充分利用特区立法权，先期开展立法工作。

① 马晓雯、刘雄伟、刘刚、杨琳：《深圳市建筑能耗宏观影响因素分析及发展趋势情景预测》，《暖通空调杂志社》2017 年第 6 期。

深圳试点立法遵循了由大到小、先整后零的立法逻辑，通过总结国际碳排放权交易体系法律法规制定经验，研究碳排放权交易市场建设核心要素，以及碳交易机制运行最需要法律保障的部分，优先制定纲领性的、具有法律约束力的法律法规，然后再多层次、多角度全面开展法律法规及相关配套文件的研究与制定工作。

2. 法律法规出台历程

2012 年 10 月 30 日，深圳市第五届人民代表大会常务委员会第十八次会议顺利通过了《深圳经济特区碳排放管理若干规定》，对深圳的碳交易试点工作做出了纲领性和概括性规定。这是国内首部专门规范碳排放管理的法律文件，其明确提出要建立碳排放总量控制管理制度、碳排放配额管理制度、碳排放抵消制度、第三方核查制度、碳排放权交易制度和处罚机制六项基本制度，为碳交易体系后续法律支撑文件的制定奠定了牢固的基石。

2012 年 11 月 7 日，深圳市市场监督管理局出台企业碳排放报告与核查技术规范文件《深圳市组织温室气体量化与报告指南》及《深圳市组织温室气体排放核查指南》。作为试点碳市场配套文件，这两份指南严格界定了试点地区管控单位进行温室气体核查及量化时的技术标准，为预纳入碳交易体系的管控单位进行温室气体量化与报告以及核查提供了有据可依的技术支持。

2013 年 4 月 20 日，深圳市住房和建设局发布标准化指导性技术文件《建筑物温室气体排放的量化和报告规范及指南》，作为深圳碳市场将建筑物纳入碳交易体系的配套文件，规范建筑物排放核查标准，保持了深圳碳市场建设过程中技术标准先导的一贯风格，从数据基础上保证了市场参与主体在量化、报告与核查方面的规范性。

2013 年 10 月，深圳市发展改革委对外公布《深圳市碳排放权交易管理暂行办法（征求意见稿）》，向全社会征求碳交易市场建设管理文件的修改意见。在长达近半年的意见征集、汇总和研究修订后，深圳市政府于 2014 年 3 月 19 日审议通过了《深圳市碳排放权交易管理暂行办法》，在《深圳经济特区碳排放管理若干规定》的基础上实现了从框架搭建到细节充实，从定性到量化的延展，突出了实操性。《深圳市碳排放权交易管理暂行办法》进一步细化和明确了深圳试点总量控制管理制度、配额管理制度、抵消制度、工业增加值核算制度以及惩罚和监管制度的相关细则条例，同时实现了完善《深圳经济特区碳排放管理若干规定》框架内的法律规定及保证业务创新的发展空间的功能。

2014 年 5 月 21 日，深圳市发展改革委同深圳市市场监督管理局联合发布了《深圳市碳排放权交易核查机构及核查员管理暂行办法》，为管理核查机构和核查员提供了实质性的法律依据，在深圳碳市场第一个履约年度履约期到来之前进一步促进碳交易体系建设的完善与规范。

2015 年 6 月 3 日，深圳市发展改革委出台《深圳市碳排放权交易市场抵消信用管理规定（暂行）》，明确在深圳交易的中国核证自愿减排量的标准和类型，及时响应国家发展改革委的要求，落实核证自愿减排量交易在试点地区开展的挂牌和交易，规范了深圳碳市场核证自愿减排量的交易。

在就现有业务进行立法规范的同时，深圳市还积极探索创新业务的开展路径。2014 年起，深圳市发展改革委会同市交通运输委，共同研究将交通运输板块纳入碳交易体系的可行性，并就将市内交通纳入碳交易体系一事向深圳市人大提交《深圳经济特区碳排放管理若干规定》的修订建议，真正意义上做到了在开展业务创新的同时保证立法先行。

纵观深圳碳交易体系法律制度的建立历程，从大到小、由浅入深、自上而下是其主要立法逻辑；及时有效、专业制定、社会监督是其立法方法；覆盖面广、条例细化、主次协调是其立法形式。从框架到管理细则，深圳建立了全面的碳交易体系法律制度，从而确立了碳排放权交易的合法性，充分体现了法律规则的实操性，为深圳开展碳排放权交易试点提供了强有力的法制保障。

二、覆盖范围

1. 管控主体

除能源生产和加工转换行业外，深圳工业（制造业）企业数量众多，分属多个行业，个体碳排放量小。而建立有效的碳交易市场，通过市场化手段实现减排目标，纳入碳交易体系的企业的碳排放总量须占整个城市排碳量的一定比例，因此深圳碳交易涵盖了全市26个工业行业。在选择行业内部管控单位时，深圳将纳入碳交易的初始门槛确定为2009—2011年期间任意一年中碳排放量超过3000吨二氧化碳当量的企业。上述工业企业共计636家，其工业增加值占全市工业增加值的59%，其碳排放总量约占全市的38%。

同时，考虑到全市建筑物的碳排放总量及其占比持续快速增长，尽早对其碳排放增长采取有效的管控措施具有重要意义。因此，深圳碳交易试点将大型公共建筑和建筑面积达到1万平方米以上的国家机关办公建筑纳入碳交易管控范围。目前共有197栋建筑物纳入深圳碳排放权交易体系。

此外，按照深圳市碳排放权交易试点的总体规划，深圳碳交易市场将涵盖"三大板块"，即工业板块、建筑物板块和交通板块，目前已启动工业板块、建筑物板块的碳交易。下一步，深圳市碳交易主管部门将会同交通运输管理部门就交通工具的碳排放核查和配额分配等内容进行深入研究，为启动交通板块的碳交易做好准备。

2. 直接与间接排放

深圳碳交易试点是国家开展碳交易试点的七个地区中市场规模最小的一个，同时由于深圳处于产业转型时期，主要以第三产业作为城市行业主体，第二产业主要以轻工业和制造业为主，市内能源产业及大型重工业的企业数量和规模不能完全体现出全国平均水平，如果仅采用直接排放的核算数据，深圳碳交易体系无论从市场参与主体数量还是配额总量上都无法形成规模化，难以建设有效市场，更无法完成试点碳交易体系肩负的以市场化手段实现减排的目的。

另外，由于国内电价受到管制，电厂的节能减排成本无法高效直接地传导至终端用户，无法对终端用户的节能减排产生激励作用，纳入电力产生的间接排放将为电力产业链的价格传递提供新的通道。具体到深圳试点，深圳发电行业的减排技术已经达到先进水平，缺乏供给侧深化改革的空间，同时由于外购电力是深圳市制造业的主要间接排放来源，因此选择将外购电力所产生的间接排放纳入碳交易核算中，让用电单位承担一定节能责任，将有针对性地激励用电企业调整用电习惯，在制造工艺和技术引进上着力于能效提升，从而完善健全试点地区电力需求侧调节机制。

因此深圳市碳交易主管部门决定在试点碳交易体系中同时纳入直接排放和间接排放数据，将深圳主要用能单位和轻工制造业纳入碳排放权交易体系中，以弥补深圳试点的市场规模短板，为市场运行提供规模基础和流动性支持。

三、总量设置

深圳已处于工业化和城镇化后期，能源消耗和碳排放量在未来一段时间仍将呈现上升趋势，实施单一的绝对碳排放总量控制尚不现实。因此，深圳因地制宜地采用了“自上而下”的绝对总量和“自下而上”的相对总量双重控制目标，包含可规则性调整总量和结构减排的双重特征。

1.“自上而下”的绝对总量目标，保证减排效果的顺利实现

“十二五”期间，深圳面临着严峻的节能减排和碳强度下降目标：单位GDP能耗下降19.5%，碳强度下降21%，平均每年下降4.61%。因此，为保证减排目标的顺利实现，深圳碳交易体系设置了“自上而上”的绝对总量目标。绝对总量目标与经济增长率挂钩，根据基准年（2010年）的排放情况并结合“十二五”温室气体控制目标科学预测工业行业碳强度下降目标，并将该目标分解至不同的工业行业。管控单位的碳排放总量不能突破该绝对总量上限，从而保证减排目标的顺利完成。

2.“自下而上”的相对总量目标，为经济发展提供有效激励

除绝对总量目标外，深圳碳排放权交易体系还通过“自下而上”的方式，设定了以“碳强度”（单位工业增加值的碳排放）目标下降为强制约束的相对总量目标。具体来说，“自下而上”是指深圳结合管控单位的历史碳排放量及所在行业的碳强度下降目标，通过配额分配方法确定每个管控单位的碳强度目标，并根据每个管控单位的三年（2013—2015年）经济增长率，推算出所有管控单位的预分配配额数量。预分配配额数量再加上政府按照固定比例预留的配额，构成深圳碳交易体系的配额总量和碳排放总量，该总量不可超过“自上而下”确定的绝对总量目标。

四、配额分配

考虑到配额分配的合理性与公平性，以及管控单位的行业和碳排放特点，深圳采用基准线法进行配额分配。同时，试点期间深圳配额分配采取无偿分配和有偿分配两种方式。其中，无偿分配为主要方式，其分配的配额不低于配额总量的 90%。有偿分配的配额则主要采用固定价格出售及拍卖的方式。

表 4.2 深圳配额种类、作用及数量限制

配额种类	作用	数量
预分配配额	根据管控企业预期碳排放数据及预期统计指标发放的配额	不超过当年配额总量
调整分配的配额	根据实际碳排放数据及统计指标确定实际签发的配额后，对照预分配配额追加或扣减的配额	追加数量不超过扣减数量
新进入者储备配额	预留年排放量 3000 吨 CO_2的新建项目配额	年度配额的 2%
拍卖配额	防止深圳碳市场价格出现大幅波动	年度配额的 3%
价格平抑储备配额（只能用于履约）	防止深圳碳市场价格出现大幅波动	年度配额的 2%

1. 单一产品工业部门使用基准线法进行配额分配

针对单一产品部门，包括电力、热力生产与供应业，水的生产与供应业和燃气的生产与供应业，其预分配配额按照企业所处行业基准碳排放强度和期望产量等因素确定。即预分配配额＝该企业所处行业基准碳排放强度×期望产量。其中，各行业的基准碳排放强度为该行业企业的单位产量排放的历史基期的平均值。

另外，由于深圳电厂包括燃煤电厂、燃机 9F 机组和燃机 9E 机组三类，不同类别电厂很难比较，因此，深圳电力行业的基准值根据企业间减排成本的差异，以及每个类别机组的特征进行了分别制定。

2. 非单一产品工业部门

为了充分发挥碳交易体系的引导作用，深圳将制造业纳入了碳交易体系。

相比于供水、电力生产、燃气行业这类单一产品行业，深圳的制造业具有“涉及企业数量众多，产业上下游分工体系复杂，产品和装置差异巨大，碳排放源小且分散”等特点。因此，对于深圳制造业碳配额分配而言，政府与企业间存在信息不对称问题：政府不清楚样本和行业碳强度的分布形式，也不了解企业的内部信息；同时，企业信息同样不充分，不了解行业分布和其他企业的内部信息；政府和企业均不具备完全理性和全面知识。

鉴于以上原因，深圳制造业配额分配机制的设计核心是：充分允许、鼓励并引导企业参与配额分配的讨论，在此过程中展示不确定条件下企业可能采取主动策略对市场均衡的影响，即在政府与企业、企业与企业之间的反复博弈中，通过有效的信息传递、共享与互换，求解均衡的碳排放权交易体系配额分配方案。因此，深圳提出了基于有限理性重复博弈理论的碳配额分配机制。具体的操作步骤如下：

步骤1：企业分组。根据企业产品属性、经济规模，将若干子行业合并为一个分配大组，根据企业规模和各分配大组内企业数量将企业划分为2—3个博弈分配小组。共计有26个博弈分配小组。

步骤2：确定每组的配额总量以及每组企业的平均碳强度。剔除行业（博弈分配组）内2009—2011年碳强度最高的5%—10%的企业后，根据剩余企业的碳排放总量和增加值综合，计算出行业历史碳强度基准值。以2010年为基准年，按年均10%的增长率外推行业2013—2015年增加值，按年均5.59%的碳强度下降率外推行业2013—2015的碳强度指标，据此得出行业未来三年碳配额总量。

步骤3：企业上报相关数据。分组完成后，每组企业上报本企业未来三年（2013—2015）的工业增加值和碳排放量；根据上报的工业增加值和碳排放量，可以得到每个企业的上报碳强度（上报碳强度=上报碳排放量/上报工业增加值）。

步骤4：进行配额预分配。根据企业的分组情况，以每组的配额总量和每组企业填报的工业增加值为依据，对每个企业进行配额分配，同时结合每组企业的平均碳强度、企业上报碳强度、企业历史碳强度，对企业配额进行“奖惩性”调整。调整原则:与每组的平均碳强度相比,企业上报的碳强度越高,分配配额越少。企业可以接受或拒绝分配结果,若企业选择接受配额结果,则该企业分配结束进入步骤5,若企业选择不接受分配结果的,可重新申报,协议申报最多为6轮。从分配实际过程来看,90%的企业在5轮申报内完成分配,10%的企业由于存在增加值数据报送不准等问题,需要更多轮申报,极少数不参与申报的企业将按照行业最先进碳强度水平强制分配。

步骤5:确定企业的目标碳强度。根据每个企业上报的工业增加值,得到企业的目标碳强度(目标碳强度=预分配配额/上报工业增加值)。

步骤6:确定企业的实际配额并进行配额调整。在配额调整阶段,结合企业的实际工业增加值和目标碳强度,确定企业的实际签发配额。

3.配额管理机制

为了减轻经济波动导致的配额分配出现过多或过少的影响,深圳采用了可规则的配额后期调整策略。每年5月20日前,主管部门要根据管控单位上一年度的实际碳排放数据和统计指标数据,确定管控单位上一年度的"实际配额数量",并对照管控单位上一年度预分配的配额数量,相应进行追加或者扣减,但追加配额的总数量不得超过当年度扣减的配额总数量。追加数量不超过扣减数量的目的在于保证调整后的总量不能高于预分配时的配额总量,避免配额过剩。管控单位的实际配额数量按照下列公式计算:

属于单一产品行业的,其实际配额等于本单位上一年度生产总量乘以上一年度目标碳强度;

属于其他工业行业的,其实际配额等于本单位上一年度实际工业增加值乘以上一年度目标碳强度。

表4.3　深圳配额预分配结果

年份	2013年	2014年	2015年
碳配额(万吨)	3320	3378	3478
碳强度(吨/万元)	0.811	0.754	0.707

表 4.4　2015 年较 2010 年变化情况

	2015 年较 2010 年变化率
配额相对历史量	7.8%
碳强度	-36.8%

五、履约要求

1. 法律法规明确履约要求

深圳市出台的多项法律法规，为保障管控单位履约提出了严格的违约处罚规定。深圳市人民代表大会常务委员会 2012 年 10 月 30 日通过的《深圳经济特区碳排放管理若干规定》第八条规定，“碳排放管控单位违反本规定，超出排放额度进行碳排放的，由市政府碳排放权交易主管部门按照违规碳排放量市场均价的三倍予以处罚。”深圳市政府 2014 年 3 月 19 日发布了《深圳市碳排放权交易管理暂行办法》，其中第六十五条、第七十五条等条款中明确指出未按时履约将面临媒体公开、停止资助、征信通报及三倍罚款等处罚。

为保障管控单位可以顺利使用核证减排量进行履约递交，深圳市发展改革委 2015 年 6 月 2 日出台了《深圳市碳排放权交易市场抵消信用管理规定（暂行）》，规定了可以用于深圳碳市场履约的 CCER 项目类型及可以使用 CCER 抵消深圳碳配额的比例，让管控单位在履约前可以选择使用不超过 10% 的 CCER 进行履约，节约了管控单位履约成本。

2. 严格按照法律法规执行

深圳市的碳市场履约严格依照《深圳市碳排放权交易管理暂行办法》当中的要求执行，绝不推迟履约时间，要求管控单位严格按照 6 月 30 日的履约截止日期进行履约递交。对未在截止日期前完成履约的管控单位采取媒体公开、停止资助、征信通报的处罚。7 月 1 日到 7 月 10 日为催告期，在催告期内补交配额的管控单位免除其市场价格三倍的罚款；但对催告后仍未补交配额的管控单位除采取媒体公开、停止资助、征信通报的处罚外，通过法律途径执行对其罚款的处罚。严格按照法规执法，对管控单位起到了约束作用，保证了深圳市碳市场的履约能顺利完成。2013—2015 年三个履约年度，履约率分别为 99.4%、99.7%和 99.8%。

第三节　深圳碳市场制度设计的特点

深圳碳市场的开拓者在借鉴欧盟经验以及分析本地实际的基础上，设计了科学的、具有深圳特色的碳交易体系，主要体现在以下五个方面：

一、立法先行

2011 年 10 月 29 日，国家发展改革委印发了《关于开展碳排放权交易试点工作的通知》(发改办气候〔2011〕2601 号)，深圳作为七个碳交易试点地区中唯一的计划单列市，充分利用特区立法权开展立法工作。

2012 年 10 月深圳特区人大通过了《深圳经济特区碳排放管理若干规定》，这是我国首部专门规范碳排放管理和碳交易的地方性法律法规，被全球立法者联盟评为当年全球气候变化立法九大亮点之一。该法规对深圳的碳交易试点工作做出了纲领性和概括性规定，为深圳碳交易市场合法、有效、迅速的运行提供了重要保障。2014 年 3 月，深圳市政府审议通过了《深圳市碳排放权交易管理暂行办法》，细化和明确了深圳碳交易试点总量控制管理制度、配额管理制度、碳排放报告和核查制度、抵消制度、工业增加值核算制度以及惩罚和监管制度等，成为我国碳交易试点立法中最为详细和周密的政府规章。在人大规定和管理办法的基础上，深圳市发展改革委、深圳市市场监管管理局、深圳排放权交易所等单位先后在温室气体核算、报告与核查(MRV)、核查机构管理、抵消信用管理、交易规则等方面出台了相应的配套文件。

二、多重措施保障履约

深圳市出台的《深圳经济特区碳排放管理若干规定》和《深圳市碳排放权交

易管理暂行办法》中规定了严格的处罚措施,对深圳碳市场的履约工作做出了约束性的要求。深圳市以国家发改委出台的《碳排放权交易管理暂行办法》作为基础性法律依据,制定了针对地方的有约束性的法律法规,对地方碳市场进行更严格的管控和要求。针对违反碳交易法律的各项行为,尤其是管控单位未按时履约的行为,按照法律的相关规定,对所有违约的管控单位严格执行催缴、信用通报、缴纳罚款等处罚,打消管控单位的观望态度和消极思想,有助于地方管控单位形成良好的碳市场交易和履约意识,保障碳市场的严肃性。

三、严格市场监管

深圳碳排放权交易体系首先通过《深圳市碳排放权交易管理暂行办法》明确碳排放交易管理机构为深圳市发展改革委,并设立碳交易管理办公室,对配额分配、碳排放信息和核查机构、市场交易和管控企业履约等全过程进行监管,形成了完善的碳交易监管链条。

具体来说,在配额预分配阶段,采取竞争性博弈增强了企业的参与度和配额分配过程的透明度,有效防止暗箱操作等现象;同时,建立主管部门与管控企业有效沟通机制,防止配额分配不公平的情况。在配额分配的调整阶段,各企业可实时查看其配额调整信息,防止在配额调整环节出现人为篡改数据或其他异常原因导致的数据错误。

在碳排放信息方面,主管部门邀请领域内的专业机构和专家,以及熟悉国际碳市场的研究团队,对碳市场的数据基础提供支持。在核查机构监管方面,市场监督管理和统计部门严防碳核查机构和统计指标数据核查机构与管控单位相互串通、虚构或者捏造数据,出具虚假报告或者报告严重失实、泄露企业信息等行为;同时,主管部门、市场监督管理和统计等部门对第三方核查机构采用双备案制度,并对核查机构和核查人员的资质认证和信用信息予以披露,确保其独立性、专业性和权威性;另外,实施第三方核查机构的市场化,通过引入竞争机制促使核查机构和人员加强专业技能,提高管理和服务水平。

在市场交易监管方面,深圳排放权交易所制定了比较全面的交易规则,并针对不同类型投资者设置了不同的市场准入条件，同时建立了完善的风险控制制度体系。

在履约监管方面，针对未完成履约的企业，主管部门的处罚措施覆盖范围最广，处罚最为严格，从罚款、下一年度配额扣减、社会信用曝光、取消财政资助资格或其他激励机制四个方面着力进行处罚，不仅要求责令改正，还处以实际排放量的差额乘以违法行为发生当月之前连续6个月碳排放交易市场配额平均价格3倍的罚款。

四、完善市场调节机制

为稳定碳市场价格水平，防止配额价格剧烈波动，同时激励管控单位深度减排，稳定管控单位履约成本，深圳大胆创新，建立了相对完善的市场调节机制，主要包括配额固定价格出售机制和配额回购机制。对于市场可能发生的价格过高和过低的情况给予了充分的考量。

配额固定价格出售机制是指在配额市场价格偏高时，出售价格平抑储备配额库中的配额，并将价格设定在预期中的深圳市管控单位平均减排成本之上，并且考虑通胀和稳定市场的因素而随之上升，以稳定市场价格，降低管控企业的履约成本。基于该目的，固定价格出售的配额不能用于市场投机和交易，而仅限用于履约目的。

配额回购机制是指当市场价格低于特定的价格低位时，由深圳碳市场主管部门以最低价格统一收购的方式向符合规定的市场参与者购买特定年度的配额的行为。通过从市场回收流动性的方式调整市场供求平衡，从而做到稳定市场价格，维护市场秩序。配额回购机制是在公平的市场化机制中实行的政府宏观调控，填补了全球各大碳市场在应对配额价格过低问题上的空白。

为避免政府通过调控手段过度干预市场，导致市场失灵，深圳碳市场对调控的力度、频率、对象等均作了限制。其中，价格调节储备配额来自主管部门按年度配额总量的2%划拨的配额、政府拍卖中流拍的配额和回购的配额。政府每年度回购的配额数量不得高于当年度有效配额数量的10%。

五、构建开放、创新的金融环境

深圳碳市场持续推进碳金融产品与服务创新，构建多层次、多渠道、多维度的碳金融产业体系，实现了金融与碳的融合。

经过三年多的实践和探索，深圳碳市场建立了配额融资和 CCER 融资两个层次的融资体系，以及境内和境外双融资渠道。推出了碳债券、碳基金、绿色结构性存款、跨境碳资产回购等创新型金融产品。根据管控企业的实际需求，量身定制了不同类型、额度和期限的多样化融资手段，实现了约 11 亿元的融资额，进一步增强了碳市场的流动性，拓宽了可再生能源项目的融资渠道，也提高了金融市场对碳资产和碳市场的认知度与接受度。

第四节　市场运行情况

一、上市交易产品持续增加

深圳碳市场的交易品种分为深圳市碳排放权配额（SZA）及国家核证自愿减排量（CCER）。

2013 年 6 月 18 日深圳碳市场启动时，市场上可交易产品只有 2013 年度深圳配额（SZA-2013）。后续在市场的实际运行中，逐年上市当年度的配额，当年发放的配额可用于当年度及后续年度的履约。经过四年的市场运行，目前深圳碳市场可交易的配额品种包括 SZA-2013、SZA-2014、SZA-2015 和 SZA-2016。

截至 2016 年年底，深圳碳交易市场已上市 51 个 CCER 产品，CCER 总成交量近 200 万吨，交易量位居全国前列。主要项目类型包括风电类、沼气类、废处类、光伏类、水电类、生物类等。

表 4.5　深圳市场上市的 CCER 项目类型

类别	数量
配额类	4
风电类	33
沼气类	11
废处类	1
光伏类	3
水电类	2
生物类	1
共计	55

它们分布在深圳、甘肃、贵州、广西、河北、内蒙古、宁夏、云南、广东、新疆、辽宁等地。

表 4.6　深圳市场上市的 CCER 项目地区分布

地区	数量
甘肃	7
贵州	4
广西	4
河北	6
辽宁	1
内蒙古	17
宁夏	5
新疆	2
广东	1
云南	4
深圳	4
共计	55

二、价格平稳，交易量持续增长

深圳碳市场经过近四年的发展，市场运行已基本平稳，形成了较为完整的价格曲线，最低价格28元，最高价格143元，主要价格区间为20—40元，市场的供求关系变得具有可预测性，市场功能逐步发挥。

深圳碳市场的价格信号形成过程具有市场化和自发性特征，体现出市场对价格形成的力量；另外，深圳碳市场的交易主要采用线上交易，价格信号形成具有分散化和多元化特征，符合经济理论中有效价格形成的条件。

表4.7 深圳市场配额成交价格区间及所占百分比

（截至2016年12月31日）

价格区间（元）	成交量（吨）	百分比
（0,20]	664530	3.693%
（20,30]	10046907	55.831%
（30,40]	3743151	20.801%
（40,50]	1977779	10.990%
（50,60]	171361	0.952%
（60,70]	342775	1.905%
（70,80]	981391	5.454%
（80,90]	62299	0.346%
（90,150]	5163	0.029%

截至2016年12月31日，深圳碳市场配额总交易量达1807万吨，总交易额为5.9亿元，分别居全国试点地区的第三位和第二位。碳市场配额流转率2013年为5.23%，2014年为8.53%，2015年为11.99%，连续三年位居全国首位；并以占试点地区2.5%的配额规模实现了试点地区18.79%的交易量和26.88%的交易额。

在市场价格逐步稳定的同时，深圳碳市场的交易量持续增长，深圳碳市场的交易量持续增长的原因主要有：首先，深圳碳市场运行至今，已连续在三个年度成功实现了管控单位碳排放总量和碳强度的大幅下降，证明企业越来越加强碳排放管理，在碳市场的参与度不断提高。其次，深圳碳市场参与的主体持续增加，是全国首个允许个人投资者和全国唯一一个允许境外投资者参与的碳市场。境外投资者仅需在深圳排放权交易所的境内合作银行开立 NRA 账户（多币种），并根据交易需求将境外资金汇入账户即可参与市场交易。最后，通过健全产业链条、丰富服务品种、提升服务质量等手段，不断深挖市场潜力，提升市场流动性。

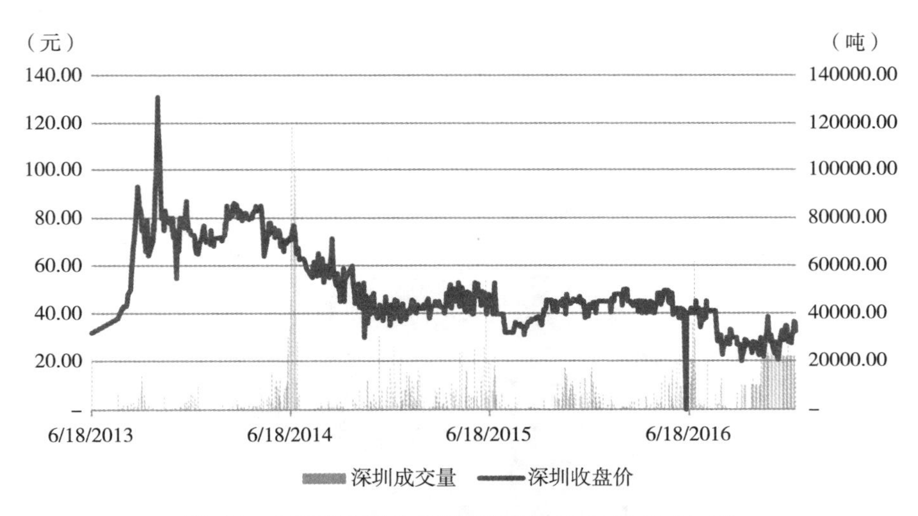

图 4.1　深圳碳市场价量图（截至 2016 年 12 月 31 日）

三、投资机构参与度越来越高

第一个履约年度，深圳碳市场机构投资者的买入量仅占到全年买入量的 1.68%，个人投资者占 9.45%，管控企业占 88.87%；从卖出数据看，机构投资者占 1.49%，个人投资者占 6.97%，管控企业占 91.54%。随着市场的逐步发展，交易规模的不断增大，碳资产管理公司、银行、基金、投资机构、个体投资者的数量不断增加。第三个履约年度，深圳碳市场的投资机构的参与度有较大提升，机构投资者的买入量占到全年买入量的 54%，个人投资者占 7%，管控企业占 39%；从卖出数据看，机构投资者占 55%，个人投资者占 4%，管控企业占 41%。

表 4.8　深圳碳市场的市场参与主体

（截至 2016 年 12 月 31 日）

市场参与主体	数量
管控单位	824 家
建筑物业主会员	197 家
托管机构	9 家
经纪会员	4 家
机构投资者	37 家
个人投资者	996 家
公益会员	170 家
总计	2237 家

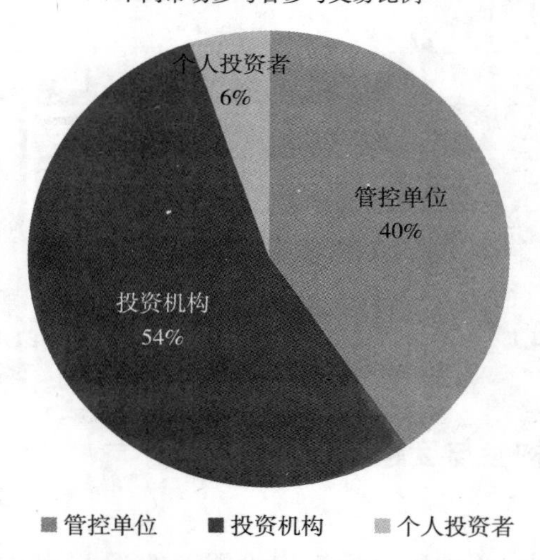

图 4.2　深圳碳市场不同交易参与者成交比重（2015—2016 年）

第五节　深圳碳市场运行的主要经验

深圳碳交易市场自启动以来，市场运行总体平稳，企业履约率逐年提高，减排效果明显，市场交易量逐年增加，碳金融创新业务成绩显著。但深圳碳市场在取得成绩的同时，也积累了不少问题，影响了市场的运行和业务的开拓创新。

一、经验总结

1. 政府重视，多方合力开展碳交易工作

深圳历来十分重视绿色低碳经济和产业结构转型方向，并积极主动争取试点资格。因此，碳交易试点得到了市政府的高度重视。获得试点资格后，深圳市成立了试点工作领导小组，做好指导和协调工作。其中，分管市领导亲自抓落实，推动试点准备工作快速进展。深圳市政府为碳交易试点专门拨付工作经费，保障历史数据核查、政府检查、宣传培训、系统建设、方案研究等工作所需资金及时到位。为了加强碳交易管理力度，深圳市政府批准在市发展改革委成立专职负责碳交易工作的处室——碳交易工作办公室，这是全国最早的专门负责碳交易工作的职能部门。此外，深圳还专门组建了稳定的工作团队，定期召开工作会议，提高了沟通和工作效率，较为快速地推进了深圳碳交易试点各项工作的进展。在深圳市政府的领导下，深圳市发展改革委在北京大学、哈尔滨工业大学深圳研究生院、深圳排放权交易所、深圳市城市发展研究中心等机构的支持下，成立了专门的碳交易工作专家和支撑团队，参与碳交易试点建设工作。同时，市发展改革委协调市市场监管局、市统计局、市政府法制办等政府部门分工明确，在相应职责范围内同时推进碳交易试点工作。此外，各区发改部门、相关街道办、居委会等积极配合，形成固定的履约动员机制，保证每年履约工作的顺利完成。

2. 开放思想，创新精神培育碳交易市场

开放和创新是深圳的根和魂，贯穿在深圳碳交易试点的全部工作中。开放帮助碳交易试点更健康、更全面，创新帮助碳交易试点更有活力、更可持续。具体到深圳，主要体现在以下三个领域：

试点筹建保持开放。在深入掌握深圳市实际情况和数据的同时，以开放的心态学习、借鉴世界上已经运行、相对成熟的碳交易市场的成功经验，避免走弯路，吸收友好合作伙伴的良好建议，听取碳市场利益相关方的意见，争取建设符

合碳交易机制本质和深圳市实际情况的新型碳交易机制。

市场管理保持开放。深圳市发展改革委作为碳交易主管部门，担负着对碳市场的监管职责。为了实现市场活跃和风险防范之间的平衡，深圳市发展改革委坚持“复杂事物需要简约治理、市场繁荣需要权力谦卑”的开放理念，以制度建设和规则制定为主要手段，加强宏观指导和监管，在微观层面尊重市场作用，激发市场活力，既保持了市场的自主性和积极性，又约束了市场的盲目性和冲动性。例如，深圳市发展改革委要求每项新型业务的出台必须先出台相应管理制度和规则，具体操作宜简不宜繁，在规则范围之内最大程度地保持开放。

市场运行保持创新。在市场自身运行上，深圳鼓励创新，大胆尝试，在市场主体范围、碳金融品种、新型碳业务、碳产业链条和生态环境等领域的创新效果上保持全国领先水平，并且不断创造我国碳市场的各项新纪录，切实增强碳市场的节能减排“推进器”和产业转型“催化剂”功能。

深圳在碳金融创新方面已取得多项突破性成果：2014 年 5 月支持企业首发“碳债券”。2014 年 8 月获得国家外汇管理局批准，成为国内首个和唯一引进境外投资者的碳市场，并于 9 月正式引进境外投资者开展碳交易。2014 年 11 月支持投资机构成立首个私募“碳基金”，支持兴业银行首发“绿色结构性存款”产品，推出国内首个配额托管模式。2015 年完成两单“碳质押”业务，质押金额高达 5000 万元以上。2014 年 4 月开始成为世界银行国际金融公司在国内唯一的碳交易合作伙伴，并开展碳金融创新产品方面的研究。2016 年 3 月完成国内首单跨境碳资产回购交易业务。以及借力国际低碳城碳金融服务平台，开发合同能源管理收益权挂牌交易产品等。

案例一：

深圳于 2013 在国内率先启动碳交易试点市场，市场启动后持续引领国内碳金融的发展方向，深圳排放权交易所于 2014 年获得国家外汇管理局正式批复，成为全国首家允许境外投资者（机构和个人）以外币或跨境人民币、不限额度参与交易的碳交易平台。

由深圳能源集团股份有限公司控股的深圳妈湾电力有限公司和 BP Energy Asia Pte Ltd 在深圳排放权交易所的协助下，于 2016 年上半年完成了国内首单跨境碳资产回购交易业务。该笔跨境碳资产回购融资业务于2016年年初完成400万吨配额初始交易，并于2016年6月完成360万吨配额和40万吨CCER的回购交易，交易对价达亿元规模人民币，系全国试点碳市场启动三年以来国内单笔最大碳交易。作为深圳碳市场配额量最大的管控单位——深圳妈湾电力有限公司通过本次融资业务的开展，凭借境外资金降低了融资成本，减轻了资金占用压力，改善了企业的融资结构。

该业务最主要的创新点包括：

（1）跨境交易创新

首先，以人民币计价，多币种结算，且不受币种和额度的限制；其次，深圳中行为境外投资者开立多币种NRA账户，并为其在交易所的资本项下专用账户中开立对应的虚拟子账户；最后，境外投资者将境外资金汇入其NRA账户，向银行申请由其NRA账户转账至交易所的上述账户，完成入金操作。如入金资金为外币，交易所将自收到款项后根据该币种当日的人民币汇率中间价的90%折现该境外投资者当日交易系统中可交易人民币金额，日终再按照即时牌价办理结汇。

（2）融资标的物创新

证券市场通过股票、债券等作为回购融资的标的很常见，但国内目前尚未有对碳排放配额等碳资产的法律确权。基于深圳拥有特区立法权，交易所参与了碳交易立法。2014年深圳市政府颁布的《深圳市碳排放权交易管理暂行办法》中第二十六条规定："管控单位获得的配额，可以依照本办法进行转让、质押，或者以其他合法方式取得收益。"由此，深圳碳配额拥有了财产权的性质和进行跨境回购融资的法律依据。

（3）回购融资的风险控制创新

交易双方中的一方或双方可通过对配额市值进行打折、提供担保或申请采用履约保证金制度的方式降低违约风险。

受回购方和出资方委托，交易所可对出资方交易账户中的部分或全部碳资产进行冻结，并在回购到期时予以解冻。为防止碳资产价格大幅上涨导致的出资方违约，对出资方交易账户的交易进行监控，在回购到期前的一段时间内，限制出资方售出配额的对象只能为回购方。

碳市场是落实党和政府绿色发展理念的措施之一。要做到实处、体现实效,就必须增强碳市场和绿色发展之间的"黏性"程度。两者之"黏"性越好,越是紧密,则碳市场能够更为有效地促进绿色发展。深圳碳市场的碳金融产品创新正是以此为指导,并通过持续的碳金融创新多渠道、多层次、多维度地增强碳市场与绿色发展的"黏"度。

3. 夯实法规,严格执法保障碳市场运行

碳交易机制需要政府在节能减排领域为管控单位等相关主体创造权利和义务,它离不开强有力的法律制度以及严格的法律执行作为保障。深圳的主要做法是:

制定严格的碳交易法律。深圳是我国首个制定专门碳交易法律的试点地区:2012 年 10 月,深圳市人大常委会通过了《深圳经济特区碳排放管理若干规定》。2014 年 3 月,深圳市政府常务会通过了《深圳市碳排放权交易管理暂行办法》,进一步对《深圳经济特区碳排放管理若干规定》进行细化和落实。深圳也成为我国第一个建立由地方性法规和地方政府规章组成的相对健全的碳交易法律体系的试点地区。

保障碳交易法律的严格执行。政府部门首先带头遵守碳交易法律的各项规定,如配额分配、调整的方法和日期,以及核查机构和人员的选择、监管等。其次,不以牺牲法律的威严和长远的效果为代价来追求短期效果。在督促管控单位按时履约方面不手软,在尝试各种合法合理手段帮助管控单位履约的同时坚决不推迟履约截止日期,在首个履约期就建立起法律的权威,保证了后续履约期工作得以顺利、高效地完成。在前三个履约期,深圳的管控单位履约数量居全国首位,履约率分别实现 99.4%、99.7%和 99.8%,在全国试点中居前列。

严格依法惩处违法行为。针对违反碳交易法律的各项行为,尤其是管控单位未按时履约的行为,政府部门严格按照法律的相关规定,对所有的违法管控单位该催缴的催缴、该通报的通报、该处罚的处罚,并将相关的处理情况及时向社会公开,形成舆论压力,进一步保证惩治违法行为的效果。

案例二:

深圳市发展改革委根据管控单位上报的前一年度工业增加值数据和年度目

标碳强度计算实际配额量，并在每年的5月20日前完成配额的调整。管控单位的实际配额数量除了在深圳市碳排放权注册登记簿系统中可以查询外，深圳市发展改革委还将企业履约公告和实际配额数量通过“深发改”的政府公文形式以快递方式寄送到管控单位的碳交易首席账户代表处。为保障管控单位的首席账户代表收到且了解政府公文的内容，主管部门还要求管控单位在收到政府公文后签署一份回执寄回给主管部门，回执内容包括了“深发改”文件名、代表签名和签收日期。主管部门在收到管控单位的回执后，可以清晰了解企业签收情况，有助于掌握企业对履约公文的知悉度。对于未收到回执的管控单位，主管部门将进一步电话跟进。

深圳市政府高度重视管控单位履约问题，集合了深圳市发展改革委、深圳市国资委、十个区（含新区）的发改部门，统一分析未履约管控单位情况，分配任务到负责部门，由深圳市国资委负责纳入深圳碳市场的央企、国企，各区及区街道负责所属于该区的管控单位，分别走访未履约管控单位，了解其履约困难和遇到的问题，指导未履约管控单位完成履约。

另外，深圳市发展改革委在发出政府公文后，就通过电话方式与管控单位首席账户代表（或一般账户代表）联系，了解管控单位对收到的政府公文的处理情况。主管部门以电话形式再次将企业需在6月30日前履约的义务和违约处罚告知企业代表，同时将企业的实际配额情况和配额盈余/短缺情况告知企业，敦促企业尽早对碳市场履约做出相应的处理。6月中旬前以每周1—2次的频率进行电话通知，到履约最后关头的6月下旬则以每1—2天1次的频率电话通知。

同时，为保障管控单位履约，对未履约管控单位进行执法处理，深圳市成立了碳交易执法小组，由深圳市发展改革委碳排放权交易工作办公室担任执法小组成员，因此深圳市发改委碳交易执法小组是唯一拥有执法权力的发展改革委下属部门。

未在规定时间内完成履约的企业所面临的将是“多管齐下”的处罚，包括：

第一，深圳市发展改革委将在7月10日前通知企业社会信用管理机构和金融系统征信信息管理机构，将违约单位的违约行为录入信用系统，并将违约单位的名单在媒体曝光。

第二,深圳市发展改革委将于7月10日前将违约单位的违约情况通知财政部门和海关、税务部门,停止违约单位正在享受的所有财政资助,违约单位正在申请的财政资助一律不予批准,且五年内不得享受深圳市任何财政资助。

第三,违约单位属于市、区国有企业的,深圳市发展改革委将于7月10日前将其违约情况通报市、区国资监管机构,由市、区国资监管机构对相关负责人进行处罚。

第四,下发《责令补交配额通知书》,责令补交截止时间为7月10日;逾期未补交的,深圳市发展改革委将于7月15日前强制扣除与超额排放量相等的配额,并实施行政处罚,对违约单位处以超额排放量乘以当年1月至6月碳市场配额平均价格三倍的罚款。违约单位应当在处罚决定送达十日内将罚款缴至财政罚款缴款专户;对于不按时缴纳罚款的,又不申请行政复议或者提起行政诉讼,深圳市发展改革委将立即向法院申请强制执行。

首个履约年,深圳碳市场的企业履约率达99.4%,四家没有按时足额完成履约义务的企业均在2014年7月10日催告期截止前足额递交配额,对这四家企业处以媒体公开、停止资助、征信通报的处罚。2014年度,深圳碳交易体系的企业履约率达99.7%,两家没有按时足额完成履约义务的企业,其中一家于2015年7月10日催告期截止前足额递交配额,仅对其处以媒体公开、停止资助、征信通报的处罚;另一家企业未能在催告期截止前足额递交配额,除对其处以媒体公开、停止资助、征信通报的处罚外,还对其处以履约截止前连续六个月碳排放权交易市场配额平均价格三倍的罚款。

二、存在的问题与挑战

1. 尚未形成良好的信息披露机制

健康、成熟的市场,无论是商品、金融还是碳市场,都需要有可供市场参与者及时、全面、平等获取的各类相关信息的渠道。目前,深圳碳市场仍处在不断探索、完善阶段,尚未建立系统的信息披露机制,对于碳市场信息披露的具体内容、具体形式、规范要求、管理流程、发布渠道以及违反信息披露相关规定的责任等方面的规定需进一步系统化和规范化，从而降低市场信息的不对称性，引导形成公平、公开的市场环境，以推动新兴碳市场走向成熟。

2. 市场缺乏有效的碳资产风险管理工具

碳市场具有天然的金融属性，国际碳市场的发展历程和经验都充分证明了碳期货及碳金融衍生品市场有利于丰富市场供求的价格信号，从而提高碳市场的风险管理能力和流动性。但受现行监管规定的影响，目前深圳碳市场尚未开放碳期货产品，创新碳金融衍生品和服务也受到企业持有配额规模小等实际问题的限制，未能得到很好的市场实践，这些市场的局限性直接影响金融机构参与碳市场意愿和市场功能的发挥。

3. 低流动性影响市场功能的发挥

具有充分流动性的市场能够增强市场参与者的信心，并且能够抵御外部冲击，从而降低系统风险。碳交易市场是运用市场化机制推动节能减排的重大制度创新，但其作为新兴的交易市场，目前的市场流动性较低。深圳碳市场流动性位居全国前列，但 2013 — 2016 年市场的流转率仅分别为 5.23%、8.53% 和 11.99%，这在很大程度上影响了市场效率和碳资产作为金融媒介作用的真正发挥。

第六节　深圳碳交易试点对全国碳市场建设的启示

全国统一碳市场的各项建设工作都在如火如荼地进行中。如何有效总结试点地区现有试点经验，为全国统一碳市场的建设出谋划策，已成为试点地区在进行自我总结和碳交易试点体系完善过程中重点思考的问题。深圳碳市场是全国七个碳交易试点中率先启动的碳市场，引起了国内外广泛的关注和肯定，成为我国节能减排进程中的里程碑事件，对于全国性碳市场建设的借鉴主要体现为以下三个方面：

一、制度体系完善是保障碳市场运行的基础

碳市场顶层设计中,除了有强有力的法律约束以外,还需有完善的配套规则、规范和指南,确保清晰、透明、公开地定义碳市场的覆盖范围、总量设定、配额分配、MRV、注册登记、交易体系、履约机制、市场调控八大基本要素,确保要素支撑和顶层设计的相辅相成。深圳碳交易试点顺利运行、成功履约的重要保障之一在于建立了强有力的法律基础、完善的配套规则和严格的执法力度,对于全国碳市场建设来说,构建完善的制度体系也是至关重要的。

二、坚持政府和市场的有效结合,充分尊重市场功能

1. 政府发挥了主导作用

碳市场是为了达到法律强制减排要求而产生的市场,只有政府的力量才能启动碳市场建设。深圳市政府在深圳碳市场建设中发挥了积极作用:第一,制定相关法律和政策,为碳市场发展提供法律保障。第二,收集历史经济数据,为选择管控行业和管控企业提供基础依据。第三,考察欧盟做法,组织专家论证,为发挥后发优势提供科学依据。第四,严格执法,为企业按时完成履约任务提供有效威慑。

2. 市场发挥了基础作用

市场是发现碳价格的有效工具。相对于采取碳税方式,有效发挥市场在碳减排中的作用可以为企业节能减排提供更好的激励,可以将减排对经济的负面影响控制在更低的水平以及可以协助政府对减排设立更确定的目标。

深圳碳市场的建设与发展,充分发挥了市场的公平竞争和价格发现的作用。除政府预留部分“拍卖配额”“价格平抑储备配额”以及可以回购配额以外,政府不以其他的方式增加配额的供给和需求,完全由市场供需关系决定配额的市场价格,以市场行为指导、激励管控单位的减排决策和减排行为。同时,规范政府运用“拍卖配额”“价格平抑储备配额”以及回购配额的行为,让政府对市场的调

控行为公开、透明、可预期。

三、完善碳市场生态链条，形成良好的市场环境

有效的市场需要多样化的服务和业态以充分满足不同的消费需求，碳市场同样如此。深圳碳市场在试点期间已经初步形成了涵盖咨询、设计、盘查、核查、托管、交易等环节的完善的市场产业服务链条，增强市场功能。事实证明，构建较为开放的市场管理机制，积极向个人投资者和境外投资者开放，明显促进了深圳碳市场的活跃度和流动性，推动深圳碳市场管理水平的提升。未来全国碳市场可通过创新市场交易品种、完善市场产业服务链条，引入多层次市场参与者，从而构建体系完整、品种齐全、覆盖全面的市场产业体系。

（本章作者：葛兴安，深圳排放权交易所）

参考文献

深圳市碳排放权交易研究课题组：《建设可规则性调控总量和结构性碳排放交易体系——中国探索与深圳实践》，《开放导报》2013 年第 3 期。

马晓雯、刘雄伟、刘刚、杨琳：《深圳市建筑能耗宏观影响因素分析及发展趋势情景预测》，《暖通空调杂志社》2017 年第 6 期。

第五章　广东碳排放权交易试点

第一节　广东碳排放权交易试点概况

作为我国经济第一大省，广东 GDP 于 2013 年率先突破 1 万亿美元大关，经济总量约占我国的十分之一，2014 年人均 GDP 突破 1 万美元，整体发展达到中等发达国家水平。产业结构于 2013 年实现从“二、三、一”到“三、二、一”的转变，2015 年第三产业比重历史上首次突破 50%，进入经济社会发展与转型的重要阶段。一次能源消费结构相对均衡合理，煤炭、石油等传统化石能源比重逐步降低，天然气、核电、西电东送、可再生能源等清洁能源所占比重不断提高，至 2015 年达到 32%，能源供应来源基本形成省内生产、国内调运和进口相互补充的格局，初步形成多元化能源供应体系[①]。总体来说，广东产业结构与能源结构较为低碳，能源利用效率较高，单位 GDP 能耗和碳排放在国内处于领先水平。

据统计，广东碳排放以工业行业为主，而工业碳排放中又以六大高耗能行业[②]为主，单位 GDP 碳排放仍有较大下降空间。与此同时，广东区域发展不甚均衡，各行业利润水平、技术水平、发展趋势等方面存在明显差异，因此，广东面临着严峻且复杂的温室气体管控形势。在“十二五”之前，与我国其他地区一

---

① 参见广东统计信息网：《广东统计年鉴》，见 http://www.gdstats.gov.cn/tjsj/gdtjnj/。

② 六大高耗能行业包括石油加工、炼焦和核燃料加工业，化学原料和化学制品制造业，非金属矿物制品业，黑色金属冶炼和压延加工业，有色金属冶炼和压延加工业，电力、热力生产和供应业。

样，广东减排主要通过政策、法律手段执行，虽执行力度很强，但综合成本较高[①]。相较而言，碳排放权交易作为控制温室气体排放的一种有效手段，能够以低社会成本实现减排目标。建立广东碳排放权交易市场，可以为复杂多样的排放主体提供除技术减排以外的更多选择，对促进广东节能减排、供给侧改革、经济转型、能源转型具有重要作用，有利于广东经济走上绿色低碳发展之路。

广东碳排放权交易试点于 2013 年年底正式启动，截至 2017 年 6 月 20 日，已完成 4 个履约期。经过不断探索创新，广东已建立起系统完备、公开透明、运行有效的碳排放管理制度体系和市场交易体系，目前已建成全国最大、全球第三的区域碳排放权交易市场，体系运行平稳，减排效果显著，达到政策设计初衷。从市场交易情况来看，截至 2017 年 6 月 20 日，广东碳排放权交易试点累计成交 6202. 03 万吨，总成交金额为 14. 67 亿元，分别占 7 个试点地区的 34. 86%和 35. 47%，均居全国首位，为国内首个配额现货交易额突破 10 亿元大关的试点碳排放权交易市场，CCER 累计成交 2698. 32 万吨，居全国次席[②]。从 2014 年起，广东碳排放权交易试点已连续 3 年以 100%的履约率完成年度配额履约工作，超过 80%的控排企业实施了节能减碳技术改造项目，超过 58%的控排企业实现了碳强度下降，市场整体碳排放总量及各行业控排企业单位产品碳排放均实现了下降。

第二节　广东碳排放权交易试点制度介绍

一、政策法规

广东碳排放权交易试点的政策法规主要包括三个方面：广东省人民政府发

---

① 《碳交易面临“三重门”》，2011 年 11 月 21 日，中国新闻网，见 http://www.chinanews.com/ny/2011/11-21/3473894.shtml。

② 《图解：广东省碳排放权交易试点分析报告（2016—2017）》，2017 年 8 月 18 日，广东应对气候变化网，见 http://www.gdlowcarbon.gov.cn/dtgz/tjy/tpfqjysd/201708/t20170818_405560.html。

布的指导性文件、以政府令形式发布的政府规章以及由广东省发展改革委等单位公布的配套政策文件。广东省人民政府印发的《广东省碳排放权交易试点工作方案》对广东碳排放权交易工作进行了原则性指导和总体布局①。其后颁布的《广东省碳排放管理试行办法》(粤府令第197号,以下简称《管理办法》),规定了碳排放信息报告与核查制度,以及相关的监督管理与处罚制度②。在此基础上,广东省发展改革委配套制定了《广东省发展改革委关于碳排放配额管理的实施细则》用于具体规范碳排放配额管理工作③,并印发了《广东省企业碳排放信息报告与核查实施细则》④《广东省企业(单位)二氧化碳排放信息报告指南》《广东省企业碳排放核查规范》⑤等文件用于具体规范碳排放报告及核查工作,初步建成了层次分明、科学配套、内容完备的碳排放权交易试点政策法规体系,形成了以《管理办法》为总纲性文件,以《广东省碳排放配额管理实施细则》《广东省企业碳排放信息报告与核查实施细则》为统筹性文件,以《广东省年度碳排放配额分配实施方案》《广东省企业碳排放报告指南》《广东省企业碳排放核查规范》等为实施性文件的三级政策体系。

二、配额管理

1. 纳入范围

广东碳排放权交易试点秉持“抓大放小、先易后难”的原则,分期分批将重点行业纳入控排范围。广东碳排放以六大高耗能工业行业为主,充分考虑到地

① 广东省人民政府:《广东省碳排放权交易试点工作实施方案》,2012年9月7日,见 http://zwgk.gd.gov.cn/006939748/201209/t20120914_343489.html。

② 广东省人民政府:《广东省碳排放管理试行办法》,2014年1月15日,见 http://zwgk.gd.gov.cn/006939748/201401/t20140117_462131.html。

③ 广东省人民政府:《广东省发展改革委关于碳排放配额管理的实施细则》,2015年2月16日,见 http://www.gd.gov.cn/govpub/bmguifan/201503/t20150324_210857.htm。

④ 广东省人民政府:《广东省发展改革委关于企业碳排放信息报告与核查的实施细则》,2015年2月16日,见 http://www.gd.gov.cn/govpub/bmguifan/201503/t20150324_210858.htm。

⑤ 广东省发展和改革委员会:《广东省发展改革委关于做好2014年度企业碳排放信息报告核查和配额清缴履约相关工作的通知》,2015年2月6日,见 http://www.gddrc.gov.cn/zwgk/ywtz/201502/t20150209_417849.shtml。

区产业经济及排放分布特征、各行业企业减排潜力、政府管理成本、企业监测基础等差异，综合纳入的管理成本、技术难度，以及企业承受能力，广东碳排放权交易试点首批纳入控排企业为电力、钢铁、石化和水泥四个行业年排放 2 万吨二氧化碳（或年综合能源消费量 1 万吨标准煤）及以上的企业[①]，这四大传统行业碳排放量占广东碳排放总量的 60%以上，且均属于去产能和节能减排工作任务较重的行业。随着碳排放权交易试点的推进，广东碳排放权交易试点对陶瓷、纺织、有色、化工、造纸、民航等行业（领域）432 家企业进行碳排放数据盘查。经深入研究后，按照适度可控、先行先试的原则，于 2016 年度将造纸、航空行业也纳入控排范围[②]。至此，广东碳排放权交易试点纳入控排管理的企业数量达 244 家，约占广东碳排放量的 65%。

2. 配额总量

广东碳排放权交易试点配额总量由控排企业配额及储备配额组成，其中储备配额包括新建项目企业配额和市场调节配额。配额总量的设定遵循《广东省碳排放管理试行办法》《广东省碳排放权交易试点工作实施方案》的总体要求，同时根据广东控制温室气体排放总体目标，结合国家及广东的产业政策、行业发展规划和经济发展形势预测，确定每年度的排放配额总量。2013 年、2014 年和 2015 年配额总量分别设定为 3.88 亿吨[③]、4.08 亿吨[④]和 4.08 亿吨[⑤]。为配合推进"去产能、去库存"工作，广东碳排放权交易试点加大控排力度，2016 年，首批启动的四大行业配额总量降至 3.86 亿吨，加上新纳入的造纸、民航行业配额总

① 广东省发展和改革委员会:《广东省发展改革委关于印发〈广东省碳排放权配额首次分配及工作方案（试行）〉的通知》，2013 年 11 月 25 日，见 http://www.gddrc.gov.cn/zwgk/ywtz/201311/t20131126_417992.shtml。

② 广东省发展和改革委员会:《广东省发展改革委关于印发〈广东省 2016 年度碳排放配额分配实施方案〉的通知》，2016 年 7 月 8 日，见 http://www.gddrc.gov.cn/zwgk/zcwj/gfxwj/201607/t20160708_422536.shtml。

③ 广东省发展和改革委员会:《广东省发展改革委关于印发〈广东省碳排放权配额首次分配及工作方案（试行）〉的通知》，2013 年 11 月 25 日，见 http://www.gddrc.gov.cn/zwgk/ywtz/201311/t20131126_417992.shtml。

④ 广东省发展和改革委员会:《广东省 2014 年度碳排放配额分配实施方案》，2014 年 8 月 18 日，见 http://www.gddrc.gov.cn/zwgk/zcwj/gfxwj/201501/t20150128_422440.shtml。

⑤ 广东省发展和改革委员会:《广东省发展改革委关于印发〈广东省 2015 年度碳排放配额分配实施方案〉的通知》，2015 年 7 月 13 日，见 http://www.gddrc.gov.cn/zwgk/ywtz/201507/t20150713_417933.shtml。

量后，整个试点配额总量达 4. 22 亿吨，配额存量和增量管控持续收紧[①]。实践证明，广东历年配额总量符合适度偏紧的配额政策，既给予企业一定的减排压力，又能够满足企业发展和重大项目建设的合理需求，保障了广东碳排放权交易试点的健康可持续发展。

表 5.1　广东碳排放权交易试点配额结构

<table>
<tr><th colspan="2">年份</th><th>总量</th><th>控排企业配额</th><th>储备配额</th><th>有偿配额发放计划</th></tr>
<tr><td colspan="2">2013 年度*</td><td>3. 88</td><td>3. 5</td><td>0. 38</td><td>0. 11</td></tr>
<tr><td colspan="2">2014 年度</td><td>4. 08</td><td>3. 7</td><td>0. 38</td><td>0. 08</td></tr>
<tr><td colspan="2">2015 年度</td><td>4. 08</td><td>3. 7</td><td>0. 38</td><td>0. 02</td></tr>
<tr><td rowspan="2">2016 年度</td><td>总量</td><td>4. 22</td><td>3. 99</td><td>0. 23</td><td rowspan="2">0. 02</td></tr>
<tr><td>首批纳入的四大行业</td><td>3. 86</td><td>3. 65</td><td>0. 21</td></tr>
</table>

3. 配额分配

广东碳排放权交易试点采用有偿分配和免费分配相结合的配额分配方式，并率先在配额分配环节实施部分配额有偿竞价发放制度。在配额分配方法设定上，广东坚持“鼓励先进，兼顾落后”的原则，在各行业配额分配计算方法中尽量使用较为先进的基准法，综合考虑设置基准线的技术难度、行业企业数据基础，确定各行业配额分配方法。目前，电力、水泥、钢铁、造纸和民航行业总体使用基准法，石化行业、短流程钢铁企业使用历史法，基准线法分配的配额占比达 92%[②]，基准值均采用国内先进值或行业标杆，引导企业加快转型升级。

4. 配额履约

根据《管理办法》规定，每年 6 月 20 日前，控排企业和单位应当根据上年度实际排放量完成配额清缴工作，并由广东省发展改革委注销。截至 2016 年度，

① 广东省发展和改革委员会:《广东省发展改革委关于印发〈广东省 2016 年度碳排放配额分配实施方案〉的通知》，2016 年 7 月 8 日，见 http://www.gddrc.gov.cn/zwgk/ywtz/201607/t20160708_418076.shtml。

② 《广东碳市场机制建设:将公开透明放在首位》，2016 年 7 月 28 日，南方网经济频道，见 http://economy.southcn.com/e/2016-07/28/content_152534880.htm。

广东碳排放权交易试点已连续3年履约率达100%[①]。在配额履约管理上，广东碳排放权交易试点充分利用省市二级管理的联动机制，在深入了解企业情况的基础上，提前进行履约风险评估，充分调动地方政府部门的积极性，并配以完善的处罚机制，有效保障了对企业的履约管理。此外，得益于不断完善及公开透明的制度体系，2014—2016年度企业配额调整申诉量大幅减少，企业申诉率由2013年的60%下降至10%左右。

广东碳排放权交易试点在设计之初便引入了抵消机制，允许企业除使用碳配额外，还可使用国家核证自愿减排量用于抵消企业一定比例的碳排放。2016年度广东碳排放权交易试点创新性允许使用广东碳普惠减排量（PHCER）用于抵消企业碳排放，第一年度共有约24万吨PHCER用于广东碳排放权交易市场履约，占当年度用于抵消的减排量的44%[②]。

三、报告核查

1.技术文件

广东一直以“高标准、严要求”来建设碳排放监测报告核查体系。通过修订印发《广东省企业（单位）二氧化碳排放信息报告指南》《广东省发展改革委关于企业碳排放信息报告与核查的实施细则》等文件，明确监测报告核查工作依据。出台《广东省企业碳排放核查规范》，用于指导第三方核查机构采用统一标准和流程开展核查工作。同时发布《广东省碳排放信息核查工作管理考评方案（试行）》[③]，加强对核查工作的监管。

广东企业碳排放报告指南设置了通则与各行业指南的双层结构，以确保指南的体系性与可操作性。通则设置了各行业指南公共的报告框架与方法，统一

① 《图解：广东省碳排放权交易试点分析报告（2016—2017）》，2017年8月18日，广东应对气候变化网，见 http://www.gdlowcarbon.gov.cn/dtgz/tjy/tpfqjysd/201708/t20170818_405560.html。

② 《图解：广东省碳排放权交易试点分析报告（2016—2017）》，2017年8月18日，广东应对气候变化网，见 http://www.gdlowcarbon.gov.cn/dtgz/tjy/tpfqjysd/201708/t20170818_405560.html。

③ 广东省发展和改革委员会：《关于印发〈广东省碳排放权交易试点2016年度核查相关工作考评结果〉的通知》，2017年10月10日，见 http://www.gddrc.gov.cn/zwgk/ywtz/201710/t20171010_418313.shtml。

相关术语定义，对各行业共性问题进行规定，包括指南内容体例、主要术语定义、排放因子等，避免各行业细则在编制过程中存在过大偏差，导致行业间差异性过大。此外，报告指南对不同数据基础的企业提出不同的排放报告要求，鼓励企业报送实测数据，推动企业开展碳排放精细化管理。为支撑广东拟扩大覆盖范围行业的历史碳排放信息报告工作，除首批纳入控排的四大行业外，广东于2015年发布了陶瓷、纺织、有色、化工、造纸、民航等行业（领域）企业碳排放报告指南试行版[①]。在确定纳入造纸及民航行业后，广东碳排放权交易试点对两个行业的报告指南进行了修订，使其更适用于支撑企业配额分配与履约的碳排放数据报告工作。

2. 组织管理

报告组织方面，依托省市二级管理制度：广东省碳排放权交易主管部门发布报告核查通知，由地方发改部门负责进行组织和报告初审工作，企业在统一报送平台——广东省二氧化碳排放报告系统填写和报送在线电子报告，并提交纸质报告。

核查组织上，由省级主管部门负责组织核查机构进行企业排放报告的核查。通过招标方式遴选具备核查资格的机构，公布核查机构名单，资格有效期3年。广东碳排放权交易试点于早期通过招标确定了29家省内外机构作为广东的核查机构[②]，又于2016年进一步招标增补了6家核查机构，目前广东碳排放权交易试点核查机构共35家[③]。分配当年度核查任务时，通过专家评审的方式，确定各核查机构的任务量及核查领域，并按照利益相关方回避原则最终确定核查任务分工。

3. 数据质量管理

广东碳排放权交易试点多措并举对企业排放数据质量进行严格把关。一是

---

① 广东省发展和改革委员会：《关于开展广东省碳排放管理有关企业历史碳排放信息报告工作的通知》，2015年9月23日，见 http://www.gddrc.gov.cn/zwgk/ywtz/201509/t20150923_417945.shtml。

② 中华人民共和国财政部：《广东省重点企（事）业单位碳排放核查、盘查服务资格中标公告》，2015年3月9日，见 http://www.mof.gov.cn/xinxi/difangbiaoxun/difangzhongbiaogonggao/201503/t20150309_1199829.html。

③ 《广东省重点企（事）业单位碳排放核查、盘查服务资格（增补）项目中标公告》，2016年8月31日，中国采招网，见 http://www.bidcenter.com.cn/newscontent-30497144-4.html。

由政府出资委托进行核查,保证第三方核查机构的独立性及其核查数据的真实性。二是明确核查工作要求,核查前组织多次培训,要求核查员必须“持证上岗”,明确要求核查机构须建立自身技术内审制度。三是成立行业技术小组,负责全程解答核查过程中遇到的问题。四是对所有企业的核查结果进行评议审核,对发现问题的企业进行复查、没发现问题的进行抽查(复查与抽查企业数量共占企业总数的20%),对抽查、复查后的企业进行再评议,直至问题完全解决,确保企业每1吨碳排放均可核实、可溯源。五是对企业的报告及核查机构的核查行为进行全面监管,制定有效的奖惩机制。

四、交易制度

广东碳排放权交易试点一级市场采用配额有偿竞价发放的交易方式,二级市场采用挂牌点选、协议转让两种交易方式。

1. 一级市场

自2013年度首次尝试配额有偿发放以来,广东碳排放权交易试点一级市场的配额有偿发放制度经历了一个不断完善的过程,经过四年探索,配额竞价政策在2013年的基础上进行了日趋市场化的调整,通过政策保留价与二级市场价格实现联动,目前已形成基本成熟的竞价机制。为加强对控排企业的管控,有偿配额供应量日趋收紧。

表5.2　2013—2016年度广东碳市场配额有偿发放制度

年份	计划发放总量	参与者	发放方式	底价设置	频率与日期	拍卖方式	未发放配额处理方式	流拍条件
2013	15646.5万吨	控排企业、新建项目单位	要求购买	固定价格	不定期	封闭式统一价格成交	用于最后两次配额有偿发放	无
2014	800万吨	控排企业、新建项目单位及投资机构	自愿竞价	阶梯底价	每季度末,共四次	封闭式统一价格成交	收回到市场调节配额,原则上不再用于配额有偿发放	无

续表

年份	计划发放总量	参与者	发放方式	底价设置	频率与日期	拍卖方式	未发放配额处理方式	流拍条件
2015	200万吨	控排企业、新建项目单位及投资机构	自愿竞价	与二级市场联动的政策保留价	每季度末，共四次	封闭式统一价格成交	收回到市场调节配额，原则上不再用于配额有偿发放	当申报总量小于计划发放量，所有申报均不成交，即流拍
2016	200万吨	控排企业、新建项目单位及投资机构	自愿竞价	与二级市场联动的政策保留价	每季度末，共四次	封闭式统一价格成交	收回到市场调节配额，原则上不再用于配额有偿发放	当申报总量小于计划发放量，所有申报均不成交，即流拍

资料来源：广州碳排放权交易所。

2. 二级市场交易

两种交易方式的具体规则如下①：

(1)挂牌点选

根据"价格优先、时间优先"的原则，交易配额的最小变动单位为1吨，交易报价的最小波动单位为0.01元/吨。采用价格涨跌幅限制制度，挂牌点选交易方式的成交价格须在开盘价±10%区间内。

(2)协议转让

单笔配额交易规模应达到10万吨或以上(其他有规定的交易业务除外)。双方通过协商达成一致并通过交易系统完成交易，采用价格涨跌幅限制制度，规定申报价格应不高于前一个交易日收盘价的130%，不低于前一个交易日收盘价的70%。

交易所对两种交易方式资金结算实行第三方存管制度，结算和交收由交易所统一组织进行。在当天交易结束后进行交易清算，每个交易日进行资金结算

① 广州碳排放权交易所：《广州碳排放权交易中心碳排放配额交易规则(2017年修订)》，2017年4月5日，见 http://www.cnemission.com/article/zcfg/bsgz/201704/20170400001267.shtml。

和交收的时间为15:30至17:00。

交易时间规定如下:

交易日为每周一至周五,每个交易日的9:30至11:30、13:30至15:30为交易时间(以交易系统服务器时间为准)。国家法定节假日和广州碳排放权交易所公告的休市日休市。

交易所实行碳排放配额持有量限制制度,交易参与人持有的配额数量不得超过规定的限额。

五、处罚制度

广东碳排放权交易试点采取"激励为主,惩罚为辅"的激励惩罚机制。激励措施主要包括项目激励、荣誉激励和金融激励。《管理办法》规定,同等条件下,支持已履行责任的企业优先申报国家低碳发展、节能减排、可再生能源发展、循环经济发展等领域的有关资金项目,优先享受广东省财政低碳发展、节能减排、循环经济发展等有关专项资金资助;定期向社会公布积极履约的企业。

同时,《管理办法》还对核查机构、交易所、政府管理部门行为进行规范,违规者处以罚款、处分等处罚,涉嫌犯罪的移送司法机关依法追究其刑事责任。处罚机制包括罚款、配额扣减、公告违规、纳入全省社会信用管理和全国金融征信系统等措施,加大了参与主体的违规成本[①]。

第三节　广东碳排放权交易试点制度设计特点

一、妥善处理政府与市场的关系

1. 制定公开透明的碳排放权交易市场政策体系

碳排放权交易市场是一个政策主导性较强的市场,政策体系是否公开透明

① 广东省人民政府:《广东省碳排放管理试行办法》,2014年1月15日,见http://zwgk.gd.gov.cn/006939748/201401/t20140117_462131.html。

对于保障市场的健康可持续发展至关重要。广东一直致力于建立维护公开透明的市场环境,及时公布相关政策文件和市场信息。从广东试点市场成立至今,每年度的配额分配方案均公开发布,公布内容包括配额总量、分配方法、分配因子、行业基准值、免费配额比例数量、调整机制、控排企业、新建项目企业名单等,是有效信息公布最多的试点地区之一。企业可依据配额分配方案直接预测算出自身年度排放配额量,并根据配额分配情况合理统筹安排全年的生产与经营,制定碳资产管理策略与方案,进而实现配额履约和投资的成本效益最大化。

2. 完善利益相关方的参与机制

广东在实施碳排放管理过程中,构建了多层次碳排放权交易管理体制,并不断完善各利益相关方的参与机制。

碳排放权交易管理体制方面。在广东省应对气候变化及节能减排工作领导小组、广东省开展国家低碳省试点工作联席会议制度的领导下,由广东省发改委应对气候变化处专门负责碳排放权交易试点组织实施、综合协调和监督工作,实行省市二级管理机制,并从相关支撑研究机构抽调人员成立广东省碳排放权管理和交易工作小组进行碳排放权交易机制研究与实施工作。

利益相关方沟通机制方面。一是组织召开多次座谈会,对涉及行业国家标准调整、有偿配额发放、活跃交易市场等重大政策的议题广泛听取行业协会、控排企业、研究机构、投资机构的意见,依据各利益相关方的意见做出决策,确保决策的公平性、科学性和有效性。二是建立配额评审委员会审议制度,年度配额分配方案均需提前经评委会评审,再提交广东省政府批准方可实施,其中评委会专家不得少于总人数的三分之二①,确保评审方案结果客观、公正。三是依托行业协会、研究机构、企业代表组建了四个行业配额技术评估小组,负责收集企业意见并及时向主管部门反馈,对配额管理工作提出意见建议。民主监督与协商机制既保证了政府能广泛听取各方意见建议,又对限制行政部门自由裁量权、为有效降低行政管理廉政风险发挥了重要的作用。

① 广东省人民政府:《广东省发展改革委关于碳排放配额管理的实施细则》,2015 年 2 月 16 日,见 http://www.gd.gov.cn/govpub/bmguifan/201503/t20150324_210857.htm。

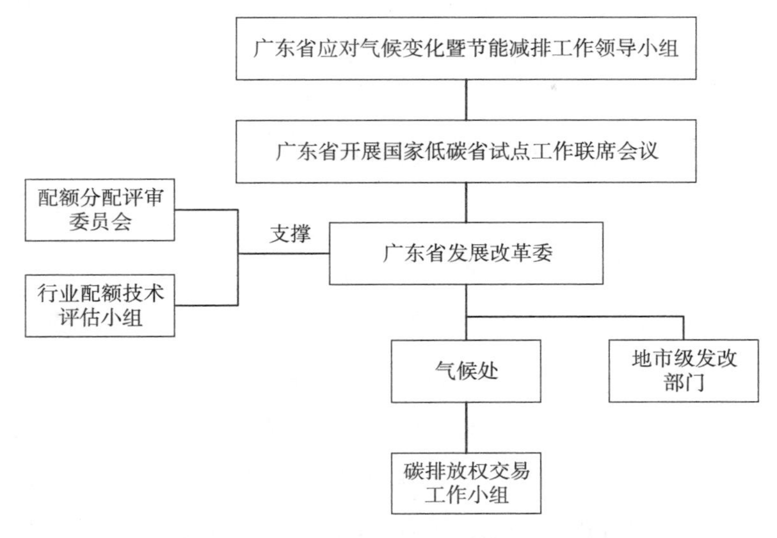

图 5.1 广东碳排放权交易试点组织管理及民主监督体系图

3. 充分发挥技术支撑机构的系统性支持作用

广东碳排放权交易试点由相对独立于政府、企业、第三方核查机构的技术支撑机构对配额分配方法、MRV 方法及其他政策进行系统把控。由于需考虑 MRV 方法效果与监测、核查、管理成本的平衡性，以及 MRV 方法与配额分配方法的高度关联性，涉及政府、企业、第三方核查机构间的利益博弈，因此，需要独立于三者的技术支撑机构进行均衡，以达到政策、技术、利益的平衡。此外，由技

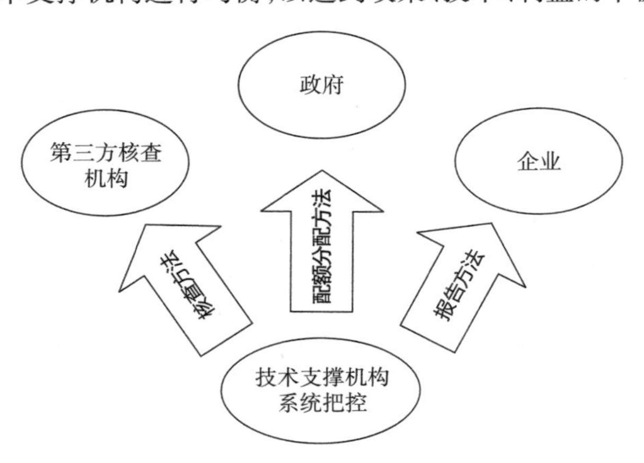

图 5.2 广东碳排放权交易试点技术支撑体系示意图

术支撑机构进行场景分析、形势分析，预测、预判市场配额情况，评估风险边界，做好预案提供给政府主管部门。

二、构建严格规范的报告核查管理体系

1. 搭建上下联动、协调统一的工作机制

考虑到广东碳排放权交易试点纳入企业分布范围较广、地区发展不平衡，实现统一直接管理的难度较大，广东建立了省市二级管理制度，充分调动地方政府部门的积极性，保证 MRV 制度的地方执行效果。在执行层面，地方发改部门具体负责组织辖区内企业碳排放报告工作，抽查排放报告，报告初审工作，省级主管部门负责总体统筹和最终的把关，让地方职能部门参与到相应的工作中，有利于迅速掌握和及时沟通各地市的企业，保障报告核查工作及履约管理的顺利执行。

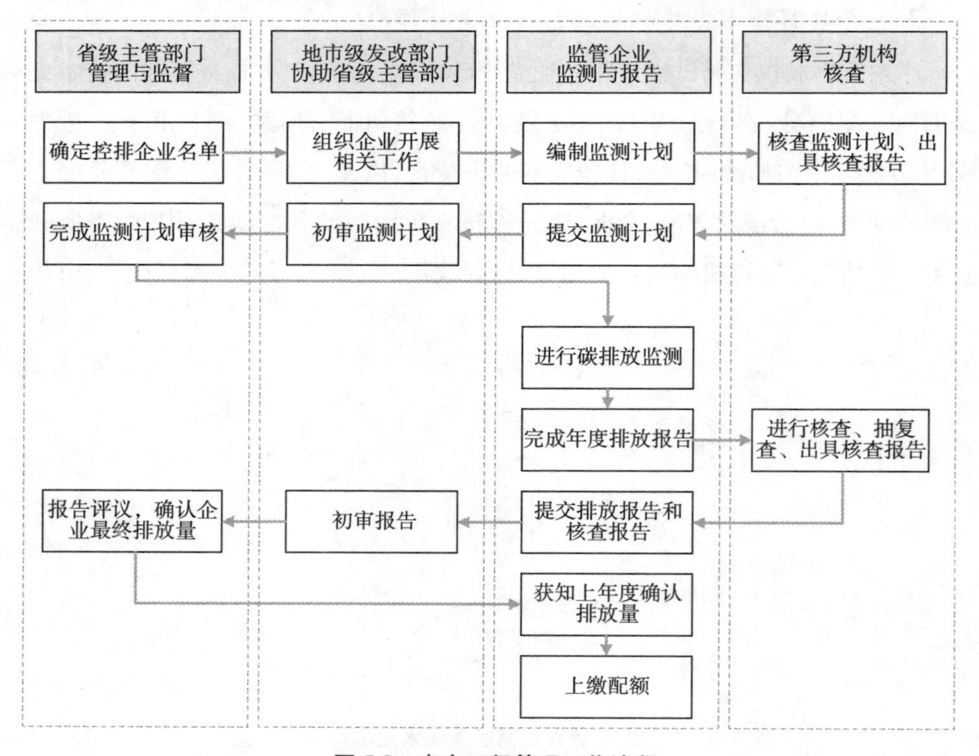

图 5.3　省市二级管理工作流程

为构建统一、规范、科学的排放核算体系，广东碳排放权交易试点组建报告核查技术联审小组与方法学编制工作小组，负责报告核查体系的框架设计及相关文件的编制执行工作。技术联审小组由广东省发改委应对气候变化主管部门牵头成立，负责碳排放报告核查体系的总体协调，下设牵头单位以及各行业方法法学编制单位、核查规范编制单位。牵头单位负责对各报告指南的编制进行总体把关与协调，组织各指南编制单位进行技术讨论和沟通交流，对各指南编制单位的分歧及时进行沟通协调，避免在指南文本上产生较大差异，影响指南的统一性，使覆盖10个行业的广东省碳排放报告指南具有较强的体系性，以保证不同行业排放量的等价性。联审小组根据实际情况不定期研究讨论行业核算指南等方法学文件，提交修改建议，提升报告指南的适用性。

2. 强化监测计划制度

广东碳排放权交易试点设置并强化了监测计划制度，强调数据的可追溯性，要求对企业排放数据来源、依据标准、监测频次、证明文件进行详尽细致的事前确定，进而规范企业的数据测量和收集处理，保持历年报告数据的可比性和数据来源的可追溯性，为后续碳排放核查提供依据。借鉴国外先进经验，广东在国内率先引入监测计划的第三方核查制度，提出了企业所编制的监测计划必须经过第三方核查机构严格核查，显著提高了数据的可靠性和可比性。

3. 不断加强报告核查能力建设

企业对碳排放权交易认识不足、报告能力有所欠缺，是碳排放权交易试点建设初期面临的较为突出的问题之一。广东碳排放权交易试点对加强碳排放权交易能力建设有着清晰的认识，采用专家讲师团模式，开展“走进地市”“走进企业”等年度常规能力建设活动，组织开展地市发展改革局（委）、控排企业、核查机构、交易从业人员等各类专题培训，试点启动以来，举办近30批次专题培训，累计培训人数达6000余人次。除常规化培训外，广东碳排放权交易试点在每年度企业报告核查前，专门组织专家负责MRV技术答疑工作，通过电话、邮件、网络咨询等渠道对企业报告及核查机构的核查工作提供指导。

4. 坚持严格规范的第三方核查机构管理制度

在核查机构的确定和任务分工上，广东碳排放权交易试点采取公开招标、政府委托、财政保障的办法组织核查工作，以确保第三方核查机构的独立性。发布核查任务分工后立即组织核查机构培训，明确本年度的核查工作要求与纪律，要求核查机构建立技术内审制度，并提供统一的技术内审表格以供参考。再者，通过考核机制对核查机构进行严格监管，包括绩效评价制度、核查机构信用档案制度以及黑名单制度。广东碳排放权交易试点将评议审核结果作为核查机构绩效评价的重要参考，依据《广东省碳排放信息核查工作管理考评方案（试行）》要求对核查机构的工作进行考核，核查机构绩效考核排名靠后的将影响其核查资质和任务分配，出现重大技术失误、违规行为等的机构将被黄牌警告、诫勉谈话，违规情节严重的将被列入核查机构黑名单并对外公布，采购名单调整期内不再委托该核查机构进行核查。广东对每家核查机构进行独立建档管理，档案内容包括核查机构基本情况、核查领域、核查任务完成情况（评议结果）、违规情况、处理意见等，将信用信息直接与任务分工挂钩。另外，广东还与中国人民银行签订了金融征信系统信息报送协议，核查机构和控排企业如有违规，其法人和所在机构的信息将全部报送到金融征信系统，对核查机构和控排企业产生了较强的震慑力。

三、不断提高配额发放的创新力度和市场化程度

1. 率先探索并持续创新配额有偿发放制度

广东是全国唯一实行配额有偿发放制度化的试点地区，从试点启动之初即确定了配额有偿分配机制，并逐步加大有偿分配比例。2013 年企业有偿配额比例为 3%，2014 年、2015 年、2016 年电力企业有偿配额比例提高到 5%，充分体现碳排放配额“资源稀缺、使用有价”的理念，有效提升了企业的碳资产管理意识。截至 2017 年 6 月 20 日，广东已开展 17 次配额有偿发放，平均每个履约期约 4 次，共计成交 1716 万吨、成交金额 8.04 亿元。同时，持续探索竞价价格机制，由固定底价优化至阶梯底价（每次拍卖底价逐步提升），并进一步优化至浮动底价（即政策保留价，取竞价发放前三个月二级市场平均成交价格），实现一级市场与二级市场交易价格挂钩，逐步起到发现碳价、联动市场的功能。

2. 避免经济波动影响的配额预发与限量核定制度

广东碳排放权交易试点实施碳排放总量控制和碳排放权交易的“总量—交

易”制度，在确保碳排放总量控制目标实现和碳强度逐年下降的前提下，通过引入预发配额机制，并考虑宏观经济的波动。履约初期发放预配额，履约期末根据核查结果进行产量修正，确定核定配额。产量修正遵循总量控制原则，结合企业实际情况，设置产量修正“天花板”，例如水泥熟料用于计算核定配额产量不可超过其核定产能的 1.3 倍。由于增减量来自于储备配额，因此并未增加配额总量。此举有效缓解了因经济自然波动而导致企业配额缺口过大或盈余过大的问题，使得企业的配额盈余和缺口主要取决于其技术水平，降低宏观经济的不确定性对碳排放权交易市场造成的负面影响，增强市场预期。

3. 逐步实现基准法的全覆盖

广东碳排放权交易试点自启动之初即以基准法为主进行配额分配，前期先选取产品较单一、生产工序可比性较强的电力纯发电、水泥、钢铁联合企业实行基准法，覆盖的企业配额占比约 60%，其余行业企业采用历史排放法。2015 年度，经过两年的数据积累，选取条件成熟、排放量占比较大的燃煤热电联产机组调整为基准法。实践表明，燃煤热电联产机组采用基准法，达到了兼顾公平、激励先进、惩罚落后的目的，避免了原来采用历史法导致的配额刚性、鞭打快牛等问题。2016 年度进一步将热电联产基准法推广至燃气热电联产机组，将两种产品（电力、热力）折算为统一产品，与纯发电机组采取同样的基准线，按预配额发放制度发放配额。新纳入的造纸、民航两个行业配额分配也以基准法为主，广东碳排放权交易试点基准法覆盖的企业配额占比达 92%，体现了配额分配的科学性。

4. 通过组合配额方法实现分配边界和核算边界的一致

与国内其他碳排放权交易试点相同，广东碳排放权交易试点碳配额分配边界和核算边界均为企业法人，但同一行业的企业覆盖产业链的长短存在差异。例如，少量水泥企业拥有矿山开采工序，大部分水泥企业则不涉及该工序。一般而言，由于熟料生产及水泥粉磨工序技术工艺较为成熟，碳排放强度具备可比性，满足基准法分配配额的条件，该部分碳排放量也占水泥生产企业绝大部分比例，而矿山开采部分碳排放水平与较多因素有关，设定排放基准值难度较大。因此，水泥企业配额分配无法统一采用基准法，统一使用历史法进行分配存在历史法本身的缺陷，若仅对碳排放量占比较大部分采用基准法也存在“碳泄漏”的风险。对此,广东创新采用“基准法+历史排放法”的有机组合方式,在配额分配方面,可比的工序按行业基准法进行配额分配,其余部分按历史排放法进行分配;在排放核算方面,强制按排放单元层级进行数据报告,但累加数需要和企业整体排放量相等,由此实现核算边界和配额分配的对接,确保数据质量,防止仅管控工序层次导致的企业内部的“碳泄漏”。

第四节 案例分析

一、案例分析 1——构建多层次报告方法学

自 2011 年启动低碳试点以来,广东碳排放全交易试点参考国外成熟经验,结合本地区的管理体制与政策需求,积极开展报告方法学研究,形成了科学有效的多层次报告方法体系。

1. 建设背景

在报告体系建立之初,由于与碳排放相关的政府数据收集体系不能完全满足碳排放计算数据的要求,且大部分数据收集系统并无核查要求,数据的真实性和有效性有待评估,因此,试点启动前期须付出较大成本建立适用于碳排放权交易的碳排放数据收集体系。在体系建设研究阶段,对比国内外发展较为成熟的碳排放数据收集体系,广东建设具有本土特色且与国际接轨的科学 MRV 体系面临了一系列挑战与困难,具体表现为:

(1)企业监测基础差异大,报告能力有限

广东地域辽阔,区域发展水平不均衡,不同行业间差异性较大,即便在同一行业内,企业在产业链中所处位置、生产工艺、技术水平、监测水平、发展阶段和规模等方面也会存在差异。统计广东纳入碳排放权交易试点范围的企业热值的实测率可知,电力、水泥、造纸行业的总体实测率较高,行业内部监测水平差异较小;化工等行业的实测率较低。此外,企业对碳排放相关数据质量保证没有足够

的重视，提升监测水平的意愿不强。

（2）配额方法设定、配额核算和配额履约的数据需求不一致

配额分配的数据需求总体可分为三部分，分别为配额方法设定、配额量核算及配额履约。对于配额方法的设定，基准法需要足够细分的工序和产品数据以确保同行业范围内不同企业的可比性，历史强度法需要足够细分的主营产品数据以确保与企业自身不同年份可比性，而历史总量法则需要企业整体的排放量数据[①]。同理，配额量核算也需要与配额方法对应层次的数据。而配额履约边界为企业法人，仅需要企业分配边界的整体排放量。因此，不同目的的数据需求层次不一致，若不事先设计好 MRV 体系，在运行后期才对企业提出不同的报告要求，将增加企业的报告成本。

（3）需要考虑管控边界演变的适应措施

碳排放权交易体系具有动态调整的特征，长期而言政策具有弹性。随着碳排放权交易市场的深入推进，企业碳资产管理意识逐步增强，监测水平逐步提高，将推动配额分配方法进一步向更科学的基准法演变，MRV 管控边界可能精细到设施、工序层面。对于民航等跨行政区移动源、集团管理制度传统以及与国际接轨需求的特殊行业，管控边界会可能上升至集团层面。且随着碳排放权交易市场的发展，对于碳排放权交易市场的政策管控需求有可能进一步上升至为行业或地区的低碳发展提供宏观决策依据。因此，MRV 体系的设计需要预估管控边界的演变趋势，适应管控边界变化的数据层次需求，以避免后期政策文件或配套报告系统平台的频繁调整。

2. *多层次报告方法的设计*

为构建满足多样化的政策与报告需求，广东碳排放权交易试点首次提出"多层次"的碳排放报告体系，即在 MRV 体系报告方法的设计中引入层次的概念，对报告边界及核算方法提出多种解决方案。核心内涵包括两个方面：一是推进报告数据的精细化程度；二是通过机制设计引导企业向有利于提高数据质量

---

① Buchner, B.K., Carraro, C., & Ellerman, A.D., "The Allocation of European Union Allowances: Lessons, Unifying Themes and General Principles", FEEM Working Paper No.116.06, 2006, https://papers.ssrn.com/sol3/papers.cfm? abstract_id=929109.

的方向发展，鼓励其逐步建立碳排放数据统计及计量制度。

（1）设置多层级报告主体

在报告层级上，构建多层级报告主体[①]（见图 5.4），以排放单元为核心，通过不同维度和层级进行数据汇总以满足不同的政策和企业需求。首先构建 MRV 与配额分配的基础核算对象“排放单元”。向上汇总时，可根据排放单元的经济社会、技术、地理、新旧等属性，选择企业/行业/区域等维度进行汇总，以适应不同的政策管控需求。向下细分时，可细分为不同的排放设备，如锅炉、回转窑、常压炉等，满足企业碳排放报告及政府管控进一步精细化的需求。在多层次报告层级的框架下，温室气体总排放量可表示为：

$$E = \sum_{G,S,W,X=a}^{m}\left(\sum_{i=1}^{n} U_{i,G,S,W,X}\right)$$

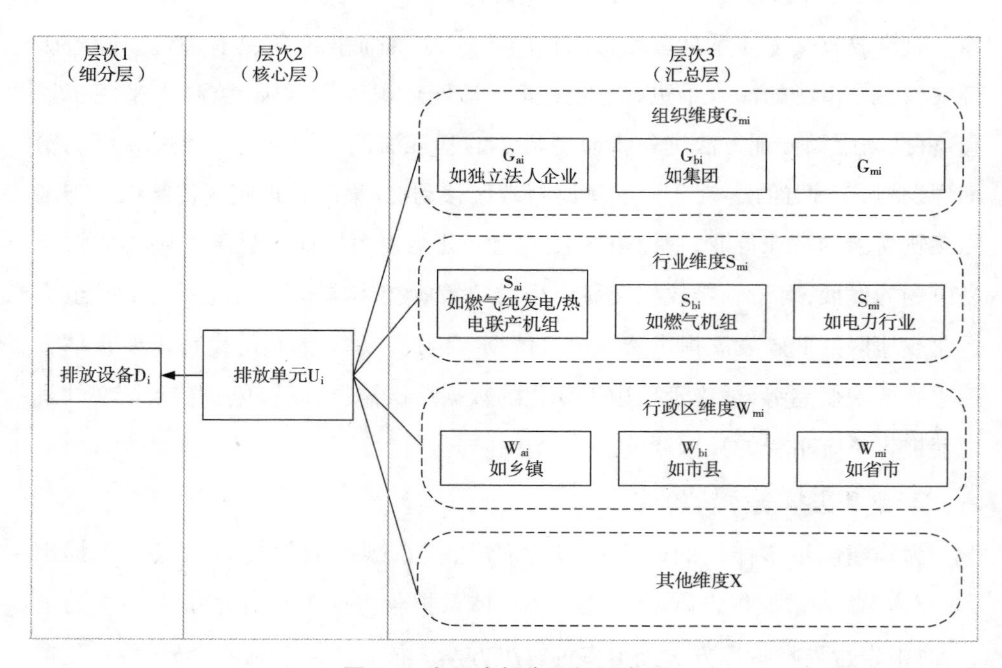

图 5.4　多层次报告层级示意图

① “企业”层级指企业整体；“排放单元”指具有相对独立性的二氧化碳排放设备组合，一般指单个工序、工段、系统，如发电机组；“排放设备”指产生直接或者间接二氧化碳排放的生产设备和用能设备。

其中,E——排放量;U——排放单元;G——组织维度,例如独立法人企业、集团等;S——行业维度;W——行政区位图;X——其他维度,例如建设年份等;i——个数,1、2、3…n;m——层次,a,b,c…m。

在报告主体数据要求上,对规模大或监测基础较好的企业,报告数据精细至排放单元、排放设备。对于规模小或监测基础薄弱的企业,报告企业整体数值,但鼓励企业尽量报告更精细层级的数据。对于按企业内部单元的基准法分配的行业企业,强制其按照排放单元或设备层级进行报告。

(2)提供多层次核算方法

在碳排放量核算上,提供多层次的计算方法。启动初期梳理企业现有数据基础,与企业原有计量体系充分结合,降低 MRV 体系的建设成本。对于热值、排放因子等数据,鼓励企业开展实测,但对于监测水平较低的企业,可给出对应缺省值供选用。再者,尝试通过机制设计促使企业自发提高监测水平。由于数据越准确,需要投入的测量和管理成本就越高,因此在指南附录提供缺省值参考时,考虑对于部分缺省值存在合理区间的含碳能源或物料,设高值以鼓励企业进行实测。同时强化监测计划与数据审核制度,要求企业不得降低监测要求,若企业由实测值改为缺省值,则涉及监测计划的变更,需要进行严格的核查过程。

3. 实践成果与意义

(1)完成 7 个年度碳排放数据报告,支撑试点碳排放权交易运行

广东碳排放权交易试点编制印发的《广东省企业碳排放信息报告与核查实施细则》以及报告指南中充分实践了多层次的报告理念,支持试点完成 10 个行业、约 700 家企业碳排放数据收集,并作为碳排放权交易控排企业配额履约依据,有效支撑了广东碳排放权交易试点的良好运行。

(2)助力其他核心机制的完善,健全碳排放权体系建设

企业依据细则和指南开展碳排放精细化管理,使得广东试点在其碳排放权交易市场运行之初便收集了大量不同层级的碳排放数据,为研究基准线配额分配方法提供了重要的数据积累。此外,由于技术指南框架中设置了多层级的报告方法以满足不同的数据报告需求,避免了由于数据需求变化而导致的政策文件更改,保障了政策的延续性,基于此报告层级的框架设计开发的报告系统,在

面临后续的数据层级需求变更时只需进行微调，大大节省了建设开发成本。

(3)多维度统计分析，支撑广东省低碳发展宏观决策

广东省企业碳排放信息报告与核查系统支持基于时间、空间、区域、行业和企业5个维度的统计分析，并产出各年度广东的碳排放统计分析结果，形成数据分析报告，有效支撑了广东的低碳发展宏观决策。

(4)为企业低碳发展与转型提供数据支撑

自广东2013年对电力、水泥等重点行业企业实施碳排放报告机制以来，根据2015年广东省发改委组织的企业调查可知，约54%的企业已形成企业内部碳排放数据管理制度，有助于企业了解自身排放情况与结构，为其分析减碳潜力、制定低碳发展战略奠定了数据基础。

广东多层次报告体系在设计和实践过程积累了丰富的经验，获得国内外专家的高度认可，可为全国碳排放权体系建设提供了有益的经验参考。

二、案例分析2——广东碳排放权交易试点配额有偿发放制度

广东碳排放权交易试点从启动之初率先实行了一级市场拍卖的有偿分配机制，在充分总结国外成熟碳排放权交易体系的经验和教训的基础上，逐步建立了一套有效的有偿发放管理机制。

1. 制度建立背景

配额有偿发放是国际成熟碳排放权交易市场的普遍做法，符合资源有偿使用的精神。配额的有偿发放，对碳排放权交易体系具有重要作用：首先，通过有偿发放方式分配碳排放权从根本上遵循了"污染者付费"的原则，体现了资源的有偿使用，通过竞争手段有效配置资源的方式，使得资源得到最优开发和利用；其次，配额的有偿发放为碳排放权交易市场带来了一定的公共收入，可以将该部分收入用于低碳开发项目，如设立节能减排基金、用作碳排放权交易体系建设基金、用于战略性低碳技术的研发补贴等，形成了良性循环；此外，配额有偿发放可以作为调控机制，局部调整市场的供求关系，帮助发现碳配额价格，释放市场信

号。当市场价格过高时，政府预留的配额便可以通过拍卖的形式流入市场，从而增加市场上配额的供给量，有效缓解供给压力；相反地，若供给大于需求，拍卖中没有卖出的配额将会存入政府预留配额中，减少市场中配额的供给量①。

综上，为建立有效的碳排放权交易市场，体现"多排者付费，减排者获益"的原则，借鉴国外成熟碳排放权交易体系配额发放制度，广东碳排放权交易试点引入配额的有偿发放机制。考虑到启动初期完全通过有偿分配机制对碳排放权进行分配，会对参与减排的企业和资源密集型产业形成较大的冲击②，增加企业参与成本，既不利于碳排放权交易的推广，也不利于建立一个稳健、有序的市场，因此，为减少企业抵触情绪，尽快形成有效的排放交易体系，广东在体系建设初期采取了有偿分配与免费分配结合的分配方式，在运行过程中逐步实现市场化。

2. 有偿发放机制设计与完善

广东碳排放权交易试点一级市场的配额有偿发放制度经历了一个不断完善的过程，逐步形成了成熟有效的有偿发放机制，建立起一级市场价格与二级市场价格联动的定价机制，实现了碳配额的价格和存量的双稳定。

（1）机制初步设计（2013 年度）

2013 年度广东首次执行配额有偿分配政策规定，企业配额实行部分免费发放和部分有偿发放，首年度免费比例统一为 97%，强制要求企业购买其余 3%的配额，且将竞买底价固定为 60 元/吨，首年度不允许机构投资者参与配额竞价。该政策设定通过强制性的行政手段让控排企业在进入市场初期就认识到配额的有偿性，并释放出一个强烈的价格信号，但也不可避免地加大了企业的履约压力。由于碳排放权交易市场尚在启动初期，二级市场供求关系尚未形成，市场上暂时无法得出可靠的基准价格，政府定价无疑是建立市场预期的有效辅助工具。

（2）政策完善（2014—2015 年度）

为增强市场活跃度，2014 年度配额竞价政策在 2013 年的基础上实现了突

---

① 陈波、孟萌：《基于最优拍卖数量和资金再分配模型的碳排放权交易市场有偿分配机制研究》，《中国人口·资源与环境》2016 年第 8 期。

② Harrison, D., Jr, & Radov, D.B., "Evaluation of Alternative Initial Allocation Mechanisms in a European Union Greenhouse Gas Emissions Allowance Trading Scheme". *Environmental Policy Collection*, 2002.

破性调整。首先，不再强制控排企业购买有偿配额，减轻企业负担，提高企业参与的自主性。其次，制定年度竞价方案，允许机构投资者进入市场，规定了全年度有偿配额分配的总量和拍卖次数等具体竞价活动安排。金融机构的加入丰富并优化了交易主体的结构，竞价方案的提前公布给予企业一个购买预期，进一步扩大了交易需求。再者，制定更加灵活的竞价发放机制，不再采用固定价，改为阶梯上升式底价，同时将电力行业企业有偿比例从3%提高到5%。经过此轮调整，促使了控排企业尤其是电力企业更有动力加强自身碳排放管理能力，在履约早期规划出年度竞价方案。较固定底价而言，阶梯上升拍卖底价的方式在一定程度上起到了活跃一二级市场的目的，但依然无法反映市场主体对碳价的心理预期，从而导致当年度一二级市场联动较差。

针对一级市场拍卖成交价与二级市场交易价格脱钩的情况，考虑到通过行政定价的做法虽然能快速建立价格信号，但无法形成长期有效的价格指导作用，2015年，广东对配额有偿发放政策做了进一步调整，取消拍卖底价，并提取竞价发放前三个月二级市场平均成交价格作为政策保留价，实现了一二级市场价格的有效联动，发挥了市场的定价功能和资源配置的作用。这种市场化的定价方式有效反映了市场的真实需求，使得一二级市场价格建立起了一种科学紧密的联系机制（联动性达90%）①，为企业和投资者参与市场交易提供了灵活的选择。经过政策保留价与二级市场价格联动机制的有效尝试，广东碳市场竞价机制逐渐步入成熟模式。

3. 实践成果与意义

（1）优化市场定价机制，促进形成有效市场

截至2016年6月20日履约期结束，广东已开展17次配额有偿发放，平均每个履约期约4次，共计成交1716万吨、成交金额8.04亿元，具体竞价实施情况如表5.3所示。

---

① 广州碳排放权交易所、安迅思：《2013—2015年度广东碳市场评价及中国碳市场投资分析》，2017年5月15日，见 http://www.cnemission.com/article/jydt/scyj/201705/20170500001284.shtml。联动性指数定义为一、二级市场价格标准差，该指数越高表示市场价格越有效，计算方法参见引文第14页。

表 5.3　2013—2016 年度广东配额有偿发放竞价情况

时间	发放的有偿配额量	有效申报量	总竞买人数	成功竞买人数	竞买总量	竞买底价（政策保留价）	最高申报价	最低申报价	最终竞买统一价	总成交金额
2013/12/16	300 万吨	507.3921 万吨	56	28	300 万吨	60	81	60	60	180000000 元
2014/1/6	500 万吨	389.2761 万吨	46	46	389.2761 万吨	60	65	60	60	233565660 元
2014/2/28	200 万吨	113.0557 万吨	24	24	113.0557 万吨	60	80	60	60	67833420 元
2014/4/3	360 万吨	52.8884 万吨	19	19	52.8884 万吨	60	65	60	60	31733040 元
2014/4/17		67.9471 万吨	22	22	67.9471 万吨	60	62	60	60	40768260 元
2014/5/5		52.8796 万吨	39	39	52.8796 万吨	60	72	60	60	31727760 元
2014/6/25	186.5 万吨	136.287 万吨	46	46	136.287 万吨	60	73	60	60	81772200 元
2014/9/26	200 万吨	322.0963 万吨	33	19	200 万吨	25	35	25	26	52000000 元
2014/12/22	100 万吨	701442 吨	12	12	701442 吨	30	37	30	30	21043260 元
2015/3/27	100 万吨	422461 吨	7	7	422461 吨	35	37.05	35	35	14786135 元
2015/6/10	300 万吨	314643 吨	2	2	314643 吨	40	45	40	40	12585720 元
2015/9/21	30 万吨	1041657 吨	19	4	30 万吨	12.84	20	12.85	16.1	4830000 元
2015/12/21	30 万吨	468067 吨	9	7	30 万吨	12.8	18.2	12.8	15	4500000 元
2016/3/29	50 万吨	554299 吨	9	8	50 万吨	12.69	16.49	12.69	12.69	6345000 元
2016/6/8	90 万吨	256755 吨	5	0	0	12.27	16.5	12.27	0	0
2016/9/21	50 万吨	858117 吨	/	10	50 万吨	9.37	15	9.37	9.88	4940000 元
2017/1/4	50 万吨	1895500 吨	/	3	50 万吨	11.27	16.2	11.27	15	7500000 元
2017/3/27	50 万吨	787000 吨	/	4	50 万吨	16.09	19.56	16.09	16.5	8250000 元
2017/6/5	50 万吨	15 万吨	/	0	0	15.15	16.5	15.15	0	0

资料来源：广州碳排放权交易所。

由表5.3可知，广东碳排放权交易试点每年度首次竞价均全部成交，配额竞价出现供不应求状态。2014年度第一次有偿发放出现竞价溢价的情况（成交价高于竞价低价），2015年度出现2次，2016年度出现3次，这说明一级市场日趋完善，参与者交易意识变强，价格发现功能不断增强，且随着配套机制和二级市场的逐渐成熟，常态化的有偿发放越来越完善，特别是实施政策保留价政策后，一二级市场联动性增强，使得竞买价处于一个理性的区间，避免市场出现非理性竞价行为导致竞价机制失灵，同时竞价信号对二级市场的量价产生了正向引导作用，使交易参与者认为当前市场看涨，有效提高了二级市场交易效率，增加了广东碳排放权交易体系的市场流动性。2015年以来，由于二级市场和一级市场的联动性加强，价格发现机制日趋稳定，二级市场波动性幅度收窄，交易量持续增加，广东碳排放权交易体系趋向理性与成熟。

（2）体现资源有偿使用，提高企业碳资产管理意识

广东碳排放管理交易体系有偿发放方式体现了资源的有偿使用，帮助企业形成碳资产管理意识，避免了由于免费发放所造成的由政府和公众为温室气体的排放买单的情形。从四个履约年度来看，一级市场交易前几次竞拍较为踊跃，而履约年度后期的一级市场竞拍则较为平静，且2015年度、2016年度最后一次竞买均出现流拍。这说明企业对碳排放权交易的重视程度有所提升，自主管理碳资产意识不断增强，提前布局碳排放权交易的动机较为明确，倾向于在履约年度前期完成有偿配额的竞买，以降低市场风险。

（3）探索有偿发放收入用于支持减排，形成资金循环利用的模式

除了发现价格，短期内调控供求关系外，配额有偿发放的收入可投向低碳领域，创造“双重红利”，形成创造性的循环。通过借鉴国外成熟的碳排放权交易市场成熟经验，广东碳排放权交易试点探索将其有偿配额发放收入用于应对气候变化工作。通过探索设立低碳发展基金，将有偿收入反哺社会，用于支持企业碳减排、碳排放权交易市场建设等，同时吸引社会资本投入广东省低碳发展工作领域，探索碳排放配额有偿发放收入资金市场化运作长效机制，以降低全社会的总体减排成本，实现资金循环利用，促进碳排放权交易市场的有效运行和可持续发展。

第五节　广东碳排放权交易试点运行过程中面临的挑战及应对

一、缺乏上位法的支撑，法律约束力有限

碳排放权交易市场是一个政策主导性较强的市场，强力有效的法规制度体系对于保障市场的健康可持续发展至关重要。与北京碳排放权交易试点以地方人大颁布《关于北京市在严格控制碳排放总量前提下开展碳排放权交易试点工作的决定》、深圳碳排放权交易试点利用特区立法权颁布地方性法规相比，广东碳排放权交易试点具体工作的部署按照广东省政府令印发的《广东省碳排放管理试行办法》进行，属于地方行政规章和政策的范畴，保障和约束力度有限。在处罚制度上，政府规章只能设定警告和一定数额的罚款，惩罚力度有限[①]。为了进一步加强碳排放权交易机制的执行落实，广东进一步完善管理机制，加强企业履行责任的内在动力和外部压力。一是加强企业能力建设，并通过建立配额评估小组和评审委员会提供企业反馈意见的渠道，使企业更易于遵照执行碳排放权交易政策。二是通过媒体公告，以及将企业违规情况纳入全省社会信用管理和全国金融征信系统，增加了企业不履约的成本。三是碳排放权交易工作小组和地市发改在履约期各关键节点敦促企业推进履约进度，从各个环节加大监管力度。

二、启动初期报告方法与配额分配需求不匹配，导致报告工作重复进行

配额分配方法的设定与数据基础紧密相关，当采用基准法进行免费配额分

① 广东省人民政府：《广东省行政处罚听证程序实施办法》，1999 年 11 月 15 月，见 http://zwgk.gd.gov.cn/006939748/200909/t20090915_11214.html。

配时,该基准值的设置需要评估企业内部工序、生产线的数据。因此,为支撑碳排放权交易配额分配与履约,MRV 体系不仅需要关注企业整体的排放量,还要对企业内部单元的碳排放相关数据进行核算。广东碳排放权交易试点启动初期,盘查阶段排放核算的数据层级与后期配额分配计算层级不直接对应,缺失设施水平的数据成为广东碳排放权交易试点启动初期在配额分配研究过程中面临的问题,导致在历史数据收集后期对企业提出重复报告要求,造成了一定程度的资源浪费。

为解决历史数据报告及配额分配方法设定两个阶段数据需求不匹配的问题,广东碳排放权交易体系在启动后对 MRV 技术文件重新进行梳理和完善,同时健全了相应的组织和管理机制。因此,为保障碳排放权交易体系的顺利启动,首先应统一报告与配额分配数据需求,建设统一标准的 MRV 报告方法,逐步完善排放数据库建设,增强重点排放企业温室气体排放监测和报告能力,从而制定出科学合理的配额分配方法,保障碳排放权交易体系的健康发展。

三、碳排放权交易机制有待与财政政策相协调

构建碳排放权交易体系是一项极其复杂的系统工程,涉及从政策法规制定、MRV 体系构建、配额分配方案设计、管理体系构建到市场运行等多个环节,在每一环节的工作机制设定中,还需处理好与其他相关制度的衔接,避免出现脱节或冲突,保证碳排放权交易机制的各项政策落到实处。广东碳排放权交易试点是我国第一个同时开启配额有偿发放、配额交易的试点,这也为广东试点带来了碳排放权交易与财政政策如何有机协调的难题,包括配额有偿发放收入如何使用、企业如何进行财务处理以及相关税务部门税收征缴和减免的问题。按照我国政府非税收入收支两条线管理的规定,配额有偿发放所得收入作为非税收入,应统一纳入政府预算体系管理和使用,严格的财政政策对广东试点启动初期有偿收入的使用产生了一定限制,试点前期相关资金难以及时运用到当年度节能减碳的支撑工作中。而碳排放权交易的会计处理,一直是各试点纳入控排企业碳资产会计管理工作面临的难题。由于试点初期国内尚未出台与碳排放权相关的会

计准则，导致了企业在碳排放权交易市场交易使用的资金无法合理入账等问题，为企业参与碳排放权交易造成了一定障碍。

为统筹协调广东碳排放权交易机制与相关财政政策，广东碳排放权交易试点采取了积极探索和尝试。在有偿收入的使用机制设计方面，研究设立了省级低碳发展基金，探索与其他机构联合设立子基金的市场化运作，引导社会资金共同支持节能减碳工作，形成资金的循环利用机制。对于碳排放权交易收入与财政税收政策的协调，广东结合控排企业的碳排放权交易财务处理实践，对国内外碳排放权交易财务和税务处理方式进行研究。国家为了配合试点碳排放权交易工作的开展，研究制定了《碳排放权交易试点有关会计处理暂行规定（征求意见稿）》①，探索碳排放权交易试点地区参与碳排放权交易机制的企业有关业务的会计核算方式，为今后国家碳排放权交易体系处理同类问题提供了解决方案参考。

第六节　广东碳排放权交易试点对全国碳排放权交易市场建设的启示

一、构建完善的利益相关方沟通机制

全国碳排放权交易体系建设涉及众多利益相关方，包括中央和地方政府、其他政府部门、企业、行业协会、研究机构、投资机构、核查机构等，覆盖面广、各方利益诉求复杂，制定可操作性强、符合各方利益的交易制度的前提是建立完善的利益相关方参与机制。参考广东碳排放权交易试点各方沟通协调机制设计，国家层面可搭建各单位的双向沟通平台，加强组织领导，完善公众参与机制。具体可在国家层面成立全国碳排放权管理和交易工作小组，作为各方沟通和协调平

① 中华人民共和国财政部：《关于征求〈碳排放权交易试点有关会计处理暂行规定（征求意见稿）〉意见的函》，2016 年 9 月 23 日，见 http://kjs.mof.gov.cn/zhengwuxinxi/gongzuotongzhi/201610/t20161011_2433279.html。

台。工作小组承担与利益各方具体对接工作，并将有效信息及时反馈至主管部门、研究机构及相关机构，对各研究机构研究方案进行把关，确保政策的系统性。在各项机制的设计及完善过程中，充分发挥行业协会联系企业和政府的纽带作用，具体可通过组建由行业协会、研究机构、控排企业等组成评估委员会等形式参与到 MRV 制度、配额分配方案设定中，确保各项制度符合各行业实际，保障各项制度顺利推行。

二、建立制度设计的持续优化机制

在全国碳排放权交易市场建设的初级阶段，国家主管部门对全国碳排放权交易市场的管理机制及技术体系进行了基本的顶层设计，包括碳排放权交易市场建设工作文件、管理条例、MRV 技术指南等，为全国碳排放权交易市场建设推进提供了有效指导。而由于碳排放权交易机制属于一项正在探索的改革措施，随着全国碳排放权交易市场的付诸实践，不可避免会遇到新的情况和问题，可能需要进行制度调整。因此，可事先树立"先易后难、循序渐进"的理念，在政策颁布前应做好调研与试点试用，并做好政策完善优化的预期，并于颁布后保持定期优化更新。优化更新的过程并非随意变更，需要通过完善有效的沟通平台征求意见，使利益相关方产生调整预期，通过政策制定的公众参与过程对优化更新措施进行审核，确保"调"而不"乱"。

三、兼顾考虑纳入主体的差异性

由于碳排放权的分配关系到控排范围内行业企业的经济发展与环境保护之间的协调，因此政策制定过程中在保证正向激励、注重效率的前提下，还需要考虑不同排放者之间的公平问题、不同行业历史排放和经济发展的差异，促使纳入控排行业的平稳发展和有序升级。我国幅员辽阔，区域发展不平衡，纳入企业数量众多，面临行业间、企业间技术水平、监测水平、效益水平等方面的巨大差异。如果政策制定时对企业的差异性欠缺考虑，直接采用"一刀切"的方式，将会对企业产生较重的减排压力，不利于碳排放权交易市场建设初级阶段制度的落实。因此，国家在进行碳排放权交易配额分配、报告核查等机制设计时，在确保"鼓励先进、惩罚落后"、促进减排的政策前提下，应兼顾考虑纳入主体的差异性。报告核查方面，设置不同层级的报告要求适应不同规模、监测水平的企业的数据基础，同时通过机制设计引导企业向精细化报告的方向发展，鼓励其逐步建立碳排放数据统计及计量制度，逐步提高其数据收集和报告能力。配额分配方面，设定各行业基准线时研究各区域、行业、企业的实际情况，在考虑总体减排压力、配额均衡之外，关注极端个例，从多个角度、层次分析基准线、减排系数合理性，最终设置差异化的配额分配系数，例如对不同行业设置不同的免费配额比例，电力行业根据燃料类型、装机容量、压力参数、是否为循环流化床等因素设置基准线等。

（本章作者：广东省应对气候变化研究中心）

参考文献

参见广东统计信息网：《广东统计年鉴》，见 http://www.gdstats.gov.cn/tjsj/gdtjnj/。

《碳交易面临"三重门"》，2011 年 11 月 21 日，中国新闻网，见 http://www.chinanews.com/ny/2011/11-21/3473894.shtml。

《图解：广东省碳排放权交易试点分析报告（2016—2017）》，2017 年 8 月 18 日，广东应对气候变化网，见 http://www.gdlowcarbon.gov.cn/dtgz/tjy/tpfqjysd/201708/t20170818_405560.html。

广东省人民政府：《广东省碳排放权交易试点工作实施方案》，2012 年 9 月 7 日，见 http://zwgk.gd.gov.cn/006939748/201209/t20120914_343489.html。

广东省人民政府：《广东省碳排放管理试行办法》，2014 年 1 月 15 日，见 http://zwgk.gd.gov.cn/006939748/201401/t20140117_462131.html。

广东省人民政府：《广东省发展改革委关于碳排放配额管理的实施细则》，2015 年 2 月 16 日，见 http://www.gd.gov.cn/govpub/bmguifan/201503/t20150324_

210857.htm。

广东省人民政府:《广东省发展改革委关于企业碳排放信息报告与核查的实施细则》,2015 年 2 月 16 日,见 http://www.gd.gov.cn/govpub/bmguifan/201503/t20150324_210858.htm。

广东省发展和改革委员会:《广东省发展改革委关于做好 2014 年度企业碳排放信息报告核查和配额清缴履约相关工作的通知》,2015 年 2 月 6 日,见 http://www.gddrc.gov.cn/zwgk/ywtz/201502/t20150209_417849.shtml。

广东省发展和改革委员会:《广东省发展改革委关于印发〈广东省碳排放权配额首次分配及工作方案(试行)〉的通知》,2013 年 11 月 25 日,见 http://www.gddrc.gov.cn/zwgk/ywtz/201311/t20131126_417992.shtml。

广东省发展和改革委员会:《广东省发展改革委关于印发〈广东省 2016 年度碳排放配额分配实施方案〉的通知》,2016 年 7 月 8 日,见 http://www.gddrc.gov.cn/zwgk/zcwj/gfxwj/201607/t20160708_422536.shtml。

广东省发展和改革委员会:《广东省发展改革委关于印发〈广东省碳排放权配额首次分配及工作方案(试行)〉的通知》,2013 年 11 月 25 日,见 http://www.gddrc.gov.cn/zwgk/ywtz/201311/t20131126_417992.shtml。

广东省发展和改革委员会:《广东省 2014 年度碳排放配额分配实施方案》,2014 年 8 月 18 日,见 http://www.gddrc.gov.cn/zwgk/zcwj/gfxwj/201501/t20150128_422440.shtml。

广东省发展和改革委员会:《广东省发展改革委关于印发〈广东省 2015 年度碳排放配额分配实施方案〉的通知》,2015 年 7 月 13 日,见 http://www.gddrc.gov.cn/zwgk/ywtz/201507/t20150713_417933.shtml。

广东省发展和改革委员会:《广东省发展改革委关于印发〈广东省 2016 年度碳排放配额分配实施方案〉的通知》,2016 年 7 月 8 日,见 http://www.gddrc.gov.cn/zwgk/ywtz/201607/t20160708_418076.shtml。

《广东碳市场机制建设:将公开透明放在首位》,2016 年 7 月 28 日,南方网经济频道,见 http://economy.southcn.com/e/2016-07/28/content_152534880.htm。

《图解:广东省碳排放权交易试点分析报告(2016—2017)》,2017 年 8 月 18

日,广东应对气候变化网,见 http://www.gdlowcarbon.gov.cn/dtgz/tjy/tpfqjysd/201708/t20170818_405560.html。

《图解:广东省碳排放权交易试点分析报告(2016—2017)》,2017 年 8 月 18 日,广东应对气候变化网,见 http://www.gdlowcarbon.gov.cn/dtgz/tjy/tpfqjysd/201708/t20170818_405560.html。

广东省发展和改革委员会:《关于印发〈广东省碳排放权交易试点 2016 年度核查相关工作考评结果〉的通知》,2017 年 10 月 10 日,见 http://www.gddrc.gov.cn/zwgk/ywtz/201710/t20171010_418313.shtml。

广东省发展和改革委员会:《关于开展广东省碳排放管理有关企业历史碳排放信息报告工作的通知》,2015 年 9 月 23 日,见 http://www.gddrc.gov.cn/zwgk/ywtz/201509/t20150923_417945.shtml。

中华人民共和国财政部:《广东省重点企(事)业单位碳排放核查、盘查服务资格中标公告》,2015 年 3 月 9 日,见 http://www.mof.gov.cn/xinxi/difangbiaoxun/difangzhongbiaogonggao/201503/t20150309_1199829.html。

《广东省重点企(事)业单位碳排放核查、盘查服务资格(增补)项目中标公告》,2016 年 8 月 31 日,中国采招网,见 http://www.bidcenter.com.cn/newscontent-30497144-4.html。

广州碳排放权交易所:《广州碳排放权交易中心碳排放配额交易规则(2017年修订)》,2017 年 4 月 5 日,见 http://www.cnemission.com/article/zcfg/bsgz/201704/20170400001267.shtml。

广东省人民政府:《广东省碳排放管理试行办法》,2014 年 1 月 15 日,见 http://zwgk.gd.gov.cn/006939748/201401/t20140117_462131.html。

广东省人民政府:《广东省发展改革委关于碳排放配额管理的实施细则》,2015 年 2 月 16 日,见 http://www.gd.gov.cn/govpub/bmguifan/201503/t20150324_210857.htm。

Buchner, B. K., Carraro, C., & Ellerman, A. D., "The Allocation of European Union Allowances: Lessons, Unifying Themes and General Principles", FEEM Working Paper No. 116. 06, 2006, https://papers.ssrn.com/sol3/papers.cfm?

abstract_id=929109,pp.10-11.

陈波、孟萌:《基于最优拍卖数量和资金再分配模型的碳排放权交易市场有偿分配机制研究》,《中国人口·资源与环境》2016年第8期。

Harrison, D., Jr, & Radov, D. B., "Evaluation of Alternative Initial Allocation Mechanisms in a European Union Greenhouse Gas Emissions Allowance Trading Scheme", *Environmental Policy Collection*, 2002.

广州碳排放权交易所、安迅思:《2013—2015年度广东碳市场评价及中国碳市场投资分析》,2017年5月15日,见 http://www.cnemission.com/article/jydt/scyj/201705/20170500001284.shtml。

广东省人民政府:《广东省行政处罚听证程序实施办法》。1999年11月15日,见 http://zwgk.gd.gov.cn/006939748/200909/t20090915_11214.html。

中华人民共和国财政部:《关于征求〈碳排放权交易试点有关会计处理暂行规定(征求意见稿)〉意见的函》,2016年9月23日,见 http://kjs.mof.gov.cn/zhengwuxinxi/gongzuotongzhi/201610/t20161011_2433279.html。

第六章　各地试点对全国碳市场建设的启示

第一节　法律保障

碳交易是强制性地让控排主体参与碳交易市场，强制性地给控排主体分配碳排放额度并强制性地履约，因此，碳交易的实施必须有强有力的法律作保障。

一、试点地区立法现状

国外在碳排放权交易的实践过程中，都建立了相对完善的法律体系，确定了实施碳排放权交易的法律基础，从而保障碳交易的顺利进行。

而我国在试点启动前，缺乏国家层面的上位法。因此，试点地区依靠强有力的行政力量推动，不到2年的时间，完成了发达经济体花费6年以上的时间才能完成的制度体系和交易体系的设计并开始交易，基本形成了“1+1+N”（人大立法+地方政府规章+实施细则）或“1+N”（地方政府规章+实施细则）的立法体系。各试点地区碳交易主要规范性文件见表6.1。

表 6.1　各试点地区碳交易规范性文件

试点	文件名称	颁布单位	发布时间
北京	《关于北京市在严格控制碳排放总量前提下开展碳排放权交易试点工作的决定》	北京市人大常委会	2013 年 12 月 30 日
北京	《北京市碳排放权交易管理办法》(京政发[2014]14 号文件)	北京市人民政府	2014 年 6 月 30 日
深圳	《深圳经济特区碳排放管理若干规定》	深圳市人大常委会	2012 年 10 月 30 日
深圳	《深圳市碳排放权交易管理暂行办法》(政府令第 262 号)	深圳市人民政府	2014 年 3 月 19 日
广东	《广东省碳排放管理试行办法》(粤府令第 197 号)	广东省人民政府	2014 年 1 月 15 日
天津	《天津市碳排放权交易管理暂行办法》(津政办发[2013 年 112 号])	天津市人民政府办公厅	2013 年 12 月 20 日
上海	《上海市碳排放管理暂行办法》(政府令第 10 号)	上海市人民政府	2013 年 11 月 18 日
湖北	《湖北省碳排放权管理和交易暂行办法》(政府令第 371 号)	湖北省人民政府	2014 年 3 月 17 日
重庆	《关于碳排放管理有关事项的决定》	重庆市人大常委会	2014 年 4 月 26 日
重庆	《重庆市碳排放权交易管理暂行办法》(渝府发[2014]17 号)	重庆市人民政府	2014 年 4 月 26 日

资料来源:作者根据各试点相关文件整理。

二、试点地区立法存在的问题

总体上看,各试点地区立法约束力不足。

一是立法位阶等级不高,大部分试点地区为政府规章和规范性文件。试点地区中,仅有深圳和北京为人大立法,属于地方性法规;而上海、广东和湖北均为通过政府令形式发布管理办法,属于地方政府规章;天津和重庆仅有规范性文件。

政府规章和规范性文件的立法位阶低于地方性法规。一方面,政府规章只能在上位法已经存在的前提下制定,不能创设实体权利和义务,而地方性法规可以涉及上位法没有调整到的领域，可以创设实体性权利和义务。具体到碳交易，碳交易的本质是政府创设的环境政策工具，因此需要从法律上明确市场参与各方的权利和义务，使碳交易有法可依。北京和深圳通过地方人大立法，实行碳排放总量控制，建立碳排放交易制度，配额可在政府规定的交易平台进行交易，从而确立了碳排放实体的权利和义务，保证了碳交易的合法性。另一方面，政府规章的制定归属于行政系统，属于抽象行政行为，而地方性法规的制定归属于立法系统，其行为本身是国家立法权在地方的体现。碳交易制度中的履约机制是形成碳交易市场的根本保证，而对违约行为的严厉惩罚，则是对履约行为的一种保护，这就需要通过立法赋予违约处罚合法性，严格执法保证碳市场的稳定运行。深圳《深圳经济特区碳排放管理若干规定》的出台，有效避免了立法位阶不高导致处罚制度违法的问题；北京市发改委连续发布《关于责令重点排放单位限期报送碳排放核查报告的通知》《关于开展2015年碳排放报告报送核查及履约情况专项监察的通知》等，严格执法确立了碳交易体系的严肃性，行政处罚自由裁量权的规范更保证了执法的透明度。而其他试点地区由于缺乏地方法规，缺乏执法权，只能通过行政处罚约束控排主体履约，约束力较弱，在实际工作中阻力较大，不利于碳交易的严肃性和减排效果的发挥。

二是政策文件数量多于法。政策作为非正式法源，虽然在实际中必须遵守，但其不是依靠国家强制力保障实施的，约束效力不足。在碳交易试点实施方案和管理办法的框架下，试点地区基本完成了技术层面的政策性文件的制定，如碳排放权交易规则和MRV指南，但并未以法律法规的形式确定，相关政策在试错中不断调整，特别是配额分配方案，基本上都是在上一年实践基础上对下一年的方案进行修改调整，导致部分政策缺乏连续性，不利于碳市场形成稳定预期。

三、启示

第一，制定与碳交易相关的法律、行政性法规、地方性法规及政府规章制度等，形成一套完整的法律体系。

第二，注意政策的连续性。碳交易体系的建设并非一蹴而就，需要根据实践经验不断改进完善,同时,我国碳市场建设时间紧、任务重,处于供给侧结构调整和经济新常态的特殊时期,不确定性较大,因此相关政策需要随着碳市场的发展不断调整优化。在这样的背景下,更要保证政策的连续性,政策的连续性能够帮助碳市场各方参与者明确自身的责任与义务,形成对碳市场稳定的预期,进行投资和减排决策,而不是盲目采取行动或举棋不定。

第三,严格执法,保证碳交易的严肃性。强制力和约束力方面的规定是碳交易立法的重要内容,特别是相关处罚和实施细则,而严格执法是保证以上规定严格实施的关键。应严格执法以确保碳市场效力的发挥和碳市场信心、可信度的建立,切实保障履约效果,倒逼控排主体节能减排。

第二节 碳排放权交易市场关键制度要素

一、覆盖范围

1."抓大放小",分批逐步扩大管控范围

碳排放权交易市场覆盖范围是碳排放权交易体系建设过程中要解决的首要问题之一[①]。各试点碳排放权交易市场覆盖范围虽不尽相同,但均遵循了"抓大放小"的原则。各试点地区纳入行业与当地产业结构具有明显关联,且启动阶段(2013—2014 年)均以六大高耗能[②]行业为主,基本覆盖了试点地区的重点排放和重点耗能单位。广东、天津碳排放权交易试点覆盖的行业排放总量约占地方排放总量的 60%,其他试点碳排放权交易市场纳入行业的排放总量也分别占各地排放总量的 40%以上[③]。纳入门槛方面,各试点地区结合地方产业结构和

---

① 国际碳行动伙伴组织、世界银行:《碳排放交易实践:设计与实施手册》2016 年中文版,国际碳行动伙伴组织、德国国际合作机构译,2016 年。

② 六大高耗能行业参照国家统计局分类,包括石油加工、炼焦和核燃料加工业,化学原料和化学制品制造业,非金属矿物制品业,黑色金属冶炼和压延加工业,有色金属冶炼和压延加工业,电力、热力生产和供应业。

③ 张昕:《试点省市碳市场总量和覆盖范围分析》,《中国经贸导刊》2014 年第 29 期。

经济发展水平设定了不同标准。随着各试点碳排放权交易市场的发展和完善，北京、广东等试点地区通过陆续扩充试点行业范围[①]或降低行业纳入门槛[②]，进一步扩大了碳排放权交易市场覆盖行业范围。

从试点地区碳排放权交易市场的发展情况来看，全国碳排放权交易市场覆盖范围的确定应秉持“抓大放小”的原则，充分考虑地区产业经济及排放分布特征、各行业企业减排潜力、政府管理成本、企业监测基础等差异。由于我国经济类型多样、区域发展水平差异较大，碳排放权交易政策法规体系尚未建成，大多数企业 MRV 技术基础及碳意识薄弱，因此，在全国碳排放权交易市场建设初期，覆盖范围不宜过广，可参考试点地区实践经验分阶段进行扩大。在全国碳排放权交易市场建设初期，宜覆盖高能耗、高排放行业的工业行业企业，纳入门槛可以较高，并以控制二氧化碳为主。随着我国碳排放权交易政策体系的健全和完善、产业结构和消费结构的演变以及企业碳资产管理能力的提高，按照“先易后难，成熟一个，纳入一个”的处理方式，有计划地分批扩大覆盖范围。探索逐步将能耗和排放较为集中的轻工业、服务业以及大型公共建筑纳入管控范围，扩大碳排放权交易市场覆盖面，进一步降低全社会减排成本。

2. 强化未覆盖行业企业的监测基础，为纳入控排做好准备

除纳入控排名单的行业企业外，北京、上海、广东、深圳试点均对低于纳入碳配额管理门槛一定范围的企业进行了碳排放监管[③]，这主要是考虑到企业年度排放量具有波动性，导致碳排放权交易市场控排企业名单处于动态变化中。故全国碳排放权交易市场启动后，有必要对属于已纳入控排行业范围但又低于管控门槛的行业企业进行碳排放监管，要求其报告年度碳排放量，待其达到碳配额管理门槛即纳入管理，以确保碳排放权交易市场的公平性。同时，按照分阶段逐

① 广东省发展和改革委员会：《广东省发展改革委关于印发〈广东省 2016 年度碳排放配额分配实施方案〉的通知》，2016 年 7 月 8 日，见 http://www.gddrc.gov.cn/zwgk/zcwj/gfxwj/201607/t20160708_422536.shtml。

② 北京市人民政府：《北京市人民政府关于调整〈北京市碳排放权交易管理办法（试行）〉重点排放单位范围的通知》，2016 年 4 月 1 日，见 http://www.zhb.gov.cn/gzfw_13107/zcfg/hjjzc/gjfbdjjzc/pwqjyzc/201606/t20160623_355854.shtml。

③ 郑爽等著：《全国七省市碳排放权交易试点调查与研究》，中国经济出版社 2014 年版。

步扩大碳排放权交易市场覆盖范围的要求，对于未纳入控排的行业企业，也应加强其碳排放权交易能力建设培训，提高企业碳资产管理意识，夯实企业监测数据基础，适时组织开展未纳入工业行业企业和建筑、交通领域单位的前期研究与纳入准备工作，为进一步扩大碳排放权交易市场覆盖范围做好准备。

3. 根据我国电力行业实际情况，确定是否纳入间接排放

欧美碳排放权交易体系管控范围一般只包括直接排放，这是因为其电力定价相对自由和市场化，发电企业可将碳成本向下游转移，电力的使用可通过电价的提升得到有效控制①。而我国碳排放权交易试点则统一将电力间接排放纳入管控范围，这主要与我国目前的能源管理体制以及生产端、消费端的减碳潜力有关。能源管理体制方面，目前我国电力价格市场化程度仍有待提高，反映资源稀缺程度、市场供求关系和环境成本的电力价格机制尚未完全形成②，国内电价总体受到政府管制，碳排放成本无法通过市场规律传导到消费端。生产端、消费端的减碳潜力方面，经过多年来对落后、小型发电机组的淘汰，我国电力行业单位综合能耗已总体进入世界先进水平，技术减排难度较大，减排空间有限③，而纳入控排范围的其他行业如水泥、化工等电力消费量、节能潜力相对较大，碳排放权交易市场纳入间接排放，有利于充分利用市场机制提高用电端节能意识，提高电力使用效率。

目前，我国能源体制改革正在稳步推进，特别是能源市场化价格机制的逐步完善，将对我国碳排放权交易体系设计和运行产生影响。当电力价格机制未充分市场化时，全国碳排放权交易市场应同时管控用电端的间接排放，通过将电力消费引入碳成本，达到倒逼电力生产端减排、充分发挥市场配置排放资源的作用，使市场整体减排成本降到最低。而当市场化价格机制较为完备时，电力企业可将部分减排成本通过市场化的电价传递给用电侧，此时，应深入研究相关碳排放权交易机制设计，结合电力市场运营实际，考虑是否有必要继续管控电力间接排放，同时，关于基准年、基准线和控排系数的选取应充分考虑电力市场市场化的

---

① 曾雪兰、黎炜驰、张武英：《中国试点碳市场 MRV 体系建设实践及启示》，《环境经济研究》2016年第1期。

② 国家发展和改革委员会经济体制综合改革司：《中共中央国务院关于进一步深化电力体制改革的若干意见》，2015年3月15日，见 http://tgs.ndrc.gov.cn/zywj/201601/t20160129_773852.html。

③ 《科学合理征收环境税》，《中国电力企业管理》2013年第4期。

影响,保证配额分配松紧程度适当,以确保减排目标的实现以及市场的健康运行。

二、总量设定

1."自上而下"与"自下而上"相结合,合理设定总量目标

碳排放权交易是总量控制下的交易,可通过设定总量目标创造出碳排放的稀缺性以形成碳排放权交易市场①,同时释放合理的碳价格信号引导企业减排,因此,总量设定是碳排放权交易市场建设的一项基础性工作。我国对外承诺2030年达到二氧化碳排放峰值,碳排放权交易机制作为以较低成本实现温室气体减排目标的市场化手段,其建设实施被国内外寄予厚望,因此在全国碳排放权交易市场机制设计中更应重视总量控制的要求,探索通过市场机制以最低成本实现国内碳排放总量控制目标。

一般来说,总量设定思路及方式可分为"自上而下"设定与"自下而上"设定两种②。"自上而下"的总量设定是从国家层面确定总的减排目标,并将目标分解,综合考虑经济发展水平、节能减排政策以及其他相关因素确定碳排放权交易市场的总量。"自下而上"的设定则通过对行业企业进行排放数据摸底,掌握企业排放水平,制定具体行业企业的配额分配方法,形成各企业配额,再确定总量。在碳排放权交易市场建设初期,这种总量控制具有较高的可操作性,而广东等试点则同时结合两种方式进行了总量设定。相比而言,两种方式相结合的总量设定方式更为科学合理,既能实现自上而下的目标引导作用,也能满足自下而上的配额核定需求。对于国家层面,可基于总量控制的原则,与规划目标衔接,根据地方二氧化碳排放量、排放量变动趋势、经济发展水平、行业发展规划、节能减排潜力及成本等进行综合考量,因地制宜设定减排目标,并征求主管部门、行业的意见,使制定的总量目标既能切合企业的实际需求,也能形成实质性的约束。

---

① 国际碳行动伙伴组织、世界银行:《碳排放交易实践:设计与实施手册》2016年中文版,国际碳行动伙伴组织、德国国际合作机构译,2016年。

② Pang,T.,& Duan,M.S.,"Cap Setting and Allowance Allocation in China's Emissions Trading Pilot Programmes:Special Issues and Innovative Solutions",*Climate Policy*,Vol.16,No.7(2016).

2. 预留总量储备空间，满足企业发展需求

为兼顾企业经济发展需要，防止碳价格的剧烈波动，建立配额总量储备机制非常必要。碳排放权交易市场配额总量是在历史排放数据的估算基础上，根据既定减排目标，综合考虑经济发展现状和规划设定的。换言之，总量设定既要创造稀缺性，使企业具有较强的减排动力，同时也要考虑到管制对象的经济发展需求。这就要求总量设定中预留一定比例的储备配额，具体可包括新建项目配额和市场调节配额，以满足企业发展和重大项目建设的合理需求，保障碳排放权交易市场的健康可持续发展。广东、深圳等试点就储备机制做了有关规定，以应对市场波动及经济形势变化，调节市场价格①②。实践证明，政府通过总量控制对碳排放权交易体系的适度调节可以减缓碳价格的波动，使控排企业更好地适应碳排放权交易市场。但为防止因政府配额储备的不当使用而对市场运行产生负面影响，全国碳排放权交易市场需要对政府配额的储备规模、出售价格、出售时间、购买条件等做出明确规定。

三、配额分配

1. 优先采用基准法，兼顾效率与公平

配额是企业参与碳排放权交易市场的成本，配额分配是决定碳排放权交易市场平稳、有效运行，以及企业减排效果的关键要素。由于我国碳排放权交易市场尚处于初步建设阶段，有偿分配方法面临较大阻力，因此，碳排放权交易市场建设初期主要采用免费配额分配方法，包括历史法和基准法。历史法包括历史总量法和历史强度下降法，以企业历史排放总量或强度为依据，计算相对简单易行，有助于控排企业实现低成本过渡，但亦存在着“鞭打快牛”的问题③。基准法

---

① 广东省人民政府:《广东省碳排放管理试行办法》，2014 年 1 月 15 日，见 http://zwgk.gd.gov.cn/006939748/201401/t20140117_462131.html。

② 深圳市人民政府:《深圳市碳排放权交易管理暂行办法》，2014 年 4 月 2 日，见 http://www.sz.gov.cn/zfgb/2014/gb876/201404/t20140402_2335498.htm。

③ Harrison, D., Jr, & Radov, D.B., “Evaluation of Alternative Initial Allocation Mechanisms in a European Union Greenhouse Gas Emissions Allowance Trading Scheme”, *Environmental Policy Collection*, 2002.

以单位产品碳排放为依据,技术较为先进的企业可获得更多配额,此法弥补了历史法的不足,是业内公认的较为先进的配额分配方法,但基准值的确定对企业的数据基础要求很高,需要进行大量的研究工作①。

全国碳排放权交易市场配额分配采取统一标准,是保障碳排放权交易市场公平性、一致性和稳定性的前提,但因我国幅员辽阔,区域差异巨大,各行业企业发展水平、数据基础不一致的问题较为突出,因此在分配方法中还需统筹公平和效率,兼顾区域发展差异,建立合理可行的分配方式。此前,各试点碳排放权交易市场结合地区差异对配额分配方法进行了积极创新和尝试,虽然方式各不相同,但均在完善体系的过程中扩大了基准法的覆盖范围,例如广东试点基准法分配的配额占比增至92%②。试点地区配额分配方法改进过程中积累的大量基础数据,对全国碳排放权交易市场配额分配方法的研究提供了有益参考。在全国统一碳排放权交易市场的建设初期,可充分借鉴试点地区碳排放权交易市场经验,在对纳入行业企业数据摸底的基础上,综合行业特点、区域差异、技术水平、淘汰落后产能等因素,优先选用基准法进行分配,对于部分生产流程差异较大,暂时达不到数据要求的行业企业,可以采用基准法与历史法相结合的方法或直接使用历史法进行分配,最大限度地兼顾效率与公平。随着碳排放权交易市场制度的逐步完善,分配方法要逐步转换为以基准法分配为主,以保证配额分配的公平和公正,更好地实现节能减排的目标。

2. 通过弹性调整,减少经济波动性造成的不良影响

"十三五"期间,经济新常态、供给侧结构性改革是发展主线,目前我国经济增长较快、产业结构变化较大,大部分地区仍处在工业化转型的过程当中,经济发展仍存在不确定性与波动性,可能会对碳排放权交易市场造成一定冲击。为避免重蹈欧盟碳排放权交易市场盈余配额过多、碳价下跌、市场激励效果变差的覆辙③,

---

① Groenenberg, H., & Blok, K., "Benchmark-based Emission allocation in A Cap-and-trade system, *Climate Policy*, Vol.2, No.1(2002).

② 广东应对气候变化网:《图解:广东省碳排放权交易试点分析报告(2016—2017)》,2017年8月18日,见 http://www.gdlowcarbon.gov.cn/dtgz/tjy/tpfqjysd/201708/t20170818_405560.html。

③ Trotignon, R., & Delbosc, A., "Allowance Trading Patterns During the EU ETS Trial Period: What does the CITL Reveal?", *Climate Report* No 13, June 2008.

同时也为了防止陷入企业配额缺口过大、碳价过高、超过企业承受力而导致经济受损过大、制度无法继续推行的困境,有必要设置调整机制以规避经济波动对碳排放权交易市场造成不良影响。对于总量控制,可设定储备配额以应对经济形势变化和政策目标的调整,对于企业层面,则可以设定配额调整细则以提高分配的有效性,防止个别企业不合理地获利或承受过重的履约成本,保持碳排放权交易市场的健康可持续发展。

总结各试点地区配额分配政策,不同配额分配方法均有考虑到相应的调整措施,可供全国碳排放权交易市场借鉴①。基准法方面,上海、广东、湖北等试点地区按照企业实际产量,结合基准值来确定其最终配额,以满足企业合理发展需求,广东同时设定产量取值上限,避免自下而上突破配额总量。历史法方面,由于其与基准法相比刚性较强,容易导致配额盈余或缺口过大,各试点地区制定的调整措施较多,例如北京、天津将历史法基准年从一般的3年扩展至4年,上海、广东、湖北设定了调整基准年的条件,包括边界变化、停产、碳排放大幅波动等,并明确了具体的判断标准。此外,北京、重庆、湖北还结合地方特点出台了配额扣减的相关规定。实践表明,以上措施能够有效减缓经济波动性对碳排放权交易市场的影响,使企业配额总体更偏向强度控制,碳配额资源能以更低的成本流向先进企业,与碳排放权交易市场的设计初衷相符,且更易于企业接受,有利于碳排放权交易制度的顺利推行。

---

① 参见各试点配额分配方案:上海市发展和改革委员会:《市发展改革委关于印发〈上海市2016年碳排放配额分配方案〉的通知》,2016年11月10日,见 http://www.shanghai.gov.cn/nw2/nw2314/nw2319/nw12344/u26aw50256.html。广东省发展和改革委员会:《广东省发展改革委关于印发〈广东省2016年度碳排放配额分配实施方案〉的通知》,2016年7月8日,见 http://www.gddrc.gov.cn/zwgk/zcwj/gfxwj/201607/t20160708_422536.shtml。湖北省发展和改革委员会:《省发改委关于印发〈湖北省2016年碳排放权配额分配方案〉的通知》,2017年1月3日,见 http://www.hbfgw.gov.cn/xw/tzgg_3465/gg/tpwj/201701/t20170103_109021.shtml。北京市发展和改革委员会:《关于重点排放单位2016年度二氧化碳排放配额核定事项的通知》,2016年9月28日,见 http://www.bjpc.gov.cn/zwxx/tztg/201609/t10544322.htm。天津市人民政府:《市发展改革委关于开展碳排放权交易试点工作的通知(附件7)》,2014年1月2日,见 http://gk.tj.gov.cn/gkml/000125209/201401/t20140102_12670.shtml。重庆市发展和改革委员会:《重庆市发展和改革委员会关于印发〈重庆市碳排放配额管理细则(试行)〉的通知》,2014年5月28日,见 http://www.cqdpc.gov.cn/article-1-20505.aspx。

四、履约机制

1. 统一“三个边界”,保证履约的严肃性

报告边界、配额分配边界及履约边界是碳排放权交易市场的三个重要边界。报告数据是企业配额分配的基础,而企业所得配额是其履约的依据,因此碳排放权交易市场设计中的三个边界必须有机统一,保证履约的每一吨碳配额都可溯源、可核查,保障碳排放权交易市场的严肃性,同时实现管理的连贯性,促进碳排放权交易市场的有序发展。为了与我国统计、节能、税务等企业管理制度保持一致,各试点碳排放权交易市场报告、配额管理及履约的责任主体均设定为独立法人单位[①],便于落实碳排放控制责任,同时给予法人单位内部碳排放管理一定的灵活性,例如调配不同机组的配额。此外,以法人单位为边界所得数据可与政府部门报表或企业缴费单、发票等第三方文件进行交叉检验,保证了交易基础数据的准确性。而考虑到基准法配额分配设定中需要评估企业内部工序或生产线的排放数据,在 MRV 的具体设定中,可要求企业填报数据精确到法人单位内部的排放单元,同时将内部单元的排放数据汇总至法人单位层级进行报告,实现报告边界、配额边界及履约边界的对接,防止“碳泄漏”。

碳排放权交易市场管控边界的设定与其覆盖行政区域内各行业的管理制度及排放特性密切相关,以法人单位为边界的设定普遍适用于纳入全国碳排放权交易市场的工业行业企业,而对于民航等国际性强、与国际接轨需求较高的特殊行业,由于其排放源移动性较强,具有集团化运营管理传统,可探索以集团或ICAO(国际民用航空组织)三字码为责任主体与配额核算边界,以实现与管理制度的协调统一,降低民航企业参与碳排放权交易市场的管理成本。

2. 以法律为基础,采用多种措施加强履约管理

履约率是碳排放权交易市场的成绩单,也是检验碳排放权交易市场管控成

① 彭峰、闫立东:《地方碳交易试点之“可测量、可报告、可核实制度”比较研究》,《中国地质大学学报》2015 年第 4 期。

效的直观指标。而碳排放权交易市场作为一个典型的政策性市场,其良好运行的基础是拥有完善的政策、法律法规体系,如果缺少法律约束,碳排放权交易的政策效果便很难得到保障。目前,北京、深圳以地方性法规(省/市级人大决定/规定)的形式发布,而其他试点地区则以省/市政府令或地方政府规章的形式发布[①],相关政策约束效力有限。缺乏国家层面的上位法作为依据是7个试点碳排放权交易市场运行面临的普遍问题[②]。因此,全国碳排放权交易市场机制设计的重要一环是实行强有力的立法,通过法律法规来明确碳排放权交易市场中各方的责、权、利,制定可行、有效的惩罚机制,为碳排放权交易市场的报告和履约管理提供根本保障。

在推进全国碳排放权交易市场建设及运营的过程中,除了依靠法律法规的基本保障外,还可参考试点碳排放权交易市场实践经验,结合其他配套措施强化对控排企业的履约管理。其一是加大机制设计的公众参与力度,在各交易政策制定的过程中保证企业、行业协会等利益相关方的深度参与,制定出兼顾各方利益的碳排放权交易政策,提高政策的可行性。北京及广东试点建立了机构联盟制度或委员会制度[③④],从制度上保证了政策制定过程中企业、行业协会等利益相关方的广泛参与。其二是加强碳排放权交易能力培训,依托全国碳排放权交易市场能力建设中心,加深企业对碳排放权交易机制的认识,提升全社会碳资产管理能力。其三是建立地方监管机制,加大日常监管力度,保证政策上传下达、企业按时按质按量完成履约工作。广东、深圳均设立地方碳排放权交易专职管理机构统筹监管工作[⑤⑥],北京则采用进行专项现场监察的方式加强履约管理[⑦]。

① 郑爽:《七省市碳交易试点调研报告》,《能源与环境》2014年第2期。

② 齐绍洲、程思:《中国碳排放权交易试点比较研究》,《中国低碳发展报告2015》,2015年。

③ 《北京市碳排放权交易试点取得明显实效》,北京市发展和改革委员会网站,2014年9月28日。

④ 广东广东省人民政府:《广东省碳排放管理试行办法》,2014年1月15日,见http://zwgk.gd.gov.cn/006939748/201401/t20140117_462131.html。

⑤ 广东省人民政府:《广东省人民政府关于印发〈广东省碳排放权交易试点工作实施方案〉的通知》,2012年9月7日,见http://zwgk.gd.gov.cn/006939748/201209/t20120914_343489.html。

⑥ 深圳市发展和改革委员会:《碳排放权交易工作办公室》,见http://www.szpb.gov.cn/xxgk/jgzn/nsjg/201308/t20130821_2185534.htm。

⑦ 北京发展和改革委员会:《关于开展2016年碳排放报告报送核查及履约情况专项监察的通知》,2014年3月25日,见http://zfxxgk.beijing.gov.cn/110002/gzdt53/2016-03/04/content_674792.shtml。

此外，对于未履约企业的惩罚，除罚款外，适度的行政手段（如约谈等）也是一种有效的约束手段，有利于保障碳排放权交易监管机制的有效运行。

3. 明确抵消规则，保障碳排放权交易市场的健康发展

在各试点碳排放权交易市场的具体实践中，抵消机制最主要的减排量来源是自愿减排机制的中国核证资源减排量（CCER）。CCER 抵消机制可以为碳排放权交易市场吸引更多的参与者，增加碳排放权交易市场的活力，有利于促成碳排放权交易市场内外的协同减排，强化减排效果[①]。与此同时，由于 CCER 属于碳排放权交易市场的外生产品，其本身具有不确定性，容易对碳价造成冲击，且过大的抵消比例不利于促进碳排放权交易市场控排企业的自身减排，因此，各试点碳排放权交易市场对于允许企业使用 CCER 抵消排放量都采取较为谨慎的态度，提出了具体抵消规则及一系列限制条件。上海于 2016 年将抵消比例设定为 1%，且其所有核证减排量均应产生于 2013 年 1 月 1 日后[②]；广东、北京等则对提交的 CCER 的数量、类型、地域等做了明确规定[③][④]。

全国碳排放权交易市场的机制设计也需提前考虑 CCER 对碳排放权交易市场配额供求关系的冲击，结合 CCER 碳资产的特点制定具体抵消规则，做好 CCER 交易与碳排放权交易市场的有效连接，引导 CCER 有序进入配额市场，推动全国碳排放权交易市场建设。首先，考虑设置 CCER 用于全国碳排放权交易市场履约的条件，包括 CCER 的数量、来源地域、项目领域、时间和类型等。同时，考虑 CCER 抵消机制运行过程中的各种风险并做好防御机制设置，包括应对 CCER 开发过量或类型失衡的风险，合理规划 CCER 的引入和使用，平抑其造成的市场冲击，保持 CCER 市场和碳排放权交易市场协调、有序、可持续发展。

---

① 朱晓静：《中国碳排放权抵消机制的现状与发展策略研究》，硕士学位论文，吉林大学经济学院，2016 年。

② 上海市发展和改革委员会：《市发展改革委关于印发〈上海市 2016 年碳排放配额分配方案〉的通知》，2016 年 11 月 10 日，见 http://www.shdrc.gov.cn/fzgggz/nyglhjnjb/zcwj/24839.htm。

③ 广东省发展和改革委员会：《广东省发展改革委关于印发〈广东省 2016 年度碳排放配额分配实施方案〉的通知》，2016 年 7 月 8 日，见 http://www.gddrc.gov.cn/zwgk/zcwj/gfxwj/201607/t20160708_422536.shtml。

④ 北京市人民政府：《北京市人民政府关于印发〈北京市碳排放权交易管理办法（试行）〉的通知》，2014 年 5 月 28 日，见 http://www.bjets.com.cn/article/zcfg/201407/20140700000255.shtml。

除CCER外,部分试点地区还创新性纳入其他类型的抵消信用,进一步扩充碳排放权交易的激励范围。例如,北京试点在抵消机制中纳入了其市辖区内的节能项目与林业碳汇项目的减排量,广东试点将纳入范围扩充至个人层面的减排量。未来全国碳排放权交易市场的抵消机制也可对更大范围的减排量来源进行探索,但在建立相关抵消机制时需注意考虑其一致性、完整性和透明性,确定准入条件的政策和方法学支撑体系,配套具体实施细则,才能有效发挥协同减排效应。

五、MRV制度

1.设立第三方核查机构准入门槛,建立严格的监管机制

碳排放第三方核查制度是碳排放权交易机制的重要制度安排,第三方核查机构的广泛参与,可在提高政府监管效率的同时,保证碳排放权交易市场的公正、公开和透明。碳排放核查工作要求采用指定的方法学来进行排放量、减排量的计算,同时利用排放企业所提供的资料来进行碳排放数据的监督和审核,这对参与的第三方核查机构及核查人员提出了较高的专业性要求。因此,各试点均对第三方核查机构提出了明确的资质要求,部分试点还增加了对核查人员的考核要求。全国碳排放权交易市场MRV体系设计须制定严格的准入机制,确立第三方核查机构的准入资质标准,设定准入门槛,明确核查机构的资质、能力、人员素质等多方面要求和条件,同时确定核查机构认证流程,有效规范全国第三方核查机构的认证工作。

第三方核查机构的能力在很大程度上决定了排放数据的质量,从而影响碳排放权交易市场的整体表现。因此,建立监管制度来规范对核查机构的管理十分必要。总结试点经验,全国碳排放权交易市场第三方核查机构监管机制可以从下列几个方面进行考虑:其一,碳排放权交易市场建设初期,采用核查服务的政府采购方式保证第三方机构的公允性。政府承担核查费用以防止企业与核查机构的作弊行为,降低核查制度推行初期的成本障碍。但长远来看,政府对第三方机构过度的行政管理不利于第三方核查机制的长久运行,因此应逐步建立规范的监管和认可制度,尝试在成熟阶段过渡到市场化运作,提高市场效率。此前,北京、深圳已率先试水第三方核查市场化模式。其二,建立核查机构、核查员等级评价制度,加强

监督和管理。上海、广东等建立了核查工作的抽查复查制度，广东还同时对核查机构的工作完成情况进行考核评价①，对核查机构起到了有效的约束作用，同时也提高了碳排放权交易市场的数据质量。其三，建立奖惩措施及退出机制。对于评定等级较高的核查机构、核查员给予荣誉、资金等方面的激励；对于评定等级较低的核查机构，制定相应的惩罚措施，甚至取消其核查资质。其四，加强核查机构能力建设，提高核查机构管理水平、核查人员专业能力及职业素质。

2. 建立 MRV 体系优化机制，增强体系生命力

碳排放权交易市场具有动态调整的特征，长期政策须具有弹性。随着碳排放权交易市场建设的深入推进，企业对碳资产的管理意识逐步增强，监测水平逐渐提高，配额分配方法进一步向更科学的基准法的演变，MRV 管控边界可精细到设施、工序层面。而面向民航等跨行政区移动源、集团管理制度传统以及与国际接轨需求较高的特殊行业，管控边界有可能上升至集团层面。且随着碳排放权交易市场的持续发展，对于碳排放权交易市场的政策管控需求可能会进一步上升至为行业或地域低碳发展提供宏观决策依据。这就对 MRV 体系提出了动态优化的要求。因此，随着 MRV 制度的付诸实践，应进一步建立优化体制，搭建与地方政府、企业、研究机构、行业协会等单位的双向沟通平台，定期收集并研究 MRV 制度实施的反馈意见。建立统一协调的 MRV 体系运行监督评估机制，不断总结 MRV 体系的运作经验并有效转化为政策成果，使 MRV 体系持续创新，以适应企业温室气体核算核查要求。

第三节　价格机制与流动性

一、碳市场价格机制

碳市场价格机制包括价格形成机制和价格调控机制。价格形成机制一般包

① 广东省发展和改革委员会：《关于印发〈广东省碳排放权交易试点 2016 年度核查相关工作考评结果〉的通知》，2017 年 10 月 10 日，见 http://www.gddrc.gov.cn/zwgk/ywtz/201710/t20171010_418313.shtml。

含两种形式。

第一,二级市场供需形成价格。在“总量—交易”的市场机制下,配额总量决定了配额供给,而配额分配方法和控排主体减排潜力与成本等决定了配额的需求,两方面共同作用形成价格。从试点表现来看,在碳市场发展初期,短期内由市场供求形成的碳价格易造成与控排主体的边际减排成本脱钩的现象,无法实现二级市场价格发现的功能。这是由于配额的供给取决于政府确定的配额总量,需求则受控排主体实际排放量的驱动,与宏观经济情况、能源价格等因素相关。制度设计的缺陷、政策的非连续性、市场主体行为的非理性,均会导致非合理碳价格的形成。

第二,通过一级市场配额拍卖提供价格基准和预期。一级市场配额拍卖是建立市场预期的重要一步,使得配额的价值纳入了控排主体的成本中,相当于在一级市场上为配额确立了价格,从而成为二级市场交易的参照。试点根据市场运行情况,从拍卖价格、拍卖时间和拍卖参与者三个方面进行设计,以进行价格发现,主要有两种典型的模式:一是湖北试点在市场启动前低底价拍卖。湖北试点在市场启动前以 20 元/吨的价格拍卖了 200 万吨配额,同时与其他试点地区拍卖最大的区别是允许机构投资者参与,目的在于价格发现,也解决了碳市场普遍存在的配额需求不足的问题,活跃了市场。二是广东试点定期进行配额拍卖,将拍卖作为配额分配的手段。广东试点将配额拍卖作为配额分配的手段,第一阶段为控排主体强制购买、60 元/吨的高底价且不允许机构投资者参与,目的是为了释放价格信号并使控排主体理解配额的有偿性;第二阶段为控排主体自主选择是否购买、阶梯上升式底价同时允许机构投资者参与,以完善市场价格形成机制和竞价机制在有偿分配中的使用;第三阶段为与二级市场联动的政策保留价,一级市场竞买底价参考二级市场价格决定,从而真正发挥了市场的定价功能和资源配置的作用,增加了市场流动性。

同时,由于碳市场本质上是一个人为创设的政策市场,政策设计的不完善、供求关系的严重失衡,易导致碳价格的剧烈波动,因此需要价格调控机制来对碳价格进行调整。一般来说,碳市场价格调控机制包含三种类型:(1)基于配额数量的调控,即以向市场投放或回购配额的方式调节市场供需关系,例如配额拍卖、抵消信用使用规定等;(2)基于价格的调控,即基于供给的措施中触发配额投放或回购的“门槛价格”,以释放价格信号;(3)时间维度的调控,即在时间维度上调节碳配额的短期供需不平衡,从而达到抑制碳价格大起大落的目的,包括延迟履约或拍卖、配额的跨期存储和借贷规则等。

从试点地区实践来看,试点地区的价格调控方式较为单一,主要为基于配额数量的调控:一是配额拍卖,如深圳和上海在履约截止前进行配额拍卖,帮助控排主体履约,以维护市场的稳定。二是修订 CCER 抵消规则,为了避免低成本的 CCER 大量涌入市场造成的冲击,在履约期前后,深圳、上海、湖北和天津等均发布了针对抵消机制的管理办法,进一步对各试点地区可用于履约的抵消机制类型、来源和流程等做出了规定和补充。此种措施虽能够在短期内取得一定的政策效果,却是以牺牲市场参与者利益及长期市场信心和预期为代价的。

此外,以配额数量为基础的调控面对价格过低的情况时缺乏有效的工具。虽然部分试点地区制定了配额回购的相关政策,以在市场价格过低时运用专项资金回购配额,如《北京市碳排放权交易公开市场操作管理办法(实行)》《湖北省碳排放配额投放和回购管理办法(试行)》,但此项措施尚未在实践中使用,且相对于配额投放的规定,配额回购的规定相对简略,并未作具体规定(见表 6.2)。

表 6.2　北京和湖北试点配额投放和回购规定

类型	规定	北京试点	湖北试点
投放条件	触发条件	日加权平均价连续 10 个交易日高于 150 元/吨	连续 20 个交易日内有 6 个交易日的收盘价达到日议价区间最高价
	适用对象	控排企业及自愿参与的企业	主管部门设定资质
	投放量	≤年度配额总量的 5%	≤年度预留配额
	最大申购量	1.单个控排企业≤该次拍卖总量的 15% 2.单个非控排企业≤该次拍卖总量的 5%	未明确

续表

类型	规定	北京试点	湖北试点
回购条件	触发条件	日加权平均价连续10个交易日低于20元/吨	连续10个交易日内有6个交易日的收盘价达到日议价区间最低价
	适用对象	无特定对象	无特定对象
	资金来源	财政专项资金	风险调控资金

资料来源:中创碳投咨询:《熟悉而又陌生的碳市场调节机制》,2017年6月16日,见http://www.tanjiaoyi.com/article-21665-1.html。

二、价格机制对流动性的影响

影响碳市场流动性的因素很多,包括市场规模、市场参与主体的多元化程度、碳金融产品的种类等。其中,价格机制对碳市场流动性也存在显著的影响。

一方面,价格形成机制关系到有效碳价的形成,过低或过高的价格会使得市场供求关系一直处于僵化的结构中,从而造成有价无市的局面。另一方面,价格调控机制影响着碳价波动和市场对价格的预期,从而影响市场流动性:价格适度波动,控排主体或投资者就能够在碳市场不同时间点,利用碳价的波动,作为买方或转变为卖方进行交易投资,即使从长期来看,他们是"纯"卖方或买方,而过多、过于频繁的价格调控,则会使得碳价过于稳定,市场难以形成中长期的预期,不利于减排激励和市场流动性。

就价格机制对流动性的影响来看,试点中主要有以下三种典型的实践。

第一,适时拍卖预留配额,多方位调控措施保证价格稳定性。湖北试点在启动前允许投资者参与拍卖,一方面起到了价格发现的目的,另一方面,通过拍卖增发配额,目的是让配额进入到愿意交易的主体中,即通过放开一级市场来促进二级市场的流动性。同时,由于湖北为高排放、高增长的发展中地区,经济发展和排放均面临很大的不确定性,由二级市场供需决定价格易造成由于超出预期的经济波动等因素导致的供需失衡,碳价剧烈波动并无法回到均衡区间的情况。因此,湖北试点设计了多方位的调控措施,使得市场交易量大价稳,交易额与交易量均位居全国首位。湖北试点的做法适应了发展中地区的社会经济特征，在配额从紧的前提下促进了碳市场流动性。然而，调控机制也存在两面性，在保证了碳市场稳定的同时，也在一定程度可能会造成碳价格过于平稳。

第二，拍卖控排主体配额建立配额的持有成本，促进流动性。广东试点通过一级市场定期拍卖，形成价格基准的同时也建立了配额的持有成本，使得控排主体将配额作为有价资产看待，刺激了控排主体更加严肃地考虑市场参与问题。更为重要的是，广东试点拍卖底价从由政府确定拍卖价格到形成与二级市场联动的政策保留价机制，二级市场价格围绕一级市场价格上下波动，与一级市场联动性增强，二级市场波动性幅度收窄，交易量持续增加。

第三，创造市场长期预期，避免过多的价格调控。上海是唯一一个一次性发放三年配额的试点，其市场上有三个品种配额（SHEA13、SHEA14 和 SHEA15）可以进行交易。产品的多元化在一定程度上提高了市场流动性，也为市场形成长期、稳定的预期，控排主体进行长期的碳资产管理和配额的规划提供了基础，但也可能使得政策缺乏灵活性。

三、启示

第一，碳市场初期，充分利用一级市场拍卖机制建立合理的价格基准和预期。碳市场初期，市场并不完善，二级市场的碳价格受供求关系、宏观经济形势等影响很大，市场上没有清晰的参考价格，可充分利用一级市场形成价格基准和预期。拍卖是政府建立市场预期的辅助工具，碳市场可根据市场发展阶段和运行情况，从拍卖底价、拍卖时间和拍卖参与者等方面进行设计。

第二，碳市场成熟后，充分发挥二级市场的价格发现功能。拍卖底价是二级市场供求关系尚未建立时的过渡手段，当二级市场成熟后，设置底价则可能破坏原有的价格发现机制。从长期来看随着二级市场的成熟，供求关系的确定，底价政策应该逐渐放松或退出。

第三，价格调控适度有效，以免影响流动性。由于中国的经济增长和排放仍存在很大的不确定性，适度的价格调控有助于价格保持在合理区间内，但价格调控要适时适度，频繁地价格调控，价格过于稳定，不利于控排主体和投资者建立稳定的预期，从而可能影响其通过市场交易进行减排投资，并会进一步影响市场流动性。

第四，保证配额的稀缺性。尽管由供给不平衡引起的价格过高和价格过低均是碳市场典型的风险，但是试点经验表明，在实际市场运行中，价格过低的风险要明显高于价格过高的风险，因此在配额初始分配时，应当尽可能从紧，从而保证配额的稀缺性。

第四节　市场失灵与政府干预

一、市场失灵的主要表现

碳市场的目标是以低成本进行减排，并且促进低碳技术的投资和利用。而碳价格是引导控排主体节能减排决策和投资行为的重要信号：碳价格过低会导致减排激励机制失效，碳价格过高则会使得控排主体碳成本过高，影响控排主体的正常生产和经营，也会对实体经济产生损害。从而，碳市场失灵指的是：碳价格过高或过低，且无法自动调整回合理的均衡区间，从而无法形成合理的市场信号引导控排主体减排。

就试点经验而言，碳市场失灵的主要原因有以下几点：

第一，宏观经济形势、产业结构和能源结构的变化导致配额供给过剩。一方面，政府在市场运行前就设定了碳市场的总供给，即总量。无论是“自上而下”还是“自下而上”确定，总量的设定均是基于对经济增长、减排潜力、减排成本等的预测和假设。然而，由于经济形势的不确定性或能源结构的显著变化，导致排放轨迹脱离了预期，从而总量偏松，供给过多。另一方面，经济形势的不确定性和能源结构的变化也造成了市场对于配额需求的减少。以上两个方面共同作用，市场供求产生偏差，从而配额过剩。如上海经济增长模式的改变为总量的确定增加了难度；湖北在第二个履约期由于经济下行超过预期，需求远小于供给，造成碳价格大幅下跌。

第二,试点政策的不连续影响价格预期的形成,对碳价格带来冲击。我国碳试点在启动之初准备时间较短,制度设计并不完善,因此随着碳市场的不断运行,试点市场会根据自身情况不断出台新增政策,以对现有制度架构进一步补充和完善,从而对碳价格带来程度不一的冲击。如上海因为其一次分配三年配额的分配制度而造成碳市场配额过于充裕,且没有及时出台相应政策进行矫正和补救,导致长期碳价格走势呈倒"U"型;而广东因为其基本制度与后期政策的不连续性和强烈反差使得碳价格多次跳水。

第三,市场交易制度的不完善。碳市场初期,交易制度的不完善在一定程度上影响了通过二级市场供求形成有效的碳价格。如受国务院37、38号文禁止连续交易、做市商、集中交易等制度的影响,湖北试点交易方式采用5分钟间断交易并以卖方为成交价格,这种交易方式容易被市场操控,影响市场的稳定运行。同时,各试点碳市场虽允许多元的投资者进入,但实际上普遍存在有效投资人少、个人投资者参与不活跃等原因导致的需求方结构单一的情况,无法起到分散市场风险和发挥市场稳定器的作用。

第四,控排主体的"储蓄"行为与履约驱动。因担心未来配额不足,希望留存配额,控排主体常常倾向于储蓄而非交易。在碳市场初期,此种"储蓄"行为会导致市场流动性不足,从而进一步导致市场失灵。另一方面,试点均表现出较强的履约驱动的特点:履约期内成交量大幅上涨,价格波动加剧,控排主体交易的目的是履约,而非碳资产管理。履约驱动的交易特征使得市场在履约期外缺乏流动性,不利于基于供求形成有效的碳价格。

二、政府干预的关键问题

当碳价格不能自行回到合理的均衡区间时,就需要政府进行干预。政府干预面临三个关键的问题。

第一,政府干预的合理边界。政府干预的边界关系到政府的调控能否修正市场失灵,而不是加剧市场扭曲。首先,何时进行干预?适度的价格波动有助于市场流动性,较好的流动性反之有利于形成有效、真实的价格。因此,政府干预的原则应该是:碳价格在正常波动范围内,政府不予干预;碳价格波动过大时,政府进行干预。其次,政府干预合适的“度”。政府干预往往具有行政强制性,若政策调整力度过小,则无法起到修正市场失灵的作用;若政策调整力度较大,抗风险能力差的参与者则可能承受严重损失,在此情形下,为降低政策风险的影响,碳市场参与者可能会选择更为谨慎的交易策略,不会主动交易,进而影响市场流动性与均衡价格。

第二,政府干预的“不对称性”。从试点实践看,尽管对于碳价格过低和碳价格过高的情形,均设计了相应的调控措施,但在实践中,针对碳价格过低的措施使用得更为频繁,而针对碳价格过高的情形仅在履约期以帮助控排主体履约为目的使用,如上海和深圳履约前的拍卖,且此类配额仅能用于配额清缴,不能用于市场交易,并未发挥一级市场拍卖对二级市场价格自动调节的作用。这一方面是由于碳市场具有配额分配过多的内在倾向,特别是在碳市场初期,碳价格过低的情况更为普遍;另一方面,认为碳价格过低的危害明显高于碳价格过高,于是将调控的焦点集中于碳价格过低的情形。

第三,政府调控与市场信号间的时间错配问题。政策的作用存在时滞性,包括从需要采取调控政策的情况出现,直至采取相应措施之间的内部时滞,和政策实施后产生效果的外部时滞。因此临时引入的政府干预措施,在决策过程透明度相对较低的情况下,市场难以对政策调整方向和作用的时间形成准确预期,反而会影响市场预期的形成,使碳价格产生更大的波动。

三、启示

第一,保持市场灵活性,找到市场机制和政府干预的平衡点。实际上,对于预期之外过低或过高的碳价格是否需要更正,存在不同的观点,过度的市场干预不利于价格发现和减排激励。因此,应充分发挥碳交易的市场作用,保持市场足够的灵活性,使市场在外部环境发生重大变化时做出适当的反应,碳价格在合理范围内波动;同时,找到市场机制和政府干预的平衡点,需界定市场紧急状况及政府介入的标准,适时适度进行政府干预,避免矫枉过正。

第二,避免政府干预的偏好性。应认识到碳价格过高与碳价格过低一样,均会导致碳市场以成本有效的方式引导控排主体减排的目标无法达成,因此,要保证调控措施的完整性,对碳价格过高情形的措施严谨设计。

第三,避免政府干预的随意性,保证调控措施的稳定性。随意、临时性的规则修改或政府干预措施的引入会破坏市场参与者的预期,甚至可能造成市场投资者为了规避政策不稳定的风险,演变为短期的"套利者",进一步放大市场失灵。因此,在政策制定过程中,应事先确定政府部门市场管理权限、措施,保证政策的连续稳定,同时建立事后评估措施对政府干预的影响进行评估,以促进相关措施的优化和完善。

第四,完善市场交易制度,开发有效投资者。碳市场应完善市场交易制度,加强市场监管,避免操控市场等行为影响碳市场的有效运行。同时在扩大市场投资者范围的基础上,要考虑投资者的有效性,多元化需求方结构,从而切实起到分散风险、稳定市场的作用。

第五,增加控排主体意识和能力,修正非理性交易行为。注重控排主体碳交易和碳资产管理意识和能力的培养和提升,使其充分认识通过市场交易分散风险的重要性,修正非理性的以履约为主的交易行为。

(本章作者:齐绍洲,武汉大学;曾雪兰,中山大学;
吴力波,复旦大学;程思,湖北经济学院)

参考文献

国际碳行动伙伴组织、世界银行:《碳排放交易实践:设计与实施手册》2016年中文版,国际碳行动伙伴组织、德国国际合作机构译,2016年。

张昕:《试点省市碳市场总量和覆盖范围分析》,《中国经贸导刊》2014年第29期。

广东省发展和改革委员会:《广东省发展改革委关于印发〈广东省2016年度碳排放配额分配实施方案〉的通知》,2016年7月8日,见http://www.gddrc.

gov.cn/zwgk/zcwj/gfxwj/201607/t20160708_422536.shtml。

北京市人民政府:《北京市人民政府关于调整〈北京市碳排放权交易管理办法(试行)〉重点排放单位范围的通知》,2016年4月1日,见http://www.zhb.gov.cn/gzfw_13107/zcfg/hjjzc/gjfbdjjzc/pwqjyzc/201606/t20160623_355854.shtml。

郑爽等著:《全国七省市碳排放权交易试点调查与研究》,中国经济出版社2014年版。

曾雪兰、黎炜驰、张武英:《中国试点碳市场MRV体系建设实践及启示》,《环境经济研究》2016年第1期。

国家发展和改革委员会经济体制综合改革司:《中共中央国务院关于进一步深化电力体制改革的若干意见》,2015年3月15日,见http://tgs.ndrc.gov.cn/zywj/201601/t20160129_773852.html。

中国电力企业管理:《科学合理征收环境税》2013年第4期。

Pang, T., & Duan, M. S., "Cap Setting and Allowance Allocation in China's Emissions Trading Pilot Programmes: Special Issues and Innovative Solutions", *Climate Policy*, Vol.16, No.7(2016).

广东省人民政府:《广东省碳排放管理试行办法》,2014年1月15日,见http://zwgk.gd.gov.cn/006939748/201401/t20140117_462131.html。

深圳市人民政府:《深圳市碳排放权交易管理暂行办法》,2014年4月2日,见http://www.sz.gov.cn/zfgb/2014/gb876/201404/t20140402_2335498.htm。

Harrison, D., Jr, & Radov, D. B., "Evaluation of Alternative Initial Allocation Mechanisms in a European Union Greenhouse Gas Emissions Allowance Trading Scheme", *Environmental Policy Collection*, 2002.

Groenenberg, H., & Blok, K., "Benchmark-based Emission Allocation in A Cap-and-trade System", *Climate Policy*, Vol.2, No.1(2002).

《图解:广东省碳排放权交易试点分析报告(2016—2017)》,2017年8月18日,广东应对气候变化网,见http://www.gdlowcarbon.gov.cn/dtgz/tjy/tpfqjysd/201708/t20170818_405560.html。

Trotignon, R., & Delbosc, A., "Allowance Trading Patterns During the EU ETS

Trial Period: What Does the CITL Reveal?", *Climate Report* No 13, June 2008.

上海市发展和改革委员会:《市发展改革委关于印发〈上海市2016年碳排放配额分配方案〉的通知》,2016年11月10日,见 http://www.shanghai.gov.cn/nw2/nw2314/nw2319/nw12344/u26aw50256.html。

广东省发展和改革委员会:《广东省发展改革委关于印发〈广东省2016年度碳排放配额分配实施方案〉的通知》,2016年7月8日,见 http://www.gddrc.gov.cn/zwgk/zcwj/gfxwj/201607/t20160708_422536.shtml。

湖北省发展和改革委员会:《省发改委关于印发〈湖北省2016年碳排放权配额分配方案〉的通知》,2017年1月3日,见 http://www.hbfgw.gov.cn/xw/tzgg_3465/gg/tpwj/201701/t20170103_109021.shtml。

北京市发展和改革委员会:《关于重点排放单位2016年度二氧化碳排放配额核定事项的通知》,2016年9月28日,见 http://www.bjpc.gov.cn/zwxx/tztg/201609/t10544322.htm。

天津市人民政府:《市发展改革委关于开展碳排放权交易试点工作的通知(附件7)》,2014年1月2日,见 http://gk.tj.gov.cn/gkml/000125209/201401/t20140102_12670.shtml。

重庆市发展和改革委员会:《重庆市发展和改革委员会关于印发〈重庆市碳排放配额管理细则(试行)〉的通知》,2014年5月28日,见 http://www.cqdpc.gov.cn/article-1-20505.aspx。

彭峰、闫立东:《地方碳交易试点之"可测量、可报告、可核实制度"比较研究》,《中国地质大学学报》2015年第4期。

郑爽:《七省市碳交易试点调研报告》,《能源与环境》2014年第2期。

齐绍洲、程思:《中国碳排放权交易试点比较研究》,《中国低碳发展报告2015》2015年。

《北京市碳排放权交易试点取得明显实效》,北京市发展和改革委员会网站,2014年9月28日。

广东省人民政府:《广东省碳排放管理试行办法》,2014年1月15日,见 http://zwgk.gd.gov.cn/006939748/201401/t20140117_462131.html。

广东省人民政府:《广东省人民政府关于印发〈广东省碳排放权交易试点工作实施方案〉的通知》,2012 年 9 月 7 日,见 http://zwgk.gd.gov.cn/006939748/201209/t20120914_343489.html。

深圳市发展和改革委员会:《碳排放权交易工作办公室》,见 http://www.szpb.gov.cn/xxgk/jgzn/nsjg/201308/t20130821_2185534.htm。

北京发展和改革委员会:《关于开展 2016 年碳排放报告报送核查及履约情况专项监察的通知》,2014 年 3 月 25 日,见 http://zfxxgk.beijing.gov.cn/110002/gzdt53/2016-03/04/content_674792.shtml。

朱晓静:《中国碳排放权抵消机制的现状与发展策略研究》,吉林大学硕士学位论文,2016 年。

上海市发展和改革委员会:《市发展改革委关于印发〈上海市 2016 年碳排放配额分配方案〉的通知》,2016 年 11 月 10 日,见 http://www.shdrc.gov.cn/fzgggz/nyglhjnjb/zcwj/24839.htm。

广东省发展和改革委员会:《广东省发展改革委关于印发〈广东省 2016 年度碳排放配额分配实施方案〉的通知》,2016 年 7 月 8 日,见 http://www.gddrc.gov.cn/zwgk/zcwj/gfxwj/201607/t20160708_422536.shtml。

北京市人民政府:《北京市人民政府关于印发〈北京市碳排放权交易管理办法(试行)〉的通知》,2014 年 5 月 28 日,见 http://www.bjets.com.cn/article/zcfg/201407/20140700000255.shtml。

广东省发展和改革委员会:《关于印发〈广东省碳排放权交易试点 2016 年度核查相关工作考评结果〉的通知》,2017 年 10 月 10 日,见 http://www.gddrc.gov.cn/zwgk/ywtz/201710/t20171010_418313.shtm。

第七章　全国碳排放权交易体系的总体框架设计

碳排放权交易体系的总体框架设计是开展体系建设各项工作的基础和纲领，以指导主管部门、控排企业和第三方核查机构等碳市场参与方有效开展工作[①]。碳排放权交易体系的总体框架涉及法律基础、各关键要素和机构安排等方面，应该明确碳排放权交易体系的法律地位、关键构成要素、建设和运行的基本思路、主管部门的权责范围等[②]。在充分分析国外体系和国内试点体系经验和教训的基础上，同时考虑全国碳排放权交易体系面临的特殊问题，经过长时间、大范围的讨论，全国碳排放权交易体系的总体设计框架已经明确，并已经据此开展了大量工作。

本章主要对全国碳排放权交易体系（以下简称"全国体系"）的总体设计框架进行分析和解读，其中：第一节主要介绍全国体系的建设路径和基本思路；第二节介绍全国体系的管理架构及其特点；第三节针对全国体系的基本构成要素，介绍各要素设计的基本思路，包括覆盖范围、配额总量和分配、MRV 体系、交易和履约规则等；第四节介绍全国体系未来仍需进一步完善的主要方面，包括抵消机制、市场调节机制等。

---

① 范英、莫建雷：《中国碳市场顶层设计重大问题及建议》，《中国科学院院刊》2015 年第 4 期。

② 段茂盛、庞韬：《碳排放权交易体系的基本要素》，《中国人口 · 资源与环境》2013 年第 3 期。

第一节　从试点体系到全国体系的建设路径

我国"两省五市"七个碳排放权交易试点的建设和运行实践为全国体系的建设做出了非常有益的探索，积累了宝贵的经验。在总结试点体系设计和运行经验和教训的基础上，尽快建立全国统一的碳排放权交易体系，可以充分发挥市场机制降低实现总体减排目标经济成本的优势①，避免不同地区之间可能的"碳泄漏"问题②。

关于全国体系的建设路径，主要有两种观点：一种观点认为，应该遵循自下而上的建设路径，即通过扩大试点范围，建设更多的区域碳市场，并逐步连接各区域碳市场逐步形成全国碳市场③；另一种观点认为，应该采用自上而下的建设路径，即借鉴国外体系和试点的经验教训，制定全国统一的规则，一步到位建立全国统一的碳市场④。本节分析比较了两种路径的可能优缺点，阐述了全国体系建设选择自上而下路径的关键考虑因素。

一、"自下而上"的建设路径

自下而上的建设路径给予各区域在碳市场建设中充分的自主权和灵活性，其可在国家碳市场建设整体思路的指导下，根据其经济发展水平、产业结构、能源消费结构、排放结构、技术能力等，自行设计具有区域特色的碳排放权交易制度。区域碳市场发展成熟后，通过连接各区域碳市场，形成全国统一的

---

① Cui L.B., Fan Y., Zhu L., et al., "How will the Emissions Trading Scheme Save Cost for Achieving China's 2020 Carbon Intensity Reduction Target?", *Applied Energy*, No.136(2014).

② Damien D., Quirion P., "CO_2 Abatement, Competitiveness and Leakage in the European Cement Industry under the EU ETS: Grandfathering vs. Output-based Allocation", *Climate Policy*, Vol.6, No.1(2006).

③ 周晓唯、张金灿：《关于中国碳交易市场发展路径的思考》，《经济与管理》2011年第3期。

④ 傅强、李涛：《我国建立碳排放权交易市场的国际借鉴及路径选择》，《中国科技论坛》2010年第9期。

碳市场。但因为各个区域市场的规则差异，这种建设路径会在体系融合的初期降低全国总体的资源配置和市场运行效率；而且不同区域可能需要针对各自的碳排放权交易体系单独立法、设计和建设体系要素，包括建设各自的注册登记系统和交易平台等，从而会极大提高全国碳市场的初期建设成本和运行成本。

体系连接需要被连接的体系在某些关键设计要素方面保持一致或者进行协调，涉及总量控制目标、配额分配方法、遵约机制、价格调控机制、MRV 规则等，因此，不同体系设计要素的差异意味着连接的技术障碍和政治挑战[①]。由于区域经济发展水平、产业结构、排放水平和结构等方面的差异，我国七个试点地区的碳排放权交易制度表现出多样性的特征——在立法形式、覆盖范围、配额分配、履约机制等关键要素的设计方面各有特色、差异明显。试点碳市场关键设计要素的差异大、兼容性差，给试点体系的连接带来了巨大的技术障碍，直接影响试点体系连接的可行性。此外，自下而上的建设路径也意味着需要进一步拓展区域碳市场的范围，而更多的区域意味着更明显的区域发展差异，必然会导致更加显著的体系之间关键要素设计的差异性和多样性，使得连接面临的技术障碍和协调难度进一步加大。此外，体系连接需要修改已有体系的设计，而这又会涉及不同地区管理部门的决策和协调，流程复杂，难度大，实施成本高，面临的政治阻力也大。

部分试点地区曾经尝试进行体系的连接，但实践表明，连接面临着巨大的障碍和阻力。例如，广东和湖北在碳市场设计的初期便有意探索进行两个试点体系的连接，但最终两个体系的要素设计差异巨大，连接过程面临重重阻碍[②]；北京碳排放权交易试点曾积极探索与周边非试点地区的连接，并分别与承德，以及内蒙古自治区呼和浩特市、鄂尔多斯市之间建立了跨区域碳交易市场，但由于北京碳排放权交易的相关法律无法在周边地区实施，导致发生了承德等地只出售指标给北京企业的单向交易、北京之外地区对不履约企业无法进行有效处罚等

① 庞韬、周丽、段茂盛：《中国碳排放权交易试点体系的连接可行性分析》，《中国人口 · 资源与环境》2014 年第 9 期。

② 林文斌、刘滨：《中国碳市场现状与未来发展》，《清华大学学报（自然科学版）》2016 年第 12 期。

不符合连接最初设想的情况[①]。

二、"自上而下"的建设路径

自上而下的建设路径意味着国家层面出台统一的法律依据和工作方案，针对覆盖范围、配额分配方法、履约机制、MRV规则、监管体系等，建立全国统一的规则。此外，注册登记系统、交易系统等辅助支撑体系也应在国家层面统一建设和运行管理。与自下而上的建设路径相比，自上而下的路径不但可以降低全国碳市场建设的复杂性和工作难度，节约市场建设成本和运行成本，而且统一的规则和市场可以避免市场的区域分割，从而进一步提高市场的资源配置效率。MRV规则和配额分配规则等的统一还可以保障不同地区配额的同质性，有助于实现更好的市场公平。

然而，全国统一规则会使地方的灵活性和自主权受限，难以充分考虑不同区域在经济发展、排放水平和结构、技术能力水平等方面的显著差异。尽管如此，与自下而上的建设路径相比，通过自上而下的方式建立国家统一市场可以有效避免区域分割，提高市场的资源配置效率，更具优势和可行性。

三、建设路径选择

考虑到全国碳市场建设时间紧、任务重，同时为避免未来区域碳市场连接可能带来的技术障碍和政治挑战，全国碳市场的国务院主管部门，即国家发展和改革委员会（国家发展改革委）决定采用自上而下的路径建立全国统一的碳排放权交易体系，即全国体系设计和运行规则在国家层面统一确定，但由省级主管部门负责具体执行，从而确保全国体系内规则的完整和一致。目前，全国碳排放权交易体系的建设正在国家发展改革委的统一部署下有序推进。根据全国碳排放权交易市场的总体建设思路，全国体系将在覆盖行业、纳入门槛、配额分配方法、

① 上海环境能源交易所：《碳市场快讯（总第55期）》，2015年1月，见 http://www.shdrc.gov.cn/wcm.files/jw_admin/upload/myupload_3138.pdf。

MRV 规则、履约机制、市场监管、注册登记系统、交易系统等所有体系要素的设计方面确保全国统一。

“自上而下”的建设路径并不意味着在全国体系设计和建设中彻底不考虑地区差异问题。在不影响全国体系环境完整性的前提下，全国体系在覆盖范围、配额分配方法等方面适当考虑了区域差异，并给予省级主管部门相应的灵活性，促进全国体系更好地为降低减排成本服务，提高省级主管部门参与全国市场建设和运行的积极性。在覆盖范围方面，经过国务院主管部门的批准，省级主管部门可以扩大全国体系在本行政区域内的覆盖行业范围、降低体系纳入企业的排放门槛。在配额分配方法方面，允许省级主管部门在本行政区域内实施比国家规定分配方法更严格的分配方法。同时，在确定全国统一的分配方法时，国务院主管部门也将通过对行业和技术的合理细分，进一步考虑同一行业内不同地区企业在技术水平方面的巨大差异。

第二节　立法工作

强有力的法律是碳排放权交易有效建设和运行的基础，因此积极推进针对全国体系的立法是体系建设中非常重要的一项内容。本节介绍全国体系目前的立法进展，包括已发布的《碳排放权交易管理暂行办法》和仍然在制定过程中的《碳排放权交易管理条例》的主要内容，以及立法过程中希望解决的主要问题、条例制定面临的主要问题和可能的解决方案等。

一、立法的必要性

与常规商品市场不同，碳排放权交易市场是一个由政策建立的强制性市场，强有力的法律法规是其有效运行的前提[①]。因此碳市场需要以较高层级的立法

① Chang, Y., Wang, N., “Environmental Regulations and Emissions Trading in China”, *Energy Policy*, Vol.38, No.7(2010).

来保证其规则的权威性，以规范包括纳入企业在内的市场参与各方的行为，督促各方履行各自义务。

从实践角度而言，通过强有力的立法保障碳市场的顺利建设和运行，是国内外所有碳市场体系的共识。只有通过较高层级的立法，从法律上明确碳排放权交易主管部门的职责，明晰参与各方的权利与义务，对违法违规行为进行强有力的处罚，才能确保碳市场体系的顺利运行，促进市场健康稳定发展。例如，欧盟以指令（Directive），加州和魁北克则以法律修正案（Amendment Act），深圳和北京试点则以人大常委会决定/规定等的形式分别确立了各自碳市场体系的法律基础。相比较而言，以地方政府规章等形式作为碳市场建设和运行主要依据的国内其他试点，在督促纳入企业履约等方面，往往面临更大的阻力。实践经验表明，高层级立法的缺失可能会导致碳市场政策的公信力不足、MRV工作难以有效开展、违约惩罚依据缺失、履约工作推进困难等，造成碳市场建立和运行的困难和风险。

因此，需要通过较高层级的立法，以法律、法规等的形式明确全国体系的关键要素设计原则，为覆盖范围、总量设定、分配方法、配额交易、排放监测报告与核查、履约及处罚措施等设计和执行，尤其是交易机构和核查机构的资质管理、履约处罚等工作提供强有力的法律支撑。

二、《碳排放权交易管理暂行办法》

2014年，“研究制定全国碳排放权交易管理办法”被列入当年的中央全面深化改革领导小组年度重点工作安排，正式开启了全国体系立法工作的进程。《中华人民共和国立法法》将法律法规分为法律、行政法规、地方性法规、自治条例和单行条例、规章等多个层级，各层级法律法规所具有的法律效力不同，低阶法的规定不能违背高阶法的要求。选择哪个层级的法律法规来规范全国碳排放权体系，是首先需要重点考虑的问题。

根据国外主要碳排放权交易体系和国内试点体系的设计和运行经验，结合《中华人民共和国立法法》《中华人民共和国行政处罚法》和《中华人民共和国行政许可法》等法律的要求,全国碳排放权交易体系的设计和有效运行,需要以法律或行政法规的方式设立对于体系运行至关重要的相关行政许可,主要包括:(1)碳排放配额的清缴制度、碳排放核查机构资质管理制度和碳排放交易机构资质管理制度;(2)突破部门规章等低层级规范的限制,设立足够高的处罚力度,以督促企业认真履行在体系下的义务,保证体系的强制性;(3)规定各主要利益相关方的权利义务,包括明确政府各相关部门的职责分工。

出于以上考虑,国家发展改革委于 2014 年起草了《碳排放权交易管理暂行办法》(以下简称《暂行办法》),拟提交国务院申请以国务院条例的形式发布。但《中华人民共和国立法法》规定,国务院条例的发布需经过报请立项、起草、听取各方意见形成草案、国务院法制机构审查草案等多项程序[①],耗时较长。同时,根据《国务院关于严格控制新设行政许可的通知》(国发〔2013〕39 号),行政许可的设立需要通过严格的审查程序,包括听取各方意见形成草案、向国务院报送论证材料、国务院法制办审查论证、发布实行决定等[②]。这意味着条例的制定需要较长的时间。而全国碳排放权交易体系的建设亟须相关框架的指导,无法等条例出台后再开展,因此,国家发展改革委决定先以部门规章的形式发布《暂行办法》,作为开展相关工作的依据,确保完成当年改革任务,为全国体系的建设奠定基本规则,同时也为后续出台行政法规奠定基础。

就立法过程而言,《暂行办法》草案编制小组在起草过程中充分分析总结了国内外主要碳排放权交易体系建设和运行的经验教训,并通过书面征集、专门会议等多种不同方式征求了国家发展改革委其他部门、国务院其他部委、省级政府、行业协会、代表性企业、研究机构、试点体系核查机构和交易机构等主要利益相关方的意见和建议,在此基础上完成了《暂行办法》的草案。草案完成后,国家发展改革委法规司对其进行了审查,审查的主要方面包括:(1)与已有行政法规的一致性;(2)对利益相关方的建议是否进行了合理的考虑;(3)编写上是否

① 《中华人民共和国立法法》,2015 年 3 月 18 日,见 http://www.npc.gov.cn/npc/dbdhhy/12_3/2015-03/18/content_1930713.htm。

② 国务院办公厅:《国务院关于严格控制新设行政许可的通知》,2013 年 9 月 26 日,见 http://www.gov.cn/zwgk/2013-09/26/content_2495516.htm。

符合法律法规的技术标准。草案在审查完毕后交由国家发展改革委主任办公会审议通过,并于2014年年底以国家发展改革委令的形式出台①。

三、《碳排放权交易管理条例(送审稿)》

《暂行办法》属于国务院部门规章,因此无法设立行政许可等,不能完全满足全国体系建设和运行的需要,因此需要为全国体系确定更高层级的法律基础。国务院条例作为行政法规,既可以解决全国体系建设和运行中需要解决的关键问题,立法周期较法律而言也相对较短,是针对全国体系立法的一个合适选择。

为此,国家发展改革委对《暂行办法》内容做了进一步凝练,聚焦于需要通过更高层级立法解决的关键问题,起草了《碳排放权交易管理条例(送审稿)》(以下简称《条例(送审稿)》),作为行政法规提请国务院审议。《条例(送审稿)》在起草过程中,国家发展改革委先后征求了中央和国务院有关部门、各省、自治区、直辖市及计划单列市、新疆生产建设兵团、相关行业协会、企业和专家学者等的意见。2015年7月,根据《国务院关于严格控制新设行政许可的通知》(国发【2013】39号)的要求,国家发展改革委又就《条例(送审稿)》涉及的行政许可问题召开了听证会。

2016年,《碳排放权交易管理条例》被纳入国务院年度立法计划。《条例(送审稿)》提交国务院后,由国务院法制办正式进行审查。为充分征询各方意见,国务院法制办以书面和专门会议等多种方式征求了中央和国务院有关部门、国务院办公厅、全国政协办公厅、最高检办公厅、各省、自治区、直辖市及计划单列市、新疆生产建设兵团、相关行业协会、企业和专家学者等的意见。

《暂行办法》和《条例(送审稿)》的编制和讨论过程中,各方的意见和建议主要集中在以下几个方面:(1)部门职责分工。有部门建议设立全国碳交易市场管理部门联席会议,由国家发展改革委同其他有关部门共同对全国市场进行监管。考虑到多个部门共同监管不利于职责划分和统一管理,也不符合中央简

① 国家发展和改革委员会应对气候变化司:《碳排放权交易管理暂行办法》,2014年12月10日,见http://qhs.ndrc.gov.cn/qjfzjz/201412/t20141212_697046.html。

政放权的精神,加之关于全国体系的重要文件都将征求各部门意见后报国务院,因此《条例(送审稿)》中未建议设立联席会议制度。(2)区域差异。部分省份提出东中西部地区发展差异较大,建议在《条例(送审稿)》中明确体现地区差异、区别对待的原则。考虑到区别对待不利于建立全国统一市场、影响资源配置效率,同时全国体系在技术设计层面也可以适度考虑地区差异问题,因此《条例(送审稿)》中未列明区别对待不同区域。(3)核查机构资质。部分地方政府等建议由省级碳交易主管部门负责确认核查机构资质并进行管理。由于核查机构的工作结果直接影响全国体系的公信力,交由地方管理核查机构可能会导致各地标准不一,因此《条例(送审稿)》提出由国务院主管部门按照全国统一的标准,在国家层面统筹管理,确保核查工作的公平、公正。

第三节　全国体系的框架与特点

确定全国体系的基本框架是全国体系设计中需要解决的首要问题,包括相关部门的职责和关键要素的安排等。本节主要以已发布的《暂行办法》为基础介绍全国体系的管理框架,即中央和省级两级管理架构,以及全国体系的基本要素安排,并着重分析了管理架构的主要特点。对关键要素设计思路和特点的分析将在第四节详细展开。

一、管理架构

管理架构主要包含了两层含义,一是主管部门以及参与部门的确定,二是主管部门和参与部门之间的职责分工[①]。主管部门选择或设立应当考虑以下方面:(1)全国体系建设作为全面深化改革工作的重要组成部分,应当与其他宏观改革政策的管理机制相适应;(2)使用市场手段控制温室气体排放,应与现有命

① 李挚萍:《碳交易市场的监管机制研究》,《江苏大学学报(社会科学版)》2012年第1期。

令控制型政策的监管相协调;(3)建立多层级的监管体系以适应碳排放权交易体系多层级的监管需求;(4)从"简政放权"的角度,应尽量简化监管机构和监管流程,以规范行政流程和降低管理成本。

从中央层面来看,碳排放权交易市场监管可能涉及国家发展改革委、财政部、工信部、中国证监会、国家认监委等多个部门,需要针对全国市场的共同监管制定合适的多部门协调机制,明确各自的权责及合作协调方式。从中央—地方的关系角度来看,全国碳市场的覆盖范围大,仅中央层面的监管会存在力度不足的缺点,且不符合"简政放权"的要求,因此,在碳排放权交易市场的监管中需要地方政府的参与。

《暂行办法》规定,国家发展改革委是碳排放权交易的国务院碳交易主管部门,负责碳排放权交易市场的建设,并对其运行进行管理、监督和指导,主要包括:负责国家碳市场基本规则的制定,包括覆盖范围、配额总量、配额分配方法、排放核算报告方法标准和流程等;统一管理国家注册登记系统和交易机构、管理核查机构资质、建立市场调节机制。各省、自治区、直辖市发展改革委是碳排放权交易的省级碳交易主管部门,对本行政区域内的碳排放权交易相关活动进行管理、监督和指导,主要包括:确定重点排放单位名单、确定配额分配方案、对重点排放单位进行配额免费分配、对重点排放单位的监测计划进行备案、接收重点排放单位的排放报告和第三方核查报告、确认重点排放单位的年度排放量、负责管理重点排放单位的配额清缴、对不履约单位进行处罚等。

二、管理架构的主要特点

《暂行办法》对全国碳排放权交易体系的基本框架和要素作了原则性的规定,包括管理机构、覆盖范围、配额分配原则、履约规则、抵消机制规则等,涵盖了全国体系的各个方面,并规定了主要参与方的责任义务等。但《暂行办法》对全国体系的规定属于框架性的安排,在操作层面,需要以其为依据,出台一系列各方面的实施细则,涉及配额分配规则、MRV 规则、拍卖规则、交易规则、注册登记系统规则等。

全国体系的规则设定具有以下三个方面的特点:(1)国务院碳交易主管部门(国家层面)和省级碳交易主管部门(地方层面)两级分工管理,国家层面负责确定体系的基本规则,地方层面负责执行国家层面确定的体系规则,同时考虑到地区差异,给予地方一定的灵活性;(2)综合使用包括罚款、征信管理、取消享受节能减碳等优惠政策的资质等多种手段,促进各市场参与方依规行事;(3)保证体系信息的高度公开和透明,适合公开的信息尽量向公众公开,包括体系纳入温室气体种类,纳入行业,纳入重点排放单位名单,排放配额分配方法,排放配额使用、存储和注销规则,各年度重点排放单位的配额清缴情况,推荐的核查机构名单,经确定的交易机构名单,交易信息(价格、交易量、交易额及大额交易等)。

考虑到全国体系覆盖的排放量为数十亿吨二氧化碳,覆盖企业数千家,全国体系采用中央—地方两级管理体系。国务院碳交易主管部门重点负责规则的制定以及体系整体运行情况的监督,而省级碳交易主管部门重点负责规则在本行政区域内的执行与监督。同时,考虑到区域差异问题,全国体系下也将给予省级碳交易主管部门一定灵活处理的权力,具体包括:允许省级碳交易主管部门在本行政区域内实施比国家统一方法更严格的免费配额分配方法;对于因使用更严格的免费配额分配方法而剩余的配额,允许省级碳交易主管部门进行有偿分配,分配所得收入应当用于支持本行政区域内的减排能力建设。

国外的碳排放交易体系,对于未履行配额提交义务企业的处罚相对比较简单,主要是处以经济罚款以及补足未交的配额,而国内试点的经验表明,单纯依靠经济处罚的效果不佳。一方面,设立较高额度的经济处罚属于行政许可,需要地方人大或者人大常委会授权,否则只能设立较低额度的罚款。没有人大授权试点地区的经济处罚额度从 2 万到 15 万元人民币不等,个别地方甚至没有设立经济处罚。另一方面,即使设立了较高的经济处罚额度,如果企业不认缴,需要通过漫长的法律诉讼程序解决,行政成本也非常高。因此,国内试点体系除了利用经济处罚这一手段外,还广泛采用了将企业不履约行为纳入征信体系、取消不履约企业享受节能减排补贴、暂停不履约企业新项目或者改造项目的审评等其他措施。实践表明,综合运用多种处罚措施取得了很好的效果。因此,全国体系的设计中也采纳了试点地区的这种创新性做法,设置了综合性的履约措施,这一规定对于开始阶段缺少高层级立法、从而无法设立经济处罚的全国体系而言至关重要。

全国体系在坚持尽可能公开信息这一原则的同时，也适当考虑了保护企业的商业机密，以及给企业必要过渡阶段以适应信息公开。例如，在要求公开的信息中，并未包括企业的年度具体排放信息等，主要考虑到部分企业的产品比较单一，公布其排放信息相当于公开其生产经营情况。另外，也考虑到目前国内企业在信息透明方面基础较差，如果从一开始就公开大量企业提供的信息，可能会导致企业对全国体系的接受度下降。随着全国体系的实施，企业对信息透明的要求会逐渐适应，后续可以逐步提高全国体系关于信息透明度的要求。

第四节　关键要素设计

本节主要介绍全国碳排放权交易体系中关键要素的设计及内在原因，包括覆盖范围、配额管理、MRV 体系、交易和履约五个方面。

一、覆盖范围

全国体系的覆盖范围涉及体系的覆盖地区、纳入的温室气体种类、覆盖行业以及纳入企业的排放门槛等。根据《暂行办法》的规定，覆盖范围由国务院碳交易主管部门确定，但“经国务院碳交易主管部门批准，省级碳交易主管部门可适当扩大碳排放权交易的行业覆盖范围，增加纳入碳排放权交易的重点排放单位”。各地区纳入全国体系的重点排放单位的名单，由省级碳交易主管部门根据国家标准或者经批准的扩大范围后的标准提出，由国务院碳交易主管部门审定并公布。

从覆盖地区方面看，全国碳交易体系从一开始就将覆盖大陆的所有地区，保证了全国碳市场的完整性；从覆盖行业和纳入门槛来看，遵循“抓大放小”原则，体系考虑首先纳入排放总量大、强度高、减排潜力大的行业，例如发电、水泥等；从纳入温室气体种类来看，《暂行办法》并未作出具体的规定，但全国体系启动时将暂时只纳入二氧化碳。

全国碳市场的另一个显著特点是纳入了电力和热力消费中包含的间接排放。这主要是由于我国电力市场改革还未完成，电价主要由政府管控，电力市场的成本传导机制不完善，导致施加在电力生产侧的碳价格信号不能有效传导到消费侧，不能对消费者形成节约电力和热力使用的激励①。因此，纳入间接排放与现阶段中国的电力市场管制、价格传导不完善、电力用户行业分布特征等实际情况密切相关，是针对现阶段中国国情的特殊安排。

二、配额管理

配额管理主要包括体系的配额总量（排放总量）设定、配额分配和配额权属确定三方面。根据《暂行办法》，配额总量将根据全国温室气体排放控制目标、经济增长、产业结构、能源结构，以及重点排放单位纳入情况来确定。

在全国体系运行的初期，配额分配方式将以免费分配为主，主要是为了减轻纳入企业的总体履约成本，降低体系实施面临的来自行业主管部门、地方政府、企业、行业协会等各方面的阻力。免费分配的方法将以基于实际产量的基准线法和基于实际产量的历史强度法为主。基于实际产出的免费分配方法可以减轻整体经济波动对碳市场纳入范围内的企业的排放形势的影响，适应在经济转型时期经济发展中存在的巨大的不确定性，但也意味着对企业的免费配额将包括事先分配以及根据企业的实际产量进行事后调节两个环节②。根据目前公开的分配方法讨论稿，全国碳市场对发电、水泥和电解铝行业均采用基准线法进行免费配额分配，并根据各行业内存在的技术差异等实际情况，设置了多个基准值

① Chernyavska L., Gullì F., "Marginal CO_2 Cost Pass-through under Imperfect Competition in Power Markets", *Ecological Economics*, Vol.68, No.1-2(2008).

② Pang, T., Duan M., "Cap Setting and Allowance Allocation in China's Emissions Trading Pilot Programmes: Special Issues and Innovative Solutions", *Climate Policy*, Vol.16, No.7(2016).

或考虑多种因素的调整系数，在一定程度上解决地区差异等问题带来的公平性问题[1]。除免费分配之外，国务院碳交易主管部门可预留部分配额用于有偿分配，用于市场调节和价格发现等。

全国体系中，国务院碳交易主管部门负责制定国家配额分配方案，明确各省、自治区、直辖市排放配额总量，并确定全国统一的配额分配方法。配额总量上限的确定有“自上而下”和“自下而上”两种方式。“自上而下”是根据社会总体或纳入全国体系的行业层面的碳排放控制目标，确定全国体系排放总量；“自下而上”则是首先按照免费分配方法确定全国体系纳入重点排放企业的免费配额数量，然后加上有偿分配配额的数量得到全国体系的总量上限。

根据国务院2016年批准的全国碳市场配额总量和分配方法原则，全国碳市场的配额总量确定将主要依据“自下而上”的方法、由配额分配方法来确定，以强度控制作为主要特征，既可以满足实现国家总体减排目标的要求，又充分考虑纳入体系行业未来发展的可能需求。相关的基本思路将在第十章详细阐述。

碳排放配额及其所表征的碳排放权是无形的，需要以一定的形式确定配额权属。全国体系中，将根据碳排放权交易注册登记系统中的信息确定配额的最终归属。国务院碳交易主管部门、省级碳交易主管部门、重点排放单位、交易机构和其他市场参与方等将在国家统一的注册登记系统下分别持有不同类型的账户，具有不同的权限，以满足其参与市场交易和管理的需求。参与方根据国务院碳交易主管部门的相应要求开立账户后，可在注册登记系统中进行配额管理的相关业务操作。

三、MRV体系

确认纳入体系的重点排放交易单位是否完成了其配额提交义务，需要在履约期结束时，对比其向主管部门提交的排放配额是否大于等于其实际排放的数量。同时，进行配额分配、确定体系排放总量等也需要纳入企业的排放信息等，

① 《全国碳交易市场配额分配方案（讨论稿）公布》，2017年5月9日，北极星电力网新闻中心，见http://www.ideacarbon.org/archives/39381。

因此必须对纳入体系重点排放单位的排放量等信息进行有效的监测、报告和核查①。MRV 体系的建设主要包括排放核算与报告指南、第三方机构核查规范等技术规范的制定，第三方核查机构的认证和管理，第三方核查机构业务监管等方面，具体内容将在第九章详细展开。《暂行办法》规定，重点排放企业应向省级主管部门提交其年度监测计划、温室气体排放报告等，第三方应向省级主管部门提交对企业排放的核查报告，并明确了履约期内各方在 MRV 方面的权利义务和工作流程。

全国碳市场下，国家将制定统一的排放核算与报告指南，包括核算边界、核算方法、质量保证、文件存档、报告内容、格式规范等。目前，国家发展改革委已经发布了 20 多个行业的排放核算和报告指南。需要注意的是，相关指南应与配额分配、排放总量设定等对数据的需求相匹配，避免两者的脱节，而配额分配方法可能是一个不断动态调整的过程，因此，相关指南的内容也需要根据实际需求以及用户的使用反馈意见进行定期评审和修订。

对核查机构的管理主要包括资质管理、核查过程和结果的监督管理。碳排放核查是一项专业性较强的工作，核查机构的业务水平对碳排放核查的结果有严重影响，第三方机构必须具备充分的专业知识、技能和经验，才能够确保对重点排放单位的相关信息、数据和排放报告进行准确的核查。因此，对于全国碳市场而言，需要通过资质认证的方式加强对核查队伍的管理，从而确保核查结果的准确性和可靠性，保证全国碳排放权交易体系的数据质量。因此，有必要对核查机构在专业能力、业绩、经验和风险承担能力方面设置资格要求。全国体系下的基本设想是，国务院碳交易主管部门会同负有对机构进行认证职责的国家认监委设定对第三方核查机构的资质条件，并对符合条件的核查机构授予资质，并对其核查工作进行监督管理。各省级碳交易主管部门则负责所辖区域内核查活动的监督管理。

---

① Schakenbach, J., Vollaro, R., Forte, R., "Fundamentals of Successful Monitoring, Reporting, and Verification under A Cap-and-trade Program", *Journal of the Air & Waste Management Association*, Vol. 56, No. 11 (2006).

四、交易

碳排放权交易市场作为政策建立的强制性市场,需要完善的制度设计保障交易行为的有序性,按照设定的规则对交易产品、交易主体等进行监管。根据《暂行办法》的规定,全国碳市场的初期仅引入排放配额和国家核证自愿减排量(CCER)两种交易产品,将适时增加其他交易产品。这种设计有利于在初期逐步引导建立规范的现货市场,在市场活跃度和成熟度达到一定水平之后,逐步增加如期权、期货等其他交易产品,进一步增强碳市场发现碳排放价格信号以激励减排的作用。同样,在体系开始运行的初始阶段,在交易主体方面也可能会设置一定的限制条件,并随着时间的推移逐步引入更多的投资者,以提高碳市场活跃程度。

在全国体系中,国务院碳交易主管部门负责确定全国市场中的碳排放权交易机构,并对其业务进行监督和管理,以确保交易平台能够给市场参与者提供合格的高质量的服务。交易监管将主要包括对交易产品、交易主体、交易平台、交易方式、交易系统等的监管。国务院碳交易主管部门将制定专门的交易管理办法,并据此对交易平台、交易主体等交易参与者进行监管。交易机构也将提出其交易细则,规范交易主体在市场内的交易行为。

五、履约

履约考核是“碳交易履约周期”的最后一个环节,也是最重要的环节之一。对未履约行为的严格处罚是确保碳交易政策具有约束力的保障,主管部门需要配备一定的执法力量执行处罚。

为保障全国体系的有效性,借鉴国内试点的履约工作经验,除了采用罚款手段以外,全国体系下将采用多种手段规范全国碳市场各参与方的行为,包括:责令整改期限设置,纳入信用管理体系,向工商、税务、金融等部门通报并予以公告,建立“黑名单”制度并依法予以曝光,取消技术奖励和税收优惠资格等。

作为一种市场型的政策手段，对违法违规行为采取经济处罚的手段是必要的，可以通过额外的违约成本督促重点排放单位等市场参与方履行其义务。但是，在实践中，受限于相关法律法规对经济处罚额度的限制，仅采用经济处罚的手段可能远远不够保证体系的强制力。根据国内试点的经验，部分重点排放单位可能更注重责任目标考核（如国有企业）、税收优惠政策、信贷政策等。因此，在全国体系下，也应该协调各部门进行协力监管，形成对重点排放单位等多方位、全维度的违约惩罚机制，大大增加其违约成本，以期有力保障履约工作的顺利进行，保证全国碳市场的有效性。

第五节　全国体系的进一步完善

除已经确定的基本框架和原则性规定外，全国碳市场的有效运行还需要有其他方面规则的支持，包括抵消机制和市场调节机制等。本节分析制定这些规则的必要性，并对其制度设计提出了建议。

一、抵消机制

抵消机制是指允许企业使用一定量的减排指标完成其配额提交义务的一种灵活机制，能够降低覆盖企业的履约成本；其也可以是一种调节市场价格的柔性机制，避免政府直接干预市场的不良影响；抵消机制还可以激励未覆盖部门实施减排行动，降低社会总体减排成本①。

抵消机制和体系的其他要素紧密相关，例如抵消机制实际上是放松了体系的排放上限目标，因此宽松的抵消机制会严重影响体系的环境完整性、影响体系内碳配额的价格。作为一种重要的交易商品，抵消信用额对市场运行具有直接影响：若对抵消信用额的要求不够严格，则会导致“劣币驱逐良币”，影响配额的

① Trotignon, R., “Combining Cap-and-trade with Offsets: Lessons from the EU-ETS”, *Climate Policy*, Vol.12, No.3(2012).

市场价格。

依据《暂行办法》，在全国体系下，重点排放单位可使用合格的国家核证自愿减排量抵消其部分排放量。从《暂行办法》关于抵消机制的规定可以看出：国家核证自愿减排量在全国体系下的使用不是无条件的，国务院碳交易主管部门将会出台相应的详细规则对使用条件进行限制，可能的限制条件包括：可用于抵消的信用类型、项目类型、签发时间、地域要求、抵消比例等。

全国体系下的抵消机制规则尚未出台，建议未来的全国碳市场下，国务院碳交易主管部门除了根据《暂行办法》的规则制定抵消机制的细则外，还应该从源头上收紧自愿减排项目规则，从而严格控制国家核证自愿减排量产生的数量，限制国家核证自愿减排量进入碳市场的数量，既给抵消机制留出了空间，同时以审慎的态度对待抵消机制，避免过于宽松的抵消机制可能对碳市场造成的不利影响。

二、市场调节机制

排放交易体系中的价格控制机制是指，规定碳排放配额交易价格的上下限，并在价格达到上下限时，允许主管部门通过一定方式对市场进行干预，减小市场价格的波动。价格上下限是一种风险管理工具，可以有效地减小碳排放交易给政府、市场参与者、社会经济发展带来的风险①。上限有利于防止配额成本过高，过度影响经济发展；下限有利于向企业提供合理的价格信号，保证企业进行低碳投资的积极性，在减排成本较低时更多地减排。

为了保证全国体系的健康稳定运行，参考国外及国内试点碳排放权交易体系在市场监管方面的经验教训，全国碳排放权交易体系也计划设立市场调节机制。根据《暂行办法》，国务院碳交易主管部门将负责建立市场调节机制，维护碳排放权交易市场的价格稳定。建议主管部门在配额价格达到预先设定的上下限时，灵活采用多种方式调控价格，包括通过配额投放和回购进行公开市场操作、设置配额拍卖的最高价和保留价、调整抵消机制等。

① Grosjean, G., Acworth, W., Flachsland, C., Marschinski, R., "After Monetary Policy, Climate Policy: Is Delegation the Key to EU ETS Reform?", *Climate Policy*, Vol.16, No.1(2016).

政府公开市场操作。政府设定排放配额价格的上下限，当市场价格超过价格上限时，政府向市场投放更多的配额；当市场价格低于价格下限时，政府通过回购方式收回部分配额，提高市场价格稳定性。

设置拍卖的最高价格和保留价格。设置拍卖的最高价格是指，若拍卖的成交价格高于事先规定的最高价格，体系将会追加拍卖的配额数量①，如以定价发售的形式；设置拍卖的保留价格是指，拍卖的成交价格应该不低于事先规定的最低价格，否则将减少拍卖配额数量②，如将配额暂时保留在体系管理者设置的账户中，在未来达到既定的条件时重新进入拍卖市场③。该方式最适用于拍卖在配额分配中占较大比例的体系。与政府公开市场操作相比，在拍卖环节实施价格控制更为简单，成本更低，对政府公信力的影响也更小。

调整抵消机制。政府可以通过调整抵消机制规则，实现调整市场价格的目的。配额市场价格过高时，可以提高抵消信用额在遵约配额中所占比例，从而实际上提高体系的排放上限，增加市场上指标的供给，降低市场价格；配额市场价格过低时，降低企业可以使用抵消信用额的比例，从而实际上降低体系的排放上限，减少市场上指标的供给，提高市场价格。

除了抵消机制和市场调节机制等外，全国体系的运行还需要制定很多具体可实施的规则，涉及体系的各个方面，比如经济处罚的实施细则等。随着全国体系运行实践的积累，也可能需要不断对相关规则进行修改完善，不应期望在体系规则的最初设计中毕其功于一役。

（本章作者：段茂盛、李东雅，清华大学）

参考文献

范英、莫建雷：《中国碳市场顶层设计重大问题及建议》，《中国科学院院刊》

① Fankhauser, S., and Hepburn, C., "Designing Carbon Markets, Part I: Carbon Markets in Time", *Energy Policy*, Vol.38, No.8(2010).

② Wood P J, Jotzo F., "Price Floors for Emissions Trading", *Energy Policy*, Vol.39, No.3(2011).

③ "On Climate Change Policy: Price floors and ceilings", 2017 年 2 月 10 日，见 https://onclimatechangepolicydotorg.wordpress.com/carbon-pricing/price-floors-and-ceilings/。

2015 年第 4 期。

段茂盛、庞韬:《碳排放权交易体系的基本要素》,《中国人口资源与环境》2013 年第 3 期。

Cui L B, Fan Y, Zhu L, et al., "How will the Emissions Trading Scheme Save Cost for Achieving China's 2020 Carbon Intensity Reduction Target?", *Applied Energy*, No.136(2014).

Damien D., Quirion P., "CO2 Abatement, Competitiveness and Leakage in the European Cement Industry under the EU ETS: Grandfathering vs. Output-based Allocation", *Climate Policy*, Vol.6, No.1(2006).

周晓唯、张金灿:《关于中国碳交易市场发展路径的思考》,《经济与管理》2011 年第 3 期。

傅强、李涛:《我国建立碳排放权交易市场的国际借鉴及路径选择》,《中国科技论坛》2010 年第 9 期。

庞韬、周丽、段茂盛:《中国碳排放权交易试点体系的连接可行性分析》,《中国人口 · 资源与环境》2014 年第 9 期。

林文斌、刘滨:《中国碳市场现状与未来发展》,《清华大学学报(自然科学版)》2016 年第 12 期。

上海环境能源交易所:《碳市场快讯(总第 55 期)》,2015 年 1 月,见 http://www.shdrc.gov.cn/wcm.files/jw_admin/upload/myupload_3138.pdf。

Chang, Y., Wang, N., "Environmental Regulations and Emissions Trading in China", *Energy Policy*, Vol.38, No.7(2010).

《中华人民共和国立法法》,2015 年 3 月 18 日,见 http://www.npc.gov.cn/npc/dbdhhy/12_3/2015-03/18/content_1930713.htm。

国务院办公厅:《国务院关于严格控制新设行政许可的通知》,2013 年 9 月 26 日,见 http://www.gov.cn/zwgk/2013-09/26/content_2495516.htm。

国家发展和改革委员会应对气候变化司:《碳排放权交易管理暂行办法》,2014 年 12 月 10 日,见 http://qhs.ndrc.gov.cn/qjfzjz/201412/t20141212_697046.html。

李挚萍:《碳交易市场的监管机制研究》,《江苏大学学报(社会科学版)》2012 年第 1 期。

Chernyavska L., Gullì F., "Marginal CO_2 Cost Pass-through under Imperfect Competition in Power Markets", *Ecological Economics*, Vol.68, No.1-2(2008).

Pang, T., Duan M., "Cap Setting and Allowance Allocation in China's Emissions Trading Pilot Programmes: Special Issues and Innovative Solutions", *Climate Policy*, Vol.16, No.7(2016).

《全国碳交易市场配额分配方案(讨论稿)公布》,2017 年 5 月 9 日,北极星电力网新闻中心,见 http://www.ideacarbon.org/archives/39381。

Schakenbach, J., Vollaro, R., Forte, R., "Fundamentals of Successful Monitoring, Reporting, and Verification under A Cap-and-trade Program", *Journal of the Air & Waste Management Association*, Vol.56, No.11(2006).

Trotignon, R., "Combining Cap-and-trade with Offsets: Lessons from the EU-ETS", *Climate Policy*, Vol.12, No.3(2012).

Grosjean, G., Acworth, W., Flachsland, C., Marschinski, R., "After Monetary Policy, Climate Policy: Is Delegation the Key to EU ETS Reform?", *Climate Policy*, Vol.16, No.1(2016).

Fankhauser, S., and Hepburn, C., "Designing Carbon Markets, Part I: Carbon Markets in Time", *Energy Policy*, Vol.38, No.8(2010).

Wood P.J., Jotzo F., "Price Floors for Emissions Trading", *Energy Policy*, Vol.39, No.3(2011).

"On Climate Change Policy: Price floors and ceilings", 2017 年 2 月 10 日,见 https://onclimatechangepolicydotorg.wordpress.com/carbon-pricing/price-floors-and-ceilings/。

第八章　全国碳市场建设规划与推进现状

第一节　全国碳排放权交易体系的建设要求和日程安排

一、建设要求

作为一个旨在以市场的方式降低温室气体排放的体系，全国碳市场应当做到公平、有效、可预测。

公平是为了争取到足够的政治和社会支持。要保证公平性，必须做到顶层设计的“五统一”，包括：(1)统一“注册登记平台”，即使用全国统一的注册登记系统记录和监督每一笔交易；(2)统一“MRV规则”，即统一核算要求、报告要求、核查要求等，保证数据的一致性①；(3)统一“配额分配方法”，使排放配额所代表的信用统一，并对所有企业公平；(4)统一“履约规则”，即统一履约要求、抵消比例、未履约处罚等；(5)统一“相关资质要求和监管”，即统一对核查机构等资质的要求，统一市场监管，为市场注入政府信用维持市场的长期稳定。同时可容许一定的灵活性，容许地方在国家规定的基础上扩大纳入的行业和企业范围，减少免费配额的发放比例。

① 段茂盛、庞韬：《碳排放权交易体系的基本要素》，《中国人口·资源与环境》2013年第3期。

有效具体包含两方面的含义：一是环境有效性，即碳市场的总量或强度控制能得到严格执行，同时将碳泄漏的影响最小化；二是减排成本有效性，即在特定减排目标下，将减排成本控制在较低水平，实现高成本效益减排[①]。要保证环境有效性，关键是要有合理的MRV机制以保证排放数据的准确，同时建立强有力的监管机制以确保排放不超过排放控制目标。对于减排成本有效性，首先应当设计合理的配额分配方法，做到“奖励先进，惩罚落后”，激励具有较高减排潜力和较低减排成本的落后企业承担更多的减排责任；同时还需建立有效的交易机制，提高市场流动性，降低排放权益的流转成本，促进排放权益的优化配置，实现高成本效益减排。

可预测性是为了提高市场参与方的投资信心。碳交易体系的可预测性越高，市场参与方的投资热情越高，投资的社会效益和减排成果也越明显。为了提高可预测性，监管机构需要尽早确立设计要素，对此进行有效的宣传沟通，并公开未来设计要素变化的方向；同时尽量减少政府干预和市场势力的影响，让市场供需自发形成相对稳定的市场价格。

二、日程安排

按照国家发改委的规划，全国统一市场的建设将分为三个阶段：2014—2017年为前期准备阶段，争取到2017年基本完成体系建设；2017—2020年为市场运行第一阶段，在此期间进行体系的试运行、积累经验并不断完善体系的设计；2020年后为市场运行第二阶段，将在全国建成一个相对完善的碳排放交易体系，基本达到公平、有效、可预测的要求，同时考虑扩大覆盖范围，并研究国际连接[②]（见图8.1）。

① Partnership for Market Readiness（PMR）and International Carbon Action Partnership（ICAP），“Emissions Trading in Practice：a Handbook on Design and Implementation”，World Bank，Washington，DC.，License：Creative Commons Attribution CC BY 3.0 IGO，2016.

② 王科、陈沫、魏一鸣：《2017年我国碳市场预测与展望》，CEEP-BIT-2017-006。

图 8.1　碳市场路线图

第二节　体系建设的主要工作和进展

中国碳市场建设始于 2011 年，国家发改委印发《关于开展碳排放权交易试点工作的通知》[①]，正式开始“两省五市”碳排放权交易试点工作，为全国统一碳市场建设做先期探索。次年 10 月，国家发改委发布《温室气体自愿减排交易管理暂行办法》[②]，以规范核证自愿减排量（CCER）的备案和签发，帮助试点开展 CCER 交易，同时为全国碳市场探索一套科学、合理、可操作性强的抵消机制。在试点碳市场如火如荼发展之时，全国碳市场建设的各项工作部署也在充分吸收借鉴试点经验的基础上以“边学边做”的方式开始陆续推进（见图 8-2），重点工作包括：

（1）2014 年 12 月发布《碳排放权交易管理暂行办法》[③]，明确了全国统一碳排放交易市场的基本框架，为全国碳市场的各项工作部署奠定基础。

---

① 中华人民共和国国家发展和改革委员会：《国家发展改革委办公厅关于开展碳排放权交易试点工作的通知》，2011 年 10 月 29 日，见 http://www.ndrc.gov.cn/zcfb/zcfbtz/201201/t20120113_456506.html。

② 中华人民共和国国家发展和改革委员会：《国家发展改革委关于印发〈温室气体自愿减排交易管理暂行办法〉的通知》，2012 年 6 月 13 日，见 http://qhs.ndrc.gov.cn/zcfg/201206/t20120621_487133.html。

③ 中华人民共和国国家发展和改革委员会：《中华人民共和国国家发展和改革委员会令》（第 17 号），2014 年 12 月 10 日，见 http://qhs.ndrc.gov.cn/zcfg/201412/t20141212_652007.html。

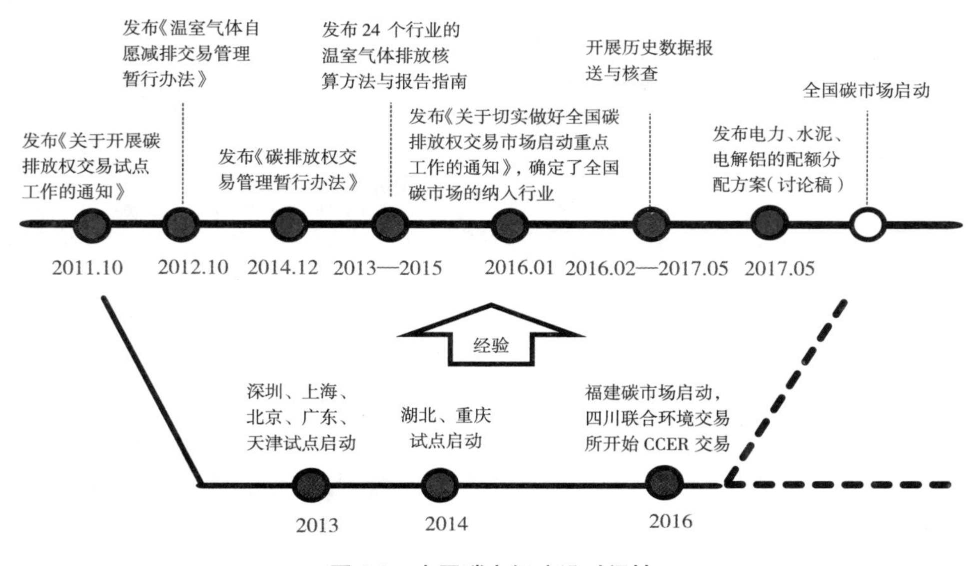

图 8.2　中国碳市场建设时间轴

（2）分三批发布了24个行业的温室气体核算方法和报告指南①②③，为全国碳市场拟纳入企业的历史数据报送与核查工作做准备。

（3）2016年1月发布《关于切实做好全国碳排放权交易市场启动重点工作的通知》④，确定了全国碳市场的纳入行业以及排放报告和核查工作规范，继而正式开始了全国37个省、自治区、直辖市及计划单列市、新疆生产建设兵团2013—2015年的历史数据报送与核查工作。

（4）在全国部分省市历史数据的基础上，国家发改委配额分配小组编制了数据基础较好的电力、水泥、电解铝三个行业的配额分配方案（讨论稿），并于

① 中华人民共和国国家发展和改革委员会：《国家发展改革委办公厅关于印发〈首批10个行业企业温室气体排放核算方法与报告指南（试行）〉的通知》，2013年10月15日，见 http://bgt.ndrc.gov.cn/zcfb/201311/t20131101_568921.html。

② 中华人民共和国国家发展和改革委员会：《国家发展改革委办公厅关于印发〈第二批4个行业企业温室气体排放核算方法与报告指南（试行）〉的通知》，2014年12月3日，见 http://www.ndrc.gov.cn/gzdt/201502/t20150209_663600.html。

③ 中华人民共和国国家发展和改革委员会：《国家发展改革委办公厅关于印发〈第三批10个行业企业温室气体核算方法与报告指南（试行）〉的通知》，2015年7月6日，见 http://www.ndrc.gov.cn/zcfb/zcfbtz/201511/t20151111_758275.html。

④ 中华人民共和国国家发展和改革委员会：《关于切实做好全国碳排放权交易市场启动重点工作的通知》，2016年1月11日，见 http://www.ndrc.gov.cn/gzdt/201601/t20160122_772150.html。

2017年5月在四川、江苏开展试算工作。

至此,全国碳市场的框架已经大体成型。接下来,国家发改委将发布所纳入行业的配额分配最终方案,并将配额发放到企业在注册登记系统所开的账户,同时确定全国碳市场交易机构,为市场正式运行奠定基础。

全国碳市场各关键要素的具体推进情况如下:

一、立法

2014年12月26日,国家发改委颁布了《碳排放权交易管理暂行办法》,明确了全国统一碳排放交易市场的基本框架。在《碳排放权交易管理暂行办法》基础上,国家发改委正在进一步推动国务院制定《碳排放权交易管理条例》。该条例涵盖了碳排放权交易的各个环节,以期在立法层面规定企业的减排义务,明确各级管理部门的职责分工,对违法行为做出强有力的处罚决定。与《管理暂行办法》相比,《管理条例(送审稿)》存在以下几个重点新增内容:(1)增加了对新能源汽车配额管理的规定,指出"对重点汽车生产企业实行基于新能源汽车生产责任的排放配额管理,具体规则由国务院碳交易主管部门另行制定和颁布";(2)明确了排放配额是无形资产,为排放配额的会计确认提供了法律依据;(3)交易产品类别增加了期货;(4)明确了重点排放单位在报告和配额清缴方面的违法违规行为的处罚。经过巨大努力,管理条例的建议稿已经于2015年年底上报国务院。国务院法制办目前已将其列入立法计划,并经过了多轮征求社会意见。相关的各项细则也正在完成当中。

二、覆盖范围、配额总量和分配方法

1. 覆盖范围

2016年1月底国家发改委印发了《关于切实做好全国碳排放权交易市场启动重点工作的通知》,明确要求各省级发改委开展相关企业历史排放数据的核算与报送,对象为"原油加工、乙烯、化工、水泥熟料、平板玻璃、粗钢、电解铝、铜冶炼、纸浆制造、机制纸和纸板、纯发电、热电联产、电网、航空旅客运输、航空货物运输、机场”等行业中2013—2015年任意一年综合能源消费10000吨以上的企业法人单位或独立核算企业单位。

2016年5月13日，国家发改委发布了《关于进一步规范报送全国碳排放权交易市场拟纳入企业名单的通知》，对拟纳入全国碳排放权交易市场企业的覆盖范围做出了进一步确认，同时扩大了化工和钢铁行业的覆盖范围，规定了在2013—2015年中任意一年发电装机之和达6000千瓦以上的其他企业自备电厂按照发电行业纳入。至此，全国碳市场的拟覆盖范围最终确定，纳入气体、门槛、行业如下：

（1）纳入气体

二氧化碳直接排放及由于外购电力、热力引起的二氧化碳间接排放。

（2）纳入门槛

2013—2015年间任意一年年综合能源消费总量达到10000吨标准煤的法人企（事）业单位，或视同法人的独立核算单位。

（3）纳入行业

全国碳排放权交易市场拟纳入行业如表8.1所示。

表8.1　全国碳排放权交易市场拟纳入行业

<table>
<tr><th>行业</th><th>行业分类代码</th><th>类别名称</th><th>行业子类（主营产品统计代码）</th></tr>
<tr><td>石化</td><td>2511</td><td>原油加工及石油制品制造</td><td>原油加工（2501）</td></tr>
<tr><td rowspan="8">化工</td><td rowspan="2">261</td><td rowspan="2">基础化学原料制造</td><td>无机基础化学原料（2601）</td></tr>
<tr><td>有机化学原料（2602，其中乙烯生产按照石化行业指南执行）</td></tr>
<tr><td rowspan="2">262</td><td rowspan="2">肥料制造</td><td>化学肥料（2604）</td></tr>
<tr><td>有机肥料及微生物肥料（2605）</td></tr>
<tr><td rowspan="2">263</td><td rowspan="2">农药制造</td><td>化学农药（26060</td></tr>
<tr><td>生物农药及微生物农药（2607）</td></tr>
<tr><td>265</td><td>合成材料制造</td><td>合成材料（2613）</td></tr>
</table>

续表

行业	行业分类代码	类别名称	行业子类(主营产品统计代码)
建材	3011	水泥制造	水泥熟料(310101)
	3041	平板玻璃制造	平板玻璃(311101)
钢铁	3120	炼钢	粗钢(3206)
	3140	钢压延加工	轧制、锻造钢坯(3207)
			钢材(3208)
有色	3216	铝冶炼	电解铝(3316039900)
	3211	铜冶炼	铜冶炼(3311)
造纸	2211	木竹浆制造	纸浆(2201)
	2212	非木竹浆制造	
	2221	机制纸及纸板制造	机制纸和纸板(2202)
电力	4411		纯发电、热电联产
	4420		电网
民航	5611		航空旅客运输
	5612		航空货物运输
	5631		机场

不过,在全国碳市场建设初期,或将只纳入部分数据基础较好、分配方法较为成熟的行业,如发电、水泥、电解铝等。待条件成熟时再将其余行业逐步纳入。

2. 配额总量

配额总量方面,全国碳市场建设初期采取"先分配后定总量"的方法确定碳市场总量,并不依赖于地区的总量控制目标。根据国家发改委《碳排放权交易管理暂行办法》规定,首先由国务院碳交易主管部门制定国家配额分配方案,并明确各省、自治区、直辖市免费分配的排放配额数量、国家预留的排放配额数量等。然后各省、自治区和直辖市向本行政区域内重点排放单位免费分配配额,剩余的配额由省级碳交易主管部门用于有偿分配。碳市场运行完善阶段,碳市场的总量控制需根据国家和地区碳排放总量控制目标制定,在具体的工作中需要相互结合,相互支持。在配额总量确定的过程中同时会考虑行业企业配额与国家产业政策、行业规划的衔接，即行业企业配额数量应体现国家具体产业政策导向，如列入去产能、去库存行业总量会有一定的政策导向体现。

3. 配额分配

配额分配方面，国家发改委委托清华大学制订配额分配方案，目前已形成方案初稿，并结合历史排放数据进行了配额试算。目前研究团队正根据试算情况对分配方法进行完善，之后国家发改委将公布最终分配方案，并指导各省份发改委完成配额分配（图 8.3）。

图 8.3　全国碳市场配额分配流程

1）配额分配的总体方案

《全国碳排放权交易市场配额分配方案》于 2016 年年底获国务院批准。根据目前已形成的初步方案，配额分配主要以基准线法和历史强度下降法为主：

基准线法是根据重点排放单位的实物产出量（活动水平）和所属行业基准计算重点排放单位配额的方法，计算公式为：单位配额＝行业基准×实物产出量。其中行业基准值由国家发改委统一颁布；实物产出量为企业配额发放年度的实物产出量。

历史强度下降法是根据重点排放单位的实物产出量（活动水平）、历史强度值、减排系数计算重点排放单位配额的方法，计算公式为：单位配额＝历史强度值×减排系数×实物产出量。其中历史强度值是经过核查的若干历史年份的重点排放单位或其主要设施的单位实物产出（活动水平）导致的二氧化碳排放量，用于配额分配的历史强度值计算方法由国家发改委确定并发布；减排系数为国家发改委根据国家低碳发展目标以及完成国家自主碳减排贡献（INDC）要求，并考虑行业碳减排潜力和成本等因素，确定的行业历史强度下降率。

2）各行业配额分配方案

2017 年 5 月，国家发改委分别在四川、江苏两地开展了配额分配试算会议，会上公开了电力、水泥和电解铝行业的配额分配方案（讨论稿）。三个行业均是按照基准线法+预分配的思路,分配时以2015年的产量为基准,初始分配一定比例的配额,实际配额待核算出当年实际产量以后多退少补。

(1)发电行业

发电企业配额分配总量=供电配额总量+供热配额总量。

供电配额计算方法:供电配额总量=供电量×排放基准×冷却方式修正系数×供热量修正系数×燃料热值修正系数。

排放基准根据压力、机组容量和燃料类型分了11个类型,各类型的排放基准值如表8.2所示;冷却方式修正系数水冷为1,空冷为1.05;供热量修正系数燃煤电厂为1-0.25×供热比,燃气电厂为1-0.6×供热比;燃料热值修正系数只存在于流化床IGCC机组的情况,其他机组可以默认为1或者认为没有这个系数。对于流化床、IGCC机组,低于3000大卡的取1.03,高于3000大卡的取1。

表8.2 电力行业基准值

划分基准	配额分配基准值(tCO_2/MWh)
超超临界1000MW机组	0.8066
超超临界600MW机组	0.8267
超临界600MW机组	0.8610
超临界300MW机组	0.8748
亚临界600MW机组	0.8928
亚临界300MW机组	0.9266
高压超高压300MW以下机组	1.0177
循环流化床IGCC300MW及以上机组	0.9565
循环流化床IGCC300MW以下机组	1.1597
燃气F级以上机组	0.3795
燃气F级以下机组	0.5192

供热配额计算方法:供热配额=供热量×供热基准值。

其中供热基准值所有燃煤机组为0.1118tCO_2/GJ,所有燃气机组的值为0.0602tCO_2/GJ。

(2)水泥行业

水泥企业配额=熟料×排放基准值。

其中排放基准值取0.8534tCO_2/吨熟料。另外协同处理废弃物有配额核增项,废弃物处理量在3万—5万吨的配额核增1%,5万—10万吨的配额核增2%,10万吨以上的配额核增3%。

(3)电解铝行业

电解铝企业配额=铝液产量×排放基准值。

其中排放基准值为9.1132 tCO_2/吨铝液。核算碳排放的时候电力消耗的碳排放不采用区域电网平均排放因子,而采用全国统一电网排放因子:0.6858tCO_2/MWh。

三、监测、报告与核查体系

监测、报告和核查(MRV)工作是碳排放权交易市场数据准确性的保障,是市场信用的另一个主要来源。政府需要对MRV的各项制度、流程、技术标准予以详细规定,同时建设与之匹配的硬件,保障系统能安全顺利运转。

2013—2015年,国家发改委分三批发布了24个行业的温室气体核算方法和报告指南,包括:

首批(10个):电解铝、电网、发电、钢铁、航空、化工、镁冶炼、平板玻璃、水泥、陶瓷;

第二批(4个):石油和天然气生产、石油化工、独立焦化、煤炭生产;

第三批(10个):造纸和纸制品生产、其他有色冶炼和压延加工、电子设备制造、机械设备制造、矿山、食品烟草酒饮料精制茶、公共建筑运营、陆上交通运输、氟化工、工业其他行业。

目前,其中的10个行业指南已"升级"成了国家标准并公布,另外14个已完成征求意见。这些指南与标准将为全国碳排放权交易市场提供数据核算方面的统一技术标准。同时国家发改委制定了《碳排放权交易第三方核查机构及人员参考条件》《碳排放权交易第三方核查参考指南》等技术标准文件,进一步规范整个MRV流程。详细情况见表8.3。

表 8.3 全国碳市场 MRV 相关制度和标准

类型	法律政策
通则	《工业企业温室气体排放核算和报告通则》
核算与报告指南(标准)	《中国发电企业温室气体排放核算方法与报告指南(试行)》
	《中国电网企业温室气体排放核算方法与报告指南(试行)》
	《中国钢铁生产企业温室气体排放核算方法与报告指南(试行)》
	《中国化工生产企业温室气体排放核算方法与报告指南(试行)》
	《中国电解铝生产企业温室气体排放核算方法与报告指南(试行)》
	《中国镁冶炼企业温室气体排放核算方法与报告指南(试行)》
	《中国平板玻璃生产企业温室气体排放核算方法与报告指南(试行)》
	《中国水泥生产企业温室气体排放核算方法与报告指南(试行)》
	《中国陶瓷生产企业温室气体排放核算方法与报告指南(试行)》
	《中国民航企业温室气体排放核算方法与报告格式指南(试行)》
	《中国石油和天然气生产企业温室气体排放核算方法与报告指南(试行)》
	《中国石油化工企业温室气体排放核算方法与报告指南(试行)》
	《中国独立焦化企业温室气体排放核算方法与报告指南(试行)》
	《中国煤炭生产企业温室气体排放核算方法与报告指南(试行)》
	《造纸和纸制品生产企业温室气体排放核算方法与报告指南(试行)》
	《其他有色金属冶炼和压延加工业企业温室气体排放核算方法与报告指南(试行)》
	《电子设备制造企业温室气体排放核算方法与报告指南(试行)》
	《机械设备制造企业温室气体排放核算方法与报告指南(试行)》
	《矿山企业温室气体排放核算方法与报告指南(试行)》
	《食品、烟草及酒、饮料和精制茶企业温室气体排放核算方法与报告指南(试行)》
	《公共建筑运营单位(企业)温室气体排放核算方法和报告指南(试行)》
	《陆上交通运输企业温室气体排放核算方法与报告指南(试行)》
核算与报告指南(标准)	《氟化工企业温室气体排放核算方法与报告指南(试行)》
	《工业其他行业企业温室气体排放核算方法与报告指南(试行)》
	《关于批准发布工业企业温室气体排放核算和报告通则等 11 项国家标准的公告》
第三方核查	《全国碳排放权交易第三方核查机构及人员参考条件》
	《全国碳排放权交易第三方核查参考指南》

四、企业历史数据报送

企业的历史排放数据是确定相关排放单位的履约或报告义务、制定配额分配方案的重要依据。2016 年 1 月 11 日，国家发改委气候司发布《关于切实做好全国碳排放权交易市场启动重点工作的通知》，根据该《通知》要求，地方主管部门应组织管辖范围内拟纳入的企业按照所属的行业，根据企业温室气体排放核算方法与报告指南的要求，分年度核算并报告其 2013 年、2014 年和 2015 年共 3 年的温室气体排放量及相关数据，并组织第三方核查机构对企业的排放数据等进行核查，最终地方主管部门将汇总数据、单个企业经核查的排放报告一并交到国家发改委。2016 年 5 月 13 日，国家发改委气候司发布了《关于进一步规范报送全国碳排放权交易市场拟纳入企业名单的通知》，进一步明确了报送范围、报送要求等。

需要完成报送工作的共有 22 个省、5 个自治区、4 个直辖市、5 个计划单列市（深圳、青岛、大连、厦门、宁波）和新疆生产建设兵团，共计 37 个省区市。由于部分地方政府核查经费的落实问题，历史数据报送的进度相比计划较为延后。截至 2017 年 7 月，所有省区市的历史数据报送工作已经完成。在完成 2013—2015 年历史数据报送之后，河北、河南、青海、安徽、江苏、广西、四川、青岛等省区市也开始着手 2016 年数据收集工作。

五、交易平台

建设碳市场是为了发挥市场机制的优势，利用交易平台实现碳排放权流转，达到对碳排放权这一稀缺资源进行优化配置的目的。国务院碳交易主管部门负责确定碳排放权交易机构并对其业务实施监督，具体交易规则由交易机构负责制定，并报国务院碳交易主管部门备案。交易机构会开发并管理自己的交易系统，将具体的交易规则，如连续交易、定价点选、竞价出售等体现到系统中。

目前国家发改委已经备案了 9 个全国碳市场碳交易机构，包括基于试点发展起来的北京环境交易所、上海环境能源交易所、天津排放权交易所、重庆碳排放权交易中心、湖北碳排放权交易中心、广州碳排放权交易所、深圳排放权交易所,以及根据全国碳市场发展战略的需要新建立的四川联合环境交易所、海峡股权交易中心。不过,截至 2017 年 11 月,国家发改委尚未正式公布全国统一碳市场交易平台方案。

六、全国碳市场省级层面推进工作

全国碳市场建设离不开省级层面的建设推进。历史数据核查是各省区市已经普遍开展,并且完成较好的工作。截至 2017 年 7 月,所有省区市均完成核查,为碳市场的启动运行打下了坚实的基础。除了数据报送,各试点和非试点省区市还根据本地的实际情况,有针对性地开展了一系列工作。

1. 试点省市向全国碳市场过渡的推进工作

7 个碳交易试点地区筹备全国碳市场工作的核心任务在于如何实现试点与全国碳市场的有效过渡衔接。试点阶段为 2013 — 2015 年,但所有试点均在 2016 年度继续运行。其中,北京明确表示在 2017 年全国碳市场启动后仍会继续运行,成为第一个宣布此方案的试点地区;而深圳已于 2017 年 7 月正式上线 2017 年配额,广东也随后发布了 2017 年配额分配方案。

为顺利与全国碳市场衔接,各试点地区都在积极研究过渡方案,且部分试点地区已经开展了实际行动。上海在 2015 年度履约结束后,宣布暂停配额交易,并制定了配额等量结转的有关方案,为研究过渡方案预留了充足的市场空间及设计时间;湖北 2016 年将除航空以外满足全国碳市场纳入条件的企业全部纳入本省配额管理,并对其进行国家体系 2017 年配额预发放,数量相当于企业 2016 年度初始配额的 10%。

2. 非试点省区市建设全国碳市场的推进工作

与试点地区相比,非试点地区碳排放权交易市场建设面临地域差别大、基础相对薄弱、专业机构和人员缺乏等难题。要尽快实现顺利启动全国碳排放权交易市场的目标,非试点地区都在抓紧明确工作任务和要求,制订工作方案和计划,培育地方专家团队和第三方服务机构,组织数据报送以及企业动员培训等工作,时间紧迫、任务繁重。目前,非试点地区的工作重心主要集中在以下几个方面:

（1）制定参与全国碳市场工作方案，明确各级地方政府及省级各部门的职能分工，明确建设阶段的重点任务，同时开始筹备相关配套政策的制定。

截至2017年11月，浙江、江西、甘肃、江苏、新疆、四川等地已经印发了相应的碳市场建设工作实施方案或管理办法，提出了省级碳市场建设的主要目标，明确了主要任务。江苏省还专门成立了省碳市场建设办公室，全面统筹协调全省碳市场的发展。

（2）培育碳市场服务业，包括第三方核查机构和其他专业服务机构，以支持本辖区内碳排放权交易市场的实施运行。各地在核查机构招标过程中，都在一定程度上凸显了本地化原则，扶植本地核查体系，但相关体系需要进一步完善。

（3）先于全国碳市场开展碳排放权交易实践。四川联合环境交易所于2016年4月获备案，成为全国碳排放权交易非试点地区首家、全国第八家温室气体自愿减排交易机构；福建省则按照国家的纳入标准、核算和配额分配方法单独建立了碳市场，并于2016年12月22日正式启动，提前一年对参与全国碳市场进行“预演”。其中福建省的海峡股权交易中心已经获得备案，成为第九家国家温室气体自愿减排交易机构。

第三节　推进全国体系的能力建设

能力建设是建设全国碳市场不可或缺的重要环节，主要是对碳市场的各类参与主体，包括政府、控排企业、第三方核查机构、金融机构等开展形式多样的综合培训，目的是为了让市场参与主体熟悉碳市场政策法规，熟练操作报送、登记和交易系统，具备完成减排义务、提供专业化服务的能力。在全国碳市场建设中，各参与方从国家层面、行业层面、国际项目层面开展了丰富多样的能力建设活动。

一、国家、行业、社会的相关工作

自2012年起，全国主要试点省市碳排放权交易中心陆续开展了区域内碳市场能力建设培训；全国多地发改委也积极举办或组织参与全国或地方能力建设培训和研讨会；此外，全国还有若干碳领域专业培训机构，通过自主开班、企业内训、政府合作等方式参与到全国碳市场能力建设中。从 2016 年 3 月开始国家陆续成立了深圳、湖北、北京、广东、重庆、上海、成都和天津八个全国碳市场能力建设中心，各中心先后赴其他地区组织开展了针对非试点省、自治区的碳交易能力建设培训会或研讨会，初步搭建起跨区域碳排放权交易市场培训体系。截至 2017 年 7 月，各个能力建设中心培训人次超过万人。

为进一步规范能力建设体系，国家发改委还发布了 6 套统一培训教材，包含《企业碳管理手册》《企业碳排放监测、报告与核查百问百答》《中国碳市场建设与管理工作手册》《中国碳市场能力建设培训讲义》《中国碳市场首批纳入重点行业碳排放报告模板与示例参考》《中国碳市场首批纳入重点行业碳排放第三方核查报告模板与示例参考》。教材主要针对政府官员、企业和第三方机构等当前能力建设主要对象的工作需求量身定制，形式上既有培训的 PPT 课件，也有与之配套的辅助课本。特别是，为进一步指导重点纳入企业开展数据报送，辅导第三方核查机构更好地完成核查任务，这套教材还专门设计了八大典型行业（11 个子行业）数据报送及第三方核查的示例模板，以案例的方式直观、形象地向企业和第三方机构展示数据报送与核查的具体要求和实操技巧。

各个行业的温室气体排放源和排放特征存在差异性，开展温室气体排放监测、报告、核查需要对该行业的工艺流程非常熟悉，因此各行业协会或相关机构也针对本行业组织了更有针对性的能力建设活动。

二、资金支持

中国碳市场能力建设的资金主要来自中央和地方财政。除此以外，很多国际机构也给予了大量的支持，其中最有影响力的是欧盟。中欧碳交易能力建设项目是欧盟和中国的合作项目，目标是支持中国开展成功的碳排放权交易试点及建设全国碳交易体系来实现减排目标和低碳发展战略。项目邀请了直接参与欧盟碳交易体系、中国试点碳市场和全国碳市场设计的主管官员和技术专家，以及被欧盟和中国试点碳市场覆盖的优秀企业代表等为受培训人员讲课。项目活动覆盖了碳交易市场建设的各个主题，包括立法、路线图、总量设定、配额分配、监测报告核查、注册登记簿、金融产品和工具、市场监管、履约管理、企业动员等。自 2014 年 1 月项目第一期正式实施以来至 2017 年 1 月，共举办培训和交流活动 30 期，培训人次 2500 余人。目前项目第二期也已启动。相比上期，第二期会在讲师管理、培训效果追踪等方面进行加强。

三、面临的挑战

尽管已经取得了一定的成就，但是碳市场能力建设领域仍面临一些问题和挑战：(1)缺乏统一标准。在全国或地区范围，低碳领域培训处于各自为战的状态，各个机构在课程设置、培训内容、考核方式和内容、岗位能力证书等方面无统一标准。(2)缺乏长效机制。由于部分企业碳排放管理职能部门未明确，一旦原有负责人被调离原岗位，需要对新负责人重新培训。(3)培训内容实操性不足。目前的培训理论性内容偏多，而实操层面，尤其是数据的监测、记录、报告以及系统使用等内容需要进一步加强。(4)能力需求不断提高。碳市场是一个不断发展与完善的市场，跨行业、学科交叉将越来越普遍，相关从业人员对能力建设的需求与要求也越来越高。比如碳金融的能力建设培训，随着碳金融创新的不断发展与成熟，在掌握碳交易基本要素的基础上，还要了解财务、会计、商务、银行等金融知识。因此，能力要求的不断增加对未来碳市场能力建设也将是一个不小的挑战。

（本章作者：钱国强、黄晓辰、赖寒，北京中创碳投科技有限公司；段茂盛，清华大学）

参考文献

段茂盛、庞韬：《碳排放权交易体系的基本要素》，《中国人口·资源与环境》2013 年第 3 期。

Partnership for Market Readiness(PMR) and International Carbon Action Partnership(ICAP),"Emissions Trading in Practice:A Handbook on Design and Implementation",World Bank,Washington,DC.License:Creative Commons Attribution CC BY 3.0 IGO,2016.

王科、陈沫、魏一鸣:《2017年我国碳市场预测与展望》,CEEP-BIT-2017-006。

中华人民共和国国家发展和改革委员会:《国家发展改革委办公厅关于开展碳排放权交易试点工作的通知》,2011年10月29日,见http://www.ndrc.gov.cn/zcfb/zcfbtz/201201/t20120113_456506.html。

中华人民共和国国家发展和改革委员会:《国家发展改革委关于印发〈温室气体自愿减排交易管理暂行办法〉的通知》,2012年6月13日,见http://qhs.ndrc.gov.cn/zcfg/201206/t20120621_487133.html。

中华人民共和国国家发展和改革委员会:《中华人民共和国国家发展和改革委员会令》(第17号),2014年12月10日,见http://qhs.ndrc.gov.cn/zcfg/201412/t20141212_652007.html。

中华人民共和国国家发展和改革委员会:《国家发展改革委办公厅关于印发〈首批10个行业企业温室气体排放核算方法与报告指南(试行)〉的通知》,2013年10月15日,见http://bgt.ndrc.gov.cn/zcfb/201311/t20131101_568921.html。

中华人民共和国国家发展和改革委员会:《国家发展改革委办公厅关于〈印发第二批4个行业企业温室气体排放核算方法与报告指南(试行)〉的通知》,2014年12月3日,见http://www.ndrc.gov.cn/gzdt/201502/t20150209_663600.html。

中华人民共和国国家发展和改革委员会:《国家发展改革委办公厅关于印发〈第三批10个行业企业温室气体核算方法与报告指南(试行)〉的通知》,2015年7月6日,见http://www.ndrc.gov.cn/zcfb/zcfbtz/201511/t20151111_758275.html。

中华人民共和国国家发展和改革委员会:《关于切实做好全国碳排放权交易市场启动重点工作的通知》,2016年1月11日,见http://www.ndrc.gov.cn/gzdt/201601/t20160122_772150.html。

第九章 温室气体排放核算方法与报告体系建设

第一节 MRV的定义及对碳市场的作用

MRV：Monitoring（监测）、Reporting（报告）、Verification（核证），是指排放量或减排效果可监测、可报告和可核查，最初主要用于气候谈判国际协议里的相关措施中，之后但凡与定量数据有关的讨论，都要求进行MRV。

一、MRV发展背景

1992年《联合国气候变化框架公约》（UNFCCC）不仅确立了依据“共同但有区别责任”采取减缓和适应行动来应对气候变化的国际准则，还要求缔约方提供、定期更新以及公布国家履约信息通报（*National Communications*），这可以认为是MRV体系发展的雏形。1997年UNFCCC第三次缔约方会议达成的《京都议定书》提出，气体源的排放和各种汇的去除及相应举措应当以公开和可核查的方式进行报告，并依据相应条款进行核查，这表明了国际社会希望通过MRV体系增强全球应对气候变化透明度的决心。2007年UNFCCC第十三次缔约方大会达成的《巴厘岛路线图》明确要求各国适当减缓行动（NAMA）要符合“可测量、可报告、可核查”，进一步明晰了MRV体系的要求。2015年年底签订的《巴黎协定》，为2020年以后的减排措施提出了新的MRV参考体系，其设置了每5

年定期盘点机制，以总结协定的执行情况，评估实现协定宗旨和长期目标的进展情况。

从MRV在国际谈判中的发展进程可以看出，一个公开、公正、公平的MRV体系正在成为未来共同应对气候变化和不断增进国际信任的重要环节，该体系既要满足气候变化解决方案的要求，还要涵盖因政治经济体制差异、国家发展阶段和目标不同而形成的多种政策和行动。

在国家层面MRV实践中，早在2004年1月，欧盟理事会和欧洲议会通过了关于制定温室气体排放监测与报告的指令（Directive 2004/156/EC）①，积累了关于监测、核查与报告的初步经验；2007年7月，欧盟理事会和欧洲议会通过了《温室气体的监测和报告准则》（Directive 2007/589/EC）②，详细规范了监测方法、质量控制程序、确立了第三方核查制度，以确保可靠性、可信性及监测系统和报告数据的准确性。2012年6月，欧盟委员会进一步颁发了《关于监测和报告温室气体排放的条例》EU 601/2012（MRG2012）③，统一了欧盟境内所有成员国的温室气体排放的核算方法。

2009年6月，美国众议院通过《清洁能源与安全法案》（*American Clean Energy and Security Act of 2009*），该法案前瞻性的要求MRV体系要能够定量衡量美国温室气体排放的进展。2009年9月，美国环保署通过《温室气体报告规则》（*Green-house Gas Reporting Rules*）④，该规则主要针对化石燃料燃烧/工业温

---

① EC（2004），"Commission Decision（EC）No 2004/156/EC of 29 January 2004 establishing guidelines for the monitoring and reporting of greenhouse gas emissions pursuant to Directive 2003/87/EC of the European Parliament and of the Council"，*Official Journal of the European Union*，59，pp.1-74.

② EC（2007），"Commission Decision（EC）No 2007/589/EC of 18 July 2007 establishing guidelines for the monitoring and reporting of greenhouse gas emissions pursuant to Directive 2003/87/EC of the European Parliament and of the Council（notified under document number C（2007）3416）"，*Official Journal of the European Union*，229，pp.1-85.

③ EC（2012a），"Commission Regulation（EU）No 600/2012 of 21 June 2012 on the verification of greenhouse gas emission reports and tonne-kilometre reports and the accreditation of verifiers pursuant to Directive 2003/87/EC of the European Parliament and of the Council Text with EEA relevance"，*Official Journal of the European Union*，181，pp.1-29.

④ US EPA（2009），"Final Rule for Mandatory Reporting of Greenhouse Gases"，Retrieved from：https://www.epa.gov/regulations-emissions-vehicles-and-engines/final-rule-mandatory-reporting-greenhouse-gases.

室气体排放者、汽车和发动机制造商，对于其年均温室气体排放超过 2.5 万公吨的所有者，需提交年度温室气体排放报告。2010 年 3 月，美国环保署发布的《温室气体报告规则修正案》分行业细化了原规则。

作为最大的发展中国家，目前我国正积极采取减缓措施以控制温室气体排放，并为全球应对气候变化做出了贡献。我国目前已经初步建成了国家、地方、企业的三级温室气体排放核算和报告体系。

二、MRV 作用及关系

MRV 是针对温室气体排放可监测、可报告、可核查的体系。具体而言，监测主要包括制定温室气体排放的监测计划，涉及监测方法、监测设备、监测周期等；报告的内容包括排放主体基本信息、温室气体排放量、活动水平数据、排放因子以及相关的生产数据等；核查是由第三方核查机构按照相关要求与规范对具体排放或者减排行动进行独立检查和判断。

可监测、可报告和可核查三者关系密切：监测的技术与结果影响了报告信息的准确性和可靠性；监测是依特定的标准而进行的，相应的，其结果应该具有可核查性；可核查的价值在于保证报告的结果数据相互比较与验证。可见，气候变化背景下的 MRV 体系要求，以特定的标准进行监测，以公开和标准化的方式报告，并且保证该信息的准确和可靠性可以被比较和核实。

从根本上来讲，MRV 就是数据收集、整理和汇总的实践。只有健全的 MRV 机制才能确保温室气体排放数据的准确性和可靠性。MRV 机制包括 MRV 的流程、温室气体排放核算与报告指南、第三方核查体系、违规处罚等。

管理机构颁布的各项法规制度是 MRV 体系的法律制度基础。企业依据相关法规的温室气体排放数据监测（M）是后续进行温室气体排放报告（R）的前提。企业的温室气体排放数据监测和报告又是第三方机构进行核查工作（V）的基础，同时核查工作的开展又可以帮助企业完善和改进自身温室气体排放数据监测和报告。这三个方面相互支撑，是相辅相成缺一不可的。

三、碳市场中的 MRV

碳市场中的 MRV 体系是构建碳市场环境的重要环节,是企业对内部碳排放水平和相关管理体系进行系统摸底盘查的重要依据,对发现企业碳管理漏洞、挖掘减排潜力、实现低碳转型发展具有重要意义。良好的 MRV 体系可为碳交易主管部门制定相关政策与法规提供数据支撑,可提高温室气体排放数据质量,为配额分配提供保障,同时有效支持控排企业进行碳资产管理。碳市场中的主要利益相关方的职责及分工如下:

1. 管理机构

各个组织、国家的 MRV 体系不尽相同,一般来说 MRV 体系的管理机构可以是跨国界的行业组织、区域/国家内部的行业机构、区域/国家的政府主管机构等,这主要取决于该 MRV 体系覆盖的范围,如果 MRV 体系覆盖范围为某一区域或国家,那么管理机构就是该区域和国家的政府主管机构,如果 MRV 体系覆盖范围为跨国界的某一行业,那么管理机构就是该行业的相关国际组织。

我国 MRV 体系的管理机构为国家发展和改革委员会。2013 年年底国家发展和改革委员会批准七个省市作为碳排放权交易试点,试点地区的 MRV 管理机构为当地发展和改革委员会。

MRV 体系的管理机构需要颁布相关法规、标准、确定纳入的行业及企业、确认监测计划、确定第三方核查机构、审批企业排放报告和第三方核查报告。颁发的相关法规和标准一般包括三部分:一是企业的监测、量化和报告指南;二是用于核查的指南;三是第三方核查机构的认定管理指南。

2. 控排企业

控排企业是参与碳市场 MRV 体系的主体,其主要职责是制定温室气体排放监测计划并报主管部门审批或备案,并根据审批或备案的监测计划对温室气体排放相关数据实施监测。在年度数据监测完成后,需要按照报告指南的格式上报其温室气体排放,并积极配合第三方核查机构完成核查工作。

3. 第三方核查机构

第三方核查机构在 MRV 体系中承担着重要的角色,它是保障整个体系公平公正运行的基石。第三方核查机构需要充分了解 MRV 体系的内容,按照管理机构公布的核查指南进行核查工作,确保企业的排放量真实、准确。

一般来说,MRV 体系运作大致包括以下流程:

首先,纳入企业应在每一年年底前将下年度温室气体排放监测计划上报管理机构,并按照批准或者备案的监测计划实施监测;其次,在每年第一季度编制上一年度的温室气体排放报告,并按照相关要求及时提交;然后,第三方核查机构对企业的年度温室气体排放情况进行核查,出具温室气体排放核查报告并上报管理机构;最后,管理机构依据核查报告,组织相关机构或专家对于核查报告进行评审,并最终确定企业的年度温室气体排放量。

第二节　国内外碳市场 MRV 体系发展现状

MRV 体系的建设,对于碳市场起着至关重要的支撑与推动作用,目前国内外开展碳交易的相关国家和地区均建成了成熟的 MRV 体系。

一、国际碳市场 MRV 体系

1. 欧盟

监测、报告和核查的原则由欧盟委员会决定并以指令形式(Directive 2003/87/EC)提出,明确可用标准的或其他可接受的方法计算或衡量温室气体排放。Directive 2003/87/EC 提出了具体的 MRV 流程,即欧盟要求企业在每年度结束后,应首先核实和整理排放报告所需要的数据资料,并按照相关要求完成实际排放量的核算和报告。企业完成初稿后提交给获得主管部门资格认证的第三方核查机构,进入核查程序,以确定企业报告数据的真实性。核查机构完成核查流程后，对排放报告出具核查意见，如果企业的排放报告出现较大的问题，企业尽快修改报告，再次提交核查；如果核查结果满意，企业应该将核查机构的意见与排放报告一起在规定的时间提交相关主管部门，接受监督检查和进行备案。其 MRV 具体流程见图 9.2。

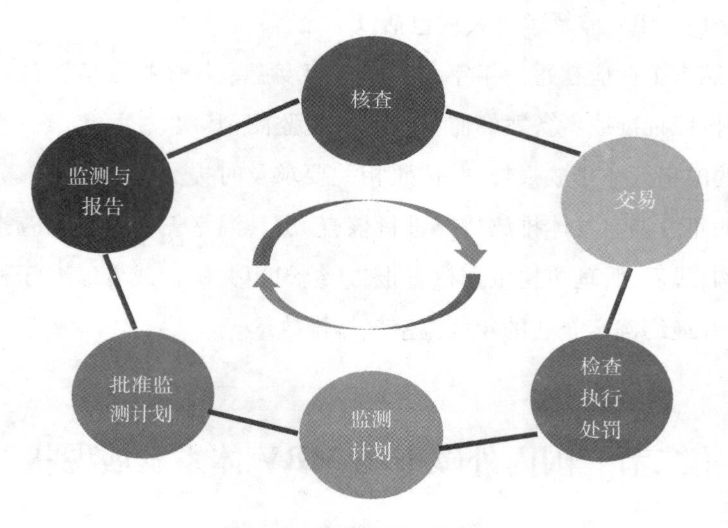

图 9.1 欧盟 MRV 流程图

欧盟温室气体监测报告法律制度，是由欧盟排放交易框架中关于监测报告的法律规定（主要包括欧盟排放交易指令 Directive 2003/87/EC 和 Directive 2009/29/EC，监测报告指南 MRG2004、MRG2007 和 MRG2012 等），以及欧盟监测决定（Decision 280/2004）和欧盟温室气体监测机制运行决定（Decision 2005/166/EC）等相关法律规定共同组成。这些相关法律法规确保了欧盟碳市场的有效运行。欧盟的监测报告体系从第一、第二阶段的指南上升到第三阶段的条例，足见欧盟对于该体系的重视，同时，监测和报告的标准也在逐步改善。

从监测的范围看，监测温室气体种类逐渐增多，第一阶段仅监测 CO_2 的排放，第二阶段新增监测 N_2O 的排放，第三阶段新增监测 PFCs 的排放；从监测的流程看，监测计划的作用更加重要和突出，是企业核算、报告与第三方核查的主要依据；从监测的方法来看，第三阶段基于计算的方法和基于测量的方法描述得更加详细,数据的获取和等级要求更清晰。

2. 美国加州

2006 年美国加州州长签署通过了众议院 32 号法(Assembly Bill 32,AB32),即全球变暖应对法 2006(*California Global Warming Solutions Act of 2006*),这标志着加州正式通过立法的形式确立了减排目标:2020 年温室气体排放减少到 1990 年水平,2050 年比 1990 减少 80%。

加州碳排放交易机制涉及的气体范围较宽,包括了所有温室气体和许多目前欧盟碳排放权交易体系尚未涉及的产业部门和排放行为,如加州以外的电力提供商和运输燃料提供商。AB32 法中规定了温室气体强制排放报告的要求,具体包括美国国家排放清单、设施强制报送和第三方核证等三方面的内容。其中,国家排放清单包括的气体种类为二氧化碳、甲烷、一氧化二氮、氢氟碳化合物、六氟化硫和全氟化碳。统计核算遵循 IPCC 和美国 EPA 的方法,加州政府要求年排放量为 2.5 万吨二氧化碳当量的设施报告其温室气体排放量,并由第三方机构进行核证。

3. RGGI

区域温室气体计划(Regional Greenhouse Gas Initiative,RGGI)为美国东北地区和中大西洋地区 10 个州 2009 年开始的联合减排行动。RGGI 要求控排企业安装温室气体实时测量的排放连续监测系统(Continuous Emissions Monitoring Systems,CEMS),用于监测、记录和计量包括温室气体在内的排放数据。监测要求主要包括:(1)制订监测计划。监测计划主要内容包括燃料类型、监测设备技术参数、被监测参数类型、监测方法等。(2)选择监测方法。RGGI 控排企业需按规定时间向相关部门提交相关电子版和纸质版数据报告(如碳排放量数据、监测计划信息、认证和质量保证测试的结果等)。电子版季度报告由控排企业在季度结束后 30 天之内,通过美国环保局(EPA)开发的排放收集和监测计划系统(ECMPS)客户端工具提交给 EPA 清洁空气市场部(CAMD)。

RGGI 对控排企业 CO_2 排放数据的核查分为电子审查和实地审查两种方式。在电子审查方面,ECMPS 客户端工具能够根据预先设定的程序对控排企业提交的数据进行彻底的检查，并可将审查出现的问题及时向控排企业反馈，这样相关错误就能够在正式提交前被发现并纠正。在实地审查方面。EPA 开发了一套名为实地审核定位工具（TTFA），该工具能够识别各种 CEMS 操作和维护问题。

通过调研发现，国际碳排放权交易市场 MRV 体系各有特色。欧盟碳市场经过三个阶段发展，逐渐建立起完善的温室气体排放 MRV 体系，加强了对核算方法的统一，提出了不确定性分析和风险评估要求，改进了核查中关于数据流和质量控制的规定，并新增了报告的电子模板。加州碳市场中温室气体报告制度存在法律强制要求，统计核算需遵循 IPCC 和美国 EPA 相关计算方法。与其他碳排放权交易市场主要基于核算的方法不同，RGGI 主要采用直接测量方法确定温室气体排放，原因是其纳入的均为发电设施，有非常完备的计量基础。

二、国内 MRV 实践进展

1. 试点地区 MRV 实践进展

2011 年 10 月，国家发改委正式下发《关于开展碳排放权交易试点工作的通知》[①]，批准率先在北京、天津、上海、重庆、湖北、广东、深圳“两省五市”开展碳排放权交易试点工作。MRV 和履约的规定是保证各试点碳交易体系有效运转的基础。所有试点的碳排放核查报告的提交截至日期均为 4 月底，而履约截至日期均在 5 月底至 6 月底期间。在碳交易试点之前，我国没有企业层面的关于温室气体排放的核算、报告及核查体系。通过各试点 MRV 体系的建设与运行，为试点地区碳交易政策的制定提供了数据支撑，同时也为全国统一碳排放权交易市场 MRV 体系建设奠定了良好的基础。

中国碳交易试点 MRV 体系建设有以下几个特点：

① 国家发展改革委办公厅：《关于开展碳排放权交易试点工作的通知》，2011 年 10 月 29 日，见 http://www.ndrc.gov.cn/zcfb/zcfbtz/201201/t20120113_456506.html。

第一,各个试点地区[①②③④⑤⑥⑦]的碳排放核算边界大体一致,基本以法人为单位进行核算,都包括燃料燃烧和工业生产过程的直接排放源以及外购电力或热力的间接排放源,不过在排放源的具体规定上部分试点有所差异。关于直接排放源,所有试点地区都考虑固定源的化石燃料燃烧和工业生产过程,同时除了北京和上海试点未对移动源排放进行核算外,其他试点地区均考虑了移动源的化石燃料燃烧;另外,深圳和广东要考虑逸散排放,上海和北京要考虑废弃物处理排放。关于间接排放源,所有试点地区都纳入外购电力排放,除北京外其他六个试点地区都纳入了外购热力排放;深圳还考虑外购冷和蒸汽的排放。重庆是碳排放核算边界最特殊的试点地区:一是唯一核算六种温室气体;二是除直接排放和间接排放外,还需要核算两类特殊排放,即外输能源(燃料、电力和蒸汽等)产生的碳排放以及封存和转移的碳排放,总排放量等于直接排放加上间接排放减去特殊排放。

第二,各试点地区除了报送碳排放数据外,对于需要根据实际生产数据分配配额的企业还需要额外报送生产活动数据。其中,深圳对生产数据的报送和核查作出了专门性规定,控排企业要在每年 3 月 31 日前将统计指标数据报告提交给统计部门,每年 5 月 10 日前将经统计部门核定后的统计指标数据提交给主管部门,即深圳的生产数据的报送和核查由统计部门负责。其他试点地区由于需要提供相关数据的仅涉及部分企业,且大部分为产量数据,因此未对相关数据的

---

① 北京市发展和改革委员会:《北京市企业(单位)二氧化碳排放核算和报告指南(2013 版)》,2013 年 11 月 20 日,见 http://qhs.ndrc.gov.cn/zcfg/201312/t20131231_574013.html。

② 天津市发展和改革委员会:《关于开展碳排放权交易试点工作的通知》,2013 年 12 月 24 日,见 http://gk.tj.gov.cn/gkml/000125209/201401/t20140102_12670.shtml。

③ 上海市发展和改革委员会:《上海市温室气体排放核算与报告指南(试行)》,2012 年 12 月 11 日,见 http://www.shdrc.gov.cn/xxgk/cxxxgk/14642.htm。

④ 广东省发展改革委员会:《广东省企业二氧化碳排放信息报告指南(2017 版)》,2017 年 3 月 22 日,见 https://max.book118.com/html/2017/0321/96324780.shtm。

⑤ 湖北省发展和改革委员会:《工业企业温室气体排放监测、量化和报告指南(试行)》,2014 年 7 月 14 日,见 http://www.hbfgw.gov.cn/ywcs2016/qhc/tztgqhc/gwqhc/201407/t20140724_79338.shtml。

⑥ 深圳市发展和改革委员会:《组织的温室气体排放量化和报告规范及指南》,2012 年 11 月 6 日,见 https://max.book118.com/html/2015/0331/14096836.shtm。

⑦ 重庆市发展和改革委员会:《关于印发〈重庆市工业企业碳排放核算报告和核查细则(试行)〉的通知》,2014 年 9 月 23 日,见 http://www.cq.gov.cn/publicinfo/web/views/Show! detail.action? sid=3926627。

报送、核查的时间以及流程再行规定，一般在碳排放报送和核查的过程中同时进行，相关数据也一般由主管部门组织审定。

第三，试点的核查机构管理和选定采取了不同的方式。北京、广东和重庆通过公开征选、评审的方式确定第三方机构名单，2014 年 6 月之前的核查是直接给名单中的第三方机构分配指定核查的排放单位，后续部分试点地区（深圳和北京）改由排放单位选择第三方机构。深圳和上海对核查机构进行备案，备案之后两地核查机构的选定方式不同，深圳由排放单位自主选择备案核查机构进行核查，上海通过政府采购按行业分包招标，备案核查机构进行投标，中标之后按标单进行核查。天津历史核查通过政府采购按行业分包招标确定核查机构，第一年核查通过单一来源采购的方式选择之前的核查机构。

第四，核查费用将逐渐转由企业承担。试点地区的历史碳排放数据核查的费用都由政府承担，不过，一开始由政府承担核查费用是为了使碳交易试点工作能够顺利启动起来，未来改由企业承担的做法将会越来越普及，例如深圳在试点第一年就已经由纳入企业负担核查费用，北京和广东从第二年开始采取此做法。核查费用由控排单位承担的话，收费标准的确定也有两种方式，一种是由政府价格主管部门确定（例如广东），另一种是由市场决定（例如深圳）。

第五，核查监管措施既有共性也有特点。深圳和天津要求控排单位不得连续三年选择同一家核查机构或者相同的核查人员进行核查；深圳和北京要求建立核查的抽查机制；深圳还要求评估控排单位的风险等级，对于风险等级高的控排单位及其委托的核查机构进行重点检查；天津则是要求建立核查机构的信用档案。

2. 国家层面 MRV 进展

在全球应对气候变化形势的推动下，世界范围内正在经历一场经济社会发展方式的巨大变革，即向低碳绿色发展方式的转型。中国政府一贯高度重视气候变化问题，把积极应对气候变化、加快绿色低碳发展纳入到经济社会发展的重大战略体系，提出了一系列创新性举措。《中华人民共和国国民经济和社会发展第十三个五年规划纲要》中进一步强调了“创新、协调、绿色、开放、共享”的发展理念，明确要求有效控制碳排放总量，建立并健全碳排放权初始分配制度。

2016 年 10 月，国务院发布的《“十三五”控制温室气体排放工作方案》中已明确提出，构建国家、地方、企业三级温室气体排放核算、报告与核查（MRV）工作体系，建设重点企业温室气体排放数据报送系统。

在国家发改委的组织下，目前已经形成了一系列核算方法，支撑我国碳排放权交易市场建设。

（1）重点行业企业的温室气体核算的方法及标准

国内强制碳排放报告制度已开始实施，2012 年下半年，在 UNDP 支持下，国家发改委选取了六个高耗能、高排放行业，研究各行业企业的温室气体核算的方法及报告模板，在 2013 年 10 月发布了 10 个行业（发电、电网、钢铁、化工、电解铝、镁冶炼、平板玻璃、水泥、陶瓷和民航）的企业温室气体排放核算方法与报告指南①。2014 年 1 月，国家发改委发布《关于组织开展重点企（事）业单位温室气体排放报告工作的通知》②，实行重点企（事）业单位温室气体排放报送制度，为落实我国控制温室气体排放行动目标、加快生态文明建设奠定基础。其中明确开展重点单位温室气体排放报告的责任主体为：2010 年温室气体排放达到 13000 吨二氧化碳当量，或 2010 年综合能源消费总量达到 5000 吨标准煤的法人企（事）业单位，或视同法人的独立核算单位。2014 年 12 月，国家发改委发布了第二批重点行业（煤炭生产、石油天然气生产、石油化工和独立焦化）温室气体排放核算方法与报告指南③，2015 年 11 月发布了第三批 8 个行业 10 个核算指南④，至此国家发改委共发布了三批共 24 个重点行业温室气体核算方法与报告指南。此外，为进一步规范并完善首批 10 个行业的温室气体排放核算与报告要求，以支撑建立全国统一碳市场，国家发改委组织了这 10 个行业温室气体排放核算与报告国家标准的研究与编制工作，并于 2015 年 11 月 19 日顺利通过审

---

① 国家发展改革委办公厅：《关于印发〈首批 10 个行业企业温室气体排放核算方法与报告指南（试行）〉的通知》，2013 年 10 月 15 日，见 http://bgt.ndrc.gov.cn/zcfb/201311/t20131101_568921.html。

② 国家发展和改革委员会：《关于组织开展重点企（事）业单位温室气体排放报告工作的通知》，2014 年 1 月 13 日，见 http://www.ndrc.gov.cn/zcfb/zcfbtz/201403/t20140314_602463.html。

③ 国家发展改革委办公厅：《关于印发〈第二批 4 个行业企业温室气体排放核算方法与报告指南（试行）〉的通知》，2014 年 12 月 3 日，见 http://www.ndrc.gov.cn/gzdt/201502/t20150209_663600.html。

④ 国家发展改革委办公厅：《关于印发〈第三批 10 个行业企业温室气体核算方法与报告指南（试行）〉的通知》，2015 年 7 月 6 日，见 http://www.ndrc.gov.cn/zcfb/zcfbtz/201511/t20151111_758275.html。

查,作为推荐性国家标准发布实施。

目前我国重点行业温室气体排放核算有以下特点:

一是以最低一级企业法人为核算单位;

二是涵盖与生产经营活动有关的全部排放(直接排放和间接排放);

三是涉及六种温室气体(CO_2、CH_4、N_2O、HFCs、PFCs、SF_6);

四是核算方法应简便易行,有较强的可操作性。

随着全国统一碳排放权交易市场的渐行渐近,国家发改委进一步明确了工作要求。2016年1月,国家发改委印发了《关于切实做好全国碳排放权交易市场启动重点工作的通知》(57号文)①,其中明确,全国碳排放权交易市场第一阶段将涵盖石化、化工、建材、钢铁、有色、造纸、电力、航空等重点排放行业,参与主体初步考虑为业务涉及上述重点行业,其2013—2015年中任意一年综合能源消费总量达到1万吨标准煤以上(含)的企业法人单位或独立核算企业单位。首批纳入企业应分年度核算并报告其2013—2015年度的温室气体排放量及相关数据。

按照目前中国碳交易市场的建设整体要求,全国碳市场排放数据报送包括两类:历史数据报送(2013—2015年度)和年度数据报送。历史数据报送目的是为了摸清纳入企业历史年度(2013—2015年度)的碳排放水平,为主管部门配额分配提供数据支撑;年度数据报送是为年度履约提供数据支撑,是企业年度履约的重要依据,与企业利益息息相关。

(2)国内自愿减排项目方法学、审定与核证指南

目前,国内已经开展了一些基于项目的自愿减排交易活动,对于培育碳减排市场意识、探索和试验碳排放交易程序和规范具有重要意义。国家发改委于2012年6月颁布了《温室气体自愿减排交易管理暂行办法》②,保障自愿减排交易活动的有序开展。该暂行办法适用于六种温室气体的自愿减排交易活动,并

① 国家发展和改革委员会:《关于切实做好全国碳排放权交易市场启动重点工作的通知(发改办气候[2016]57号)》,2016年1月11日,见 http://qhs.ndrc.gov.cn/qjfzjz/201601/t20160122_791850.html。

② 国家发展和改革委员会:《关于印发〈温室气体自愿减排交易管理暂行办法〉的通知》,2012年6月13日,见 http://qhs.ndrc.gov.cn/zcfg/201206/t20120621_487133.html。

规范了用于确定项目基准线、论证额外性、计算减排量、制定监测计划的方法指南。项目审定报告包括：

①项目审定程序和步骤；

②项目基准线确定和减排量计算的准确性；

③项目的额外性；

④监测计划的合理性；

⑤项目审定的主要结论。

减排量核证报告包括：

①减排量核证的程序和步骤；

②监测计划的执行情况；

③减排量核证的主要结论。

其中，对年减排量6万吨以上的项目进行过审定的机构，不得再对同一项目的减排量进行核证。

此外，国家发改委还颁布了《温室气体自愿减排项目审定与核证指南》[①]，详细说明了审定与核证机构备案的具体要求、审定与核证工作的原则、程序及要求。

第三节　国家碳交易 MRV 指南介绍

一、核算和报告指南介绍

在全国碳市场建设过程中，最核心的问题是如何量化和核算排放量，如果企业对核算方法、报告体系、核查标准理解有误，造成排放数据偏差，产生的不仅是信誉缺失，而且意味着真金白银的损失，所以对各行业的核算指南应该有准确且深入的认识。截至2015年11月，国家发改委共发布了三批共24个重点行业温

① 国家发展和改革委员会：《关于印发〈温室气体自愿减排项目审定与核证指南〉的通知》，2012年10月31日，见 http://cdm.ccchina.gov.cn/zylist.aspx? clmId=161&page=1。

室气体核算方法与报告指南。虽然归属不同的行业,但是不同的核算指南具有一定的共性,主要体现于每个重点行业均包含了适用范围、引用文件与参考文献、术语与定义、核算边界、核算方法、质量保证与文件存档、报告内容与格式规范七部分内容。

1. 适用范围

24个行业指南的适用范围均针对中国境内从事各行业生产活动的独立法人企业或视同法人的独立核算单位,但如果报告主体除了本行业生产外还存在其他生产活动且伴有温室气体排放的,还应参照其生产活动所属行业的企业温室气体排放核算方法与报告指南,核算并报告这些生产活动的温室气体排放量。

2. 引用文件与参考文献

重点行业核算指南编制过程中有一些通用的引用文件,如《省级温室气体清单编制指南》《中国能源统计年鉴》《中国温室气体清单研究》《2006年IPCC国家温室气体清单指南》《ISO 14064-1　温室气体　第一部分:组织层次上对温室气体排放和清除的量化和报告的规范及指南》。由于行业的特殊性,不同行业的核算指南制定过程中还引用了该行业所特有的技术标准,例如:石油化工核算指南包含了《SH/T 0656石油产品及润滑剂中碳、氢、氮测定法(元素分析仪法)》《GB/T 8984气体中一氧化碳、二氧化碳和碳氢化合物的测定(气相色谱法)》;水泥企业核算指南参考了《水泥行业二氧化碳减排议定书　水泥行业二氧化碳排放统计与报告标准(2005)》以及《美国温室气体排放和汇的清单(EPA 2008)》,其他行业特殊的引用文件和参考文献具体见相关行业核算指南。

3. 术语与定义

24个行业的核算指南中对某些基本概念存在通用定义,碳排放权交易市场参与者可初步了解温室气体、报告主体、活动水平、排放因子等概念性术语。

(1)温室气体

大气层中自然存在的和由于人类活动产生的能够吸收和散发由地球表面、大气层和云层所产生的、波长在红外光谱内的辐射的气态成分。《京都议定书》中所规定的六种温室气体,分别为二氧化碳(CO_2)、甲烷(CH_4)、氧化亚氮(N_2O)、氢氟碳化物（HFCs）、全氟碳化物（PFCs）和六氟化硫（SF_6）。

（2）报告主体

具有温室气体排放行为并应核算和报告的法人企业或视同法人的独立核算单位。

（3）活动水平

量化导致温室气体排放或清除的生产或消费活动的活动量，例如化石燃料的燃烧量、购入的电量、购入的蒸汽量等，或者电网企业中六氟化硫设备的修理与退役过程中设备的容量和实际 SF_6 回收量。

（4）排放因子

量化每单位活动水平的温室气体排放量的系数，表示在给定操作条件下某一活动水平的代表性排放率。

（5）碳氧化率

燃料中的碳在燃烧过程中被氧化成 CO_2 的比率。

由于行业的特殊性，不同行业存在特有的专业名词，如：

（1）石油化工行业中 CO_2 回收利用

由报告主体产生的但又被回收作为生产原料自用或作为产品外供给其他单位从而免于排放到大气中的 CO_2。

（2）化工企业中碳源流

指流入或流出企业边界的化石燃料、含碳的原材料、含碳的产品或含碳的废物。在生产过程中产生的副产品或废气如果被现场回收利用而不流出企业边界则不属于碳源流。

（3）钢铁企业中固碳产品隐含的排放

指的是固化在粗钢、甲醇等外销产品中的碳所对应的 CO_2 排放。

具体其他行业特殊定义参看相应的核算指南。

4. 核算边界

报告主体应以独立法人企业或视同法人的独立核算单位为企业边界，核算和报告在运营上受其控制的所有生产设施或业务产生的温室气体排放。设施范围包括主要生产系统、辅助生产系统，以及直接为生产服务的附属生产系统等，具体以各行业核算指南为准。

由于行业的特殊性，不同行业主要核算的温室气体种类和排放源具有一定的差异性，具体见表9.1。

表9.1　24个重点行业核算气体与排放源类别汇总

行业	报告主体	核算气体	排放源类别
石油化工	具有温室气体排放行为并应核算和报告的法人企业或视同法人的独立核算单位	CO_2	化石燃料燃烧CO_2排放、火炬燃烧CO_2排放、工业生产过程CO_2排放、CO_2回收利用量、净购入电力和热力隐含的CO_2排放
化工		CO_2、N_2O	燃料燃烧排放、工业生产过程排放、CO_2回收利用、净购入电力和热力隐含的CO_2排放、其他温室气体排放
水泥		CO_2	燃料燃烧排放、替代燃料和协同处置的废弃物中非生物质碳的燃烧、料中碳酸盐分解、料中非燃料碳排放、净购入电力和热力隐含的CO_2排放、其他产品生产排放
平板玻璃		CO_2	化石燃料燃烧排放、工业生产过程排放、净购入电力和热力隐含的CO_2排放
钢铁		CO_2	燃料燃烧排放、工业生产过程排放、净购入电力和热力隐含的CO_2排放、固碳产品隐含的二氧化碳排放
电解铝		CO_2PFC_S	燃料燃烧排放、能源作为原材料用途的排放、工业生产过程排放、净购入电力和热力隐含的CO_2排放
其他有色金属冶炼和压延加工		CO_2	化石燃料燃烧排放、过程排放、能源作为原材料用途排放、净购入电力和热力隐含的CO_2排放
造纸和纸制品		CO_2、CH_4	化石燃料燃烧排放、过程排放、废水厌氧处理排放、净购入电力和热力隐含的CO_2排放
发电		CO_2	化石燃料燃烧排放、脱硫过程排放、净购入电力隐含的CO_2排放
电网		CO_2、SF_6	使用六氟化硫的设备的修理和退役过程产生的排放、输配电损失引起的排放
民用航空		CO_2	燃料燃烧排放、净购入电力和热力隐含的CO_2排放
独立焦化企业		CO_2	化石燃料燃烧、工业生产过程CO_2排放、CO_2回收利用、净购入电力和热力隐含的CO_2排放

续表

行业	报告主体	核算气体	排放源类别
工业其他行业	具有温室气体排放行为并应核算和报告的法人企业或视同法人的独立核算单位	CO_2、CH_4	化石燃料燃烧、碳酸盐使用过程 CO_2 排放、工业废水厌氧处理 CH_4 排放、CH_4 回收与销毁量、CO_2 回收利用、净购入电力和热力隐含的 CO_2 排放
矿山企业		CO_2	燃料燃烧 CO_2 排放、碳酸盐分解的 CO_2 排放、碳化工艺吸收的 CO_2 量、净购入电力和热力隐含的 CO_2 排放
煤炭生产		CO_2、CH_4	燃料燃烧 CO_2 排放、火炬燃烧 CO_2 排放、CH_4 和 CO_2 逃逸排放、净购入电力和热力隐含的 CO_2 排放
镁冶炼		CO_2	燃料燃烧排放、能源作为原材料用途的排放、工业生产过程排放、净购入电力和热力隐含的 CO_2 排放
石油天然气		CO_2、CH_4	燃料燃烧 CO_2 排放、火炬燃烧 CO_2 和 CH_4 排放、工艺放空 CO_2 和 CH_4 排放、CH_4 逃逸排放、CH_4 回收利用量、CO_2 回收利用量、净购入电力和热力隐含的 CO_2 排放
食品、烟草及酒、饮料喝精制茶企业		CO_2、CH_4	化石燃料燃烧排放、工业生产过程排放、废水厌氧处理排放 CH_4、净购入电力和热力隐含的 CO_2 排放
陶瓷生产企业		CO_2	化石燃料燃烧排放、工业生产过程排放、净购入电力隐含的 CO_2 排放
电子设备制造企业		CO_2、HFCs、NF_3、SF_6、PFCs	燃料燃烧排放、工业生产过程排放、净购入电力和热力隐含的 CO_2 排放
氟化工企业		CO_2、HFCs、SF_6、PFCs	化石燃料燃烧 CO_2 排放、HCFC-22 生产过程 HFC-23 排放、销毁的 HFC-23 转化的 CO_2 排放、HFCs/PFCs/SF_6 生产过程的副产物及逃逸排放、净购入电力和热力隐含的 CO_2 排放
机械设备制造		CO_2、HFCs、SF_6、PFCs	化石燃料燃烧排放、工业生产过程排放、净购入电力和热力隐含的 CO_2 排放
公共建筑运行		CO_2	固定燃烧源的燃烧排放、移动燃烧源的燃烧排放、购入电力和热力隐含的 CO_2 排放
路上交通运输企业		CO_2、CH_4、N_2O	燃料燃烧产生 CO_2、CH_4 和 N_2O 排放，尾气净化过程产生的 CO_2 排放、净购入电力和热力隐含 CO_2 排放

5. 核算方法

不同行业报告主体进行温室气体排放核算的完整工作流程均包含如下环节：

- 确定核算边界；
- 识别排放源；
- 收集活动水平数据；
- 选择和获取排放因子数据；
- 分别计算各排放源的温室气体排放量；
- 汇总计算企业温室气体排放量。

在企业核算边界范围内，涉及的主要排放类型如下所述：

（1）化石燃料燃烧排放

化石燃料燃烧产生的排放量主要取决于活动水平数据和排放因子。活动水平数据由化石燃料消耗量与燃料的平均低位发热量相乘得到，排放因子由化石燃料的单位热值含碳量、碳氧化率及二氧化碳与碳的摩尔质量比相乘得到。

（2）工业过程排放

虽然各行业（航空除外）工业生产过程排放涉及种类繁多，如发电企业脱硫过程排放，镁冶炼企业能源作为原材料的排放、电解铝企业阳极效应排放、化工企业过程排放等，但核算方法主要分为两类：排放因子法和碳平衡法。排放因子法核算结果通过活动水平与排放因子相乘得到。碳平衡法核算结果，通过输入原料与输出产品及废弃物中含碳量之差，并乘以二氧化碳与碳的摩尔质量得到。

（3）废弃物处理排放

纸浆造纸企业与食品、烟草及酒、饮料和精制茶企业生产过程中采用厌氧技术处理高浓度有机废水时产生甲烷排放，该部分甲烷排放乘以相应的全球变暖潜势（GWP）即得到该部分产生的排放。

（4）净购入电力与热力排放

净购入电力与热力引起的排放的计算主要取决于电力消费量和热力消费量及相应的排放因子，需要注意的是电力消费量和热力消费量以净购入电力和热量为准。

(5)CO_2回收利用

部分行业存在CO_2回收利用,如化工行业。由于该部分CO_2排放未直接排放到大气中,核算时该部分排放应该扣除掉,具体计算时应由企业边界回收且外供的CO_2气体体积、气体纯度及CO_2气体密度相乘得到。

准确识别核算边界与排放源是控排企业进行核算的前提,是我国 MRV 体系中重要的一环,需要严格按照国家核算指南去执行。

6. 质量保证与文件存档

重点行业中报告主体应建立企业温室气体排放报告的质量保证和文件存档制度,包括以下内容:

(1)指定专门人员负责企业温室气体排放核算和报告工作。

(2)建立健全温室气体排放和能源消耗台账记录。

(3)建立企业温室气体数据和文件保存和归档管理制度。

(4)建立企业温室气体排放报告内部审核制度。

7. 报告内容与格式

报告主体应按照核算指南中附件一的格式对以下内容进行报告:

(1)报告主体基本信息

报告主体基本信息应包括报告主体名称、单位性质、报告年度、所属行业、组织机构代码、法定代表人、填报负责人和联系人信息。

(2)温室气体排放量

报告主体应报告在核算和报告期内温室气体排放总量,并分别报告燃料燃烧排放量,工业过程排放量(航空企业和电网企业除外),净购入使用的电力、热力产生的排放量。

(3)活动水平及其来源

报告主体应报告企业消耗的不同品种化石燃料及生物质混合燃料的净消耗量和相应的低位发热值。如果企业生产其他产品,则应按照相关行业的企业温室气体排放核算和报告指南的要求报告其活动水平数据及来源。

(4)排放因子及其来源

报告主体应报告消耗的各种化石燃料的单位热值含碳量和碳氧化率数据以

及报告采用的电力排放因子和热力排放因子,同时对其来源进行说明。

如果企业生产其他产品,则应按照相关行业的企业温室气体排放核算和报告指南的要求报告其排放因子数据及来源。

二、补充数据表格填报内容解读

2016年1月,国家发改委印发了《关于切实做好全国碳排放权交易市场启动重点工作的通知》(57号文)。同年5月,为了统一纳入全国碳排放权交易市场的覆盖范围及规范企业名单格式,国家发改委发布了《关于进一步规范报送全国碳排放权交易市场拟纳入企业名单的通知》[1],旨在进一步推进及落实全国碳排放权交易市场的建设。对于首批纳入全国碳市场企业(行业代码见表9.2),除了按照相应行业核算与报告指南完成报告内容外,还需要按照57号文附件三《全国碳排放权交易企业碳排放补充数据核算报告模板》的要求,同时核算并报告上述指南中未涉及的其他相关基础数据,见表9.3。

表9.2　首批拟纳入全国碳市场行业

<table>
<tr><th>行业</th><th>行业分类代码</th><th>类别名称</th><th>行业子类(主营产品统计代码)</th></tr>
<tr><td>石化</td><td>2511</td><td>原油加工及石油制品制造</td><td>原油加工(2501)</td></tr>
<tr><td rowspan="7">化工</td><td rowspan="2">261</td><td rowspan="2">基础化学原料制造</td><td>无机基础化学原料(2601)</td></tr>
<tr><td>有机化学原料(2602,其中乙烯生产按照石化行业指南执行)</td></tr>
<tr><td rowspan="2">263</td><td rowspan="2">肥料制造</td><td>化学肥料(2604)</td></tr>
<tr><td>有机肥料及微生物肥料(2605)</td></tr>
<tr><td rowspan="2">264</td><td rowspan="2">农药制造</td><td>化学农药(2606)</td></tr>
<tr><td>生物农药及微生物农药(2607)</td></tr>
<tr><td>265</td><td>合成材料制造</td><td>合成材料(2613)</td></tr>
</table>

① 国家发展和改革委员会:《关于进一步规范报送全国碳排放权交易市场拟纳入企业名单的通知》,2016年5月13日,见 http://www.ideacarbon.org/archives/32642。

续表

行业	行业分类代码	类别名称	行业子类(主营产品统计代码)
建材	3011	水泥制造	水泥熟料(310101)
	3041	平板玻璃制造	平板玻璃(311101)
钢铁	3120	炼钢	粗钢(3206)
	3140	钢压延加工	轧制、锻造钢坯(3207)
			钢材(3208)
有色	3216	铝冶炼	电解铝(3316039900)
	3211	铜冶炼	铜冶炼(3311)
造纸	22211	木竹浆制造	制浆(2201)
	2212	非木竹浆制造	
	2221	机制纸及纸板制造	机制纸和纸板(2202)
电力	4411		纯发电、热电联产
	4420		电网
民航	5611		航空旅客运输
	5612		航空货物运输
	5631		机场

表 9.3　补充数据表

	企业基本信息			纳入碳交易主营产品信息									能源和温室气体排放相关数据		
年份	企业名称	组织机构代码	行业代码	产品一			产品二			产品三			企业综合能耗(万吨标煤)	按照指南核算的企业温室气体排放总量(万吨二氧化碳当量)	补充报告模板核算的企业或设施层面二氧化碳排放总量(万吨)
				名称	单位	产量	名称	单位	产量	名称	单位	产量			
2013															
2014															
2015															

为了满足碳市场配额分配需要,57 号文附件三提供了首批纳入全国碳市场

的企业补充数据表格，重点核算并报告核算指南中未涉及的其他相关基础数据，为全国碳市场配额分配提供数据支撑。

补充数据表格填写以法人边界或者工序边界为核算边界，主要填写内容涉及排放数据、生产数据及配额相关数据等，目前只包括 CO_2 一种温室气体。

根据补充数据表填写规范，八大行业纳入全国碳市场的履约边界与核算边界范围不同，大部分行业均核算了化石燃料燃烧排放、净购入使用电力和热力的排放，水泥和化工包括了过程排放，民用航空企业只存在燃料燃烧排放、电解铝行业排放源类型只有电解工序交流电耗等。具体行业补充数据表填写注意事项见表 9.4。

表 9.4　补充数据表填写主要事项

行业	核算边界	排放类型	电力热力排放因子
钢铁	企业法人	化石燃料燃烧、净购入电力和热力	区域电网排放因子，热力排放因子 0.11 tCO_2/GJ
造纸	企业法人		
铜冶炼	企业法人		
机场	企业法人		
电网	企业法人	输配电损失	区域电网排放因子
化工（合成氨、甲醇、电石）	分厂或车间	能源作为原材料、消耗电力和热力	加权平均排放因子（根据电力和热力来源不同，加权平均计算）
化工（合成氨、甲醇、电石之外）	分厂或车间	化石燃料燃烧、能源作为原材料、消耗电力和热力	
有色（电解铝）	电解工序	电解工序交流电耗	
平板玻璃	生产线	化石燃料燃烧、消耗电力和热力	
水泥	生产工段	化石燃料燃烧、熟料对应碳酸盐分解、消耗电力和热力	
石油化工	炼厂	化石燃料燃烧、消耗电力和热力	
发电	发电机组	化石燃料、净购入使用电力	区域电网排放因子
航空	航空器	化石燃料燃烧	/

第四节 存在的问题

虽然国家已经公布了企业层面的温室气体排放核算和报告指南,并且补充了关于碳交易纳入企业需要核算和报告的内容,初步形成了一套相对完善的MRV体系,但执行过程中仍存在一些问题,主要包括以下方面:

一、宏观层面

1. 国家层面第三方核查机构管理办法尚未出台

虽然《关于切实做好全国碳排放权交易市场启动重点工作的通知》(57号文)附件四列出了碳排放权交易第三方核查机构及人员参考条件,但由于只是通知文件,法律层级不足,各地在第三方核查机构实际筛选过程中,未严格按照相关规定执行,导致第三方核查机构及核查人员专业水平参差不齐,核查数据质量不高,MRV体系专业性受到一定程度影响。

2. 缺乏国家层面重点企(事)业单位温室气体碳排放报告管理办法

重点企(事)业单位作为全国碳排放交易市场重要的载体,是MRV体系重要组成部分,目前全国碳排放权交易市场中缺乏国家层面的温室气体排放报告管理办法,各地排放报告规范尚未统一,报送模板差异较大,且进度不一,一定程度上影响了全国碳排放权交易市场建设的进展。

3. 现有MRV体系对配额分配支撑不足

为了满足全国碳排放权交易配额分配的要求,国家发改委颁布了重点纳入企业的补充数据表,进一步补充完善了MRV体系。补充数据表的结构虽然相对完整,但缺乏对于具体情况的说明,如核算边界的确定、净购入使用电力和热力与消耗的电力和热力的区别、排放因子的计算等,导致排放企业及核查机构对内容其理解不一致,从而不能按照编制者的要求报告或者核查相关数据。此外,当企业实际情况达不到补充数据表填报要求时，如何变通处理，不同的核查机构处理方法有所不同，给配额分配工作造成一定困难。

二、具体技术层面

1. 指南一致性问题

不同行业指南中对于某些术语和定义的说法不统一，给排放企业和核查机构造成一定程度的困扰；此外，不同行业指南中对于同种燃料的低位发热量、单位热值含碳量、碳氧化率的缺省值数据不一致，导致使用同种燃料但属于不同行业的企业，计算排放量选取的缺省值不同，从而造成排放量的偏差。

2. 鼓励实测值选取问题

目前部分行业指南要求企业对相关参数进行实测，比如发电企业指南要求对于单位热值含碳量进行实测，水泥企业指南中也明确对于燃料的低位发热值，具备条件的企业可开展实测。但在实际操作过程中，部分企业发现指南给出的缺省值要低于实测值，为降低其排放量，即使企业有实测值也并未采用。这对于国家鼓励企业选用实测值的引导方向不一致。

3. 缺乏具体监测计划

虽然指南中明确要建立健全企业温室气体排放监测计划，但并没有关于监测计划的详细描述，因此企业对于监测计划应包含的内容并不了解，而核查机构在核查过程中，对主要排放源、排放设施、测量设施及数据来源等无法准确快速获取相关信息。

第五节　未来发展趋势

碳市场的建设并非一蹴而就，需要根据实践经验不断改进完善，MRV 体系同样需要不断地改进和完善，具体可从以下方面着手：

一、宏观层面

1. 建立健全国家层面的第三方核查机构管理办法

结合全国碳排放交易市场的进展及历史核查发现的问题，进一步完善及修订 MRV 体系，建立健全国家层面的第三方核查机构管理办法，确保地方发改委按照统一的标准筛选核查机构，保证核查数据质量。

2. 建立国家层面重点企（事）业单位温室气体碳排放报告管理办法

国家发改委应结合历史报送数据情况，建立国家层面重点企（事）业单位温室气体碳排放报告管理办法，进一步明确报送时间、核算与报送要求、监督管理及相应处罚措施等，同时应统一各地排放报告规范，完善报送制度。

3. 增加及明确对补充数据表的详细说明及核查要求

依据历史核查中遇到的问题，组织专家组对补充数据表进行修订，增加对补充数据表的详细说明，细化填写规范，同时在核查指南中明确对于补充数据表的具体核查要求，以满足碳排放权交易市场配额分配的需求。

二、具体技术层面

1. 解决核算指南的一致性问题

目前，部分指南中存在术语和定义描述不一致、同种燃料的低位发热量、单位热值含碳量等相关参数缺省值数据不一致问题。为解决相关问题，国家标准委于 2015 年 11 月 19 日批准发布了首批包括《工业企业温室气体排放核算和报告通则》以及发电、钢铁、民航等 10 个重点行业温室气体排放管理的 11 项国家标准[①]。新标准有效解决了核算指南一致性等问题，未来其他重点行业核算指南也会参考已发布的标准，转化为国标，逐渐推动碳排放管理规范化和制度化。

① 国家质检总局、国家标准委：《关于批准发布〈工业企业温室气体排放核算和报告通则〉等 11 项国家标准的公告》，2015 年 11 月 19 日，见 http://qhs.ndrc.gov.cn/gzdt/201512/t20151222_768314.html。

2. 逐步提高指南相关参数的缺省值以鼓励实测

如前所述,现阶段部分行业指南中给出的参数缺省值低于实测值,导致企业缺乏采用实测值的动力。未来指南应进行更加深入的研究,提高相关参数的缺省值,以鼓励企业进行实测。在这种情况下,企业温室气体排放量的计算将更加真实准确,对于参与碳交易的企业也更加公平。

3. 明确监测计划的具体内容

监测计划对规范企业温室气体排放监测及报告工作至关重要,同时也确保核查机构进行核查工作时有章可循。未来 MRV 体系应进一步明确监测计划的具体内容,比如企业简介、核算边界、排放源的分类、核算方法、数据获取、质量保证和质量控制等,并增加对监测计划的制定和核查要求,使企业的监测、报告工作以及核查机构的核查工作更加规范。

（本章作者:唐人虎、李鹏、李路路、郇乐雅,
北京中创碳投科技有限公司）

参考文献

EC(2004),"Commission Decision(EC) No 2004/156/EC of 29 January 2004 establishing guidelines for the monitoring and reporting of greenhouse gas emissions pursuant to Directive 2003/87/EC of the European Parliament and of the Council", *Official Journal of the European Union*, 59.

EC(2007),"Commission Decision(EC) No 2007/589/EC of 18 July 2007 establishing guidelines for the monitoring and reporting of greenhouse gas emissions pursuant to Directive 2003/87/EC of the European Parliament and of the Council (notified under document number C(2007)3416)", *Official Journal of the European Union*, 229.

EC(2012a),"Commission Regulation(EU) No 600/2012 of 21 June 2012 on the verification of greenhouse gas emission reports and tonne-kilometre reports and the accreditation of verifiers pursuant to Directive 2003/87/EC of the European Parliament and of the Council Text with EEA relevance", *Official Journal of the European Union*, 181.

US EPA(2009), "Final Rule for Mandatory Reporting of Greenhouse Gases", Retrieved from: https://www. epa. gov/regulations - emissions - vehicles - and - engines/final-rule-mandatory-reporting-greenhouse-gases.

国家发展改革委办公厅:《关于开展碳排放权交易试点工作的通知》,2011 年 10 月 29 日,见 http://www.ndrc.gov.cn/zcfb/zcfbtz/201201/t20120113_456506.html。

北京市发展和改革委员会:《北京市企业(单位)二氧化碳排放核算和报告指南(2013 版)》,2013 年 11 月 20 日,见 http://qhs. ndrc. gov. cn/zcfg/201312/t20131231_574013.html。

天津市发展和改革委员会:《关于开展碳排放权交易试点工作的通知》,2013 年 12 月 24 日,见 http://gk.tj.gov.cn/gkml/000125209/201401/t20140102_12670.shtml。

上海市发展和改革委员会:《上海市温室气体排放核算与报告指南(试行)》,2012 年 12 月 11 日,见 http://www.shdrc.gov.cn/xxgk/cxxxgk/14642.htm。

广东省发展改革委委员会:《广东省企业二氧化碳排放信息报告指南(2017 版)》,2017 年 3 月 22 日,见 https://max.book118.com/html/2017/0321/96324780.shtm。

湖北省发展和改革委员会:《工业企业温室气体排放监测、量化和报告指南(试行)》, 2014 年 7 月 14 日, 见 http://www. hbfgw. gov. cn/ywcs2016/qhc/tztgqhc/gwqhc/201407/t20140724_79338.shtml。

深圳市发展和改革委员会:《组织的温室气体排放量化和报告规范及指南》,2012 年 11 月 6 日,见 https://max.book118.com/html/2015/0331/14096836.shtm。

重庆市发展和改革委员会:《关于印发〈重庆市工业企业碳排放核算报告和核查细则(试行)〉的通知》, 2014 年 9 月 23 日, 见 http://www. cq. gov. cn/publicinfo/web/views/Show! detail.action? sid=3926627。

国家发展改革委办公厅:《关于印发首批〈10 个行业企业温室气体排放核算方法与报告指南(试行)〉的通知》,2013 年 10 月 15 日,见 http://bgt.ndrc.gov.cn/zcfb/201311/t20131101_568921.html。

国家发展和改革委员会:《关于组织开展重点企(事)业单位温室气体排放报告工作的通知》,2014 年 1 月 13 日,见 http://www.ndrc.gov.cn/zcfb/zcfbtz/201403/t20140314_602463.html。

国家发展改革委办公厅:《关于印发〈第二批 4 个行业企业温室气体排放核算方法与报告指南(试行)〉的通知》,2014 年 12 月 3 日,见 http://www.ndrc.gov.cn/gzdt/201502/t20150209_663600.html。

国家发展改革委办公厅:《关于印发〈第三批 10 个行业企业温室气体核算方法与报告指南(试行)〉的通知》,2015 年 7 月 6 日,见 http://www.ndrc.gov.cn/zcfb/zcfbtz/201511/t20151111_758275.html。

国家发展和改革委员会:《关于切实做好全国碳排放权交易市场启动重点工作的通知(发改办气候[2016]57 号》,2016 年 1 月 11 日,见 http://qhs.ndrc.gov.cn/qjfzjz/201601/t20160122_791850.html。

国家发展和改革委员会:《关于印发〈温室气体自愿减排交易管理暂行办法〉的通知》,2012 年 6 月 13 日,见 http://qhs.ndrc.gov.cn/zcfg/201206/t20120621_487133.html。

国家发展和改革委员会:《关于印发〈温室气体自愿减排项目审定与核证指南〉的通知》,2012 年 10 月 31 日,见 http://cdm.ccchina.gov.cn/zylist.aspx?clmId=161&page=1。

国家发展和改革委员会:《关于进一步规范报送全国碳排放权交易市场拟纳入企业名单的通知》,2016 年 5 月 13 日,见 http://www.ideacarbon.org/archives/32642。

国家质检总局、国家标准委:《关于批准发布〈工业企业温室气体排放核算和报告通则〉等 11 项国家标准的公告》,2015 年 11 月 19 日,见 http://qhs.ndrc.gov.cn/gzdt/201512/t20151222_768314.html。

第十章　覆盖范围、配额分配与总量设定

第一节　覆盖范围

覆盖范围是碳排放权交易体系建设过程中首先要解决的一个问题。碳排放权交易市场覆盖范围的研究内容主要包括四部分:(1)覆盖的温室气体种类和排放类型;(2)覆盖的国民经济行业类型;(3)覆盖的排放源边界是企业还是设施;(4)覆盖对象的门槛标准。

本部分总结了八个国家或地区碳排放权交易体系的覆盖范围,参考国际经验提出了确定国内碳排放权交易体系覆盖范围的主要原则,并结合我国实际情况,对我国建立碳排放权交易体系的覆盖范围提出了相关建议。

一、温室气体种类和排放类型

欧盟温室气体排放交易机制(EU ETS):分三阶段实施,覆盖范围逐步扩大。第一、二阶段控制温室气体类型仅为 CO_2,排放类型为化石燃料燃烧排放和过程排放(能源作为还原剂等原材料用途所产生的 CO_2 排放、石灰石和其他碳酸盐分解产生的 CO_2 排放、炼钢降碳过程排放)。第三阶段控制温室气体类型增加了 N_2O 和 PFCs,排放类型在前两阶段的基础上增加了三种过程排放,即石油加工和合成氨生产过程的 CO_2 排放、硝酸和己二酸生产过程的 N_2O 排放和电解铝

生产过程的 PFCs 排放。

美国加州碳交易机制:除包括《京都议定书》所规定的六种温室气体 CO_2、CH_4、N_2O、SF_6、HFCs 和 PFCs 之外,还包括 NF_3 和其他氟化物。排放类型为纳入工业设施的化石燃料燃烧排放和各种过程排放、从州外购入电力所对应的排放。

澳大利亚碳价格机制:纳入《京都议定书》六种温室气体中的四种,分别是二氧化碳(CO_2)、甲烷(CH_4)、氧化亚氮(N_2O)和熔炼铝的过程中所产生的全氟碳化物(PFCs)。排放类型为燃料燃烧排放、工业生产过程、采矿业逃逸气体及废弃物处理的排放。

新西兰碳交易市场:纳入《京都议定书》六种温室气体中的四种,分别是二氧化碳(CO_2)、甲烷(CH_4)、氧化亚氮(N_2O)和全氟碳化物(PFCs)。排放类型为燃料燃烧排放、工业生产过程、采矿业逃逸气体及废弃物处理的排放,此外,第一产业是新西兰的支柱产业,因此还包括了农业和林业排放源。

东京都碳排放总量控制和交易体系:仅包括 CO_2。排放类型包括化石燃料燃烧排放、净外购电力和热力所对应的排放。由于东京都的碳交易体系内没有纳入发电厂,因此不存在重复计算问题。

韩国碳排放市场:覆盖《京都议定书》中的六种温室气体 CO_2、CH_4、N_2O、HFCs、PFCs、SF_6。排放类型包括了燃料燃烧排放、工业生产过程、农业排放、废弃物处理的排放以及间接排放(由于公开可获得的资料有限,估计是指净外购电力所对应的排放,但不清楚韩国碳市场主管部门如何考虑重复计算问题)。

美国区域温室气体计划(RGGI):只针对电力行业的 CO_2 排放。排放类型为化石燃料燃烧排放。

加拿大魁北克的限额交易:涵盖了 CO_2 和其他六种温室气体(CH_4,N_2O,HFCs,PFCs,SF_6,NF_3)。排放类型包括了燃料燃烧排放、矿后逃逸、工业生产过程、农业排放、废弃物处理的排放以及输配电企业从省外购入电力所对应的排放。

二、排放源边界

国外主要碳排放权交易体系覆盖的排放源边界均定义为设施。但实际上,设施是一种广义的定义，各体系对于设施的定义中均提出，地理边界接近、提供同一产品生产或服务的一系列小规模设施可以打捆定义为一个设施。这种广义的“设施”的定义，实际上与“企业”的定义是比较类似的。而且在提交温室气体排放报告、参与碳交易以及履约方面，最终都要将设施对应至企业（运营者）名下。

三、覆盖的行业

欧盟温室气体排放交易机制（EU ETS）：分三阶段实施，覆盖的行业范围逐步扩大。第一阶段覆盖了发电、供热、石油加工、黑色金属冶炼、水泥生产、石灰生产、陶瓷生产、制砖、玻璃生产、纸浆生产、造纸和纸板生产。第二阶段增加了航空部门。第三阶段又增加了铝业、其他有色金属生产、石棉生产、石油化工、合成氨、硝酸和己二酸生产。按照我国国民经济行业分类国家标准来看，至第三阶段，EU ETS 覆盖的行业包括电力热力生产和供应业、石油加工业、化学原料和化学制品制造业、黑色金属冶炼和压延加工业、有色金属冶炼和压延加工业、非金属矿物制品业、造纸和纸制品业、航空运输业八大行业。

美国加州碳交易机制：分两阶段实施，覆盖的行业范围逐步扩大。第一阶段覆盖了发电、热电联产、电力进口商、水泥、玻璃、制氢、钢铁、石灰、制硝酸、石油和天然气、炼油、造纸行业，第二阶段进一步纳入了燃料供应商。按照我国国民经济行业分类国家标准来看，加州 ETS 覆盖的行业包括电力热力生产和供应业、石油加工业、化学原料和化学制品制造业、黑色金属冶炼和压延加工业、非金属矿物制品业、造纸和纸制品业六大行业。

澳大利亚碳价格机制：按照我国国民经济行业分类国家标准来看，澳大利亚碳价格机制覆盖的行业包括电力热力生产和供应业、采矿业（石油和天然气开采、有色金属矿采选）、石油加工业、黑色金属冶炼和压延加工业、有色金属冶炼和压延加工业、非金属矿物制品业、废弃物处理、交通运输业（铁路、国内航空航运）八大行业。

新西兰碳交易市场：按照我国国民经济行业分类国家标准来看，新西兰 ETS

覆盖的行业包括农业、林业、电力热力生产和供应业、采矿业(石油和天然气开采、有色金属矿采选)、石油加工业、有色金属冶炼和压延加工业、非金属矿物制品业、废弃物处理、航空运输业(自愿参与)九大行业。

东京都碳排放总量控制和交易体系:制造业和服务业(建筑)。与其他 ETS 不同的是,东京都地域范围内没有电厂和高耗能工业,因此覆盖的主要是服务业的公共建筑以及少量的轻工业厂房。

韩国碳排放市场:电力生产、工业、交通、建筑、农业及渔业、废弃物处理、公共事业。其中工业领域包括了电子数码产品、显示器、汽车、半导体、水泥、机械、石化、炼油、造船、钢铁十个行业。与 EU ETS 相比,未纳入有色金属冶炼和压延加工业,但增加了服务业(建筑、废弃物处理)、农业及渔业、轻工业。

美国区域温室气体计划(RGGI):只包括电力行业。

加拿大魁北克的限额交易:覆盖的行业包括电力热力生产和供应业(发电、供热、电网、热网)、采矿业、石油加工业、化学原料和化学制品制造业、造纸和纸制品业五大行业。

四、覆盖对象的门槛标准

欧盟温室气体排放交易机制(EU ETS):两种门槛标准:①容量门槛:20 MW 的燃烧设施;②产能门槛:钢铁行业(每小时产量 2.5 t 以上)、水泥行业(熟料为原料每天产量 500 t 以上或石灰石及其他为原料每天产量 50 t 以上)、玻璃行业(每天产量 20 t 以上)、陶瓷及制砖行业(每天产量 75 t 以上或砖窑体积超过 4 m^3 且砖窑密度超过 300 kg/m^3)、造纸行业(每天产量 20 t 以上)、石棉(每天产量 20 t 以上)。

美国加州碳交易机制:排放量门槛:年排放量超过 2.5 万吨二氧化碳当量。

澳大利亚碳价格机制:排放量门槛:年排放量超过 2.5 万吨二氧化碳当量。

新西兰碳交易市场:三种门槛标准:①排放量门槛:利用地热发电和工业采热温室气体排放超过每年 4000 吨;②产能门槛:每年开采 2000 吨煤以上;③能耗门槛:燃烧 1500 吨废油发电或制热;每年购买 25 万吨煤或 2000 TJ 天然气以

上的能源企业。

东京都碳排放总量控制和交易体系:能耗门槛:年能耗超过 1500 公升原油当量(相当于 1846 kg 标准煤)。

韩国碳排放市场:排放量门槛:单个设施每年排放超过 2.5 万吨二氧化碳当量,或具有多个设施的企业每年排放超过 12.5 万吨二氧化碳当量。

美国区域温室气体计划(RGGI):容量门槛:25MW 的发电设施。

五、覆盖范围的确定原则

从世界八个主要国家和地区碳市场的发展经验来看,确定碳排放权交易体系的覆盖范围应考虑以下两方面原则:

1. 参与方原则

需要具体考虑以下方面:

排放特征:与国家或地区的产业结构和能源结构有很大关系,涉及覆盖温室气体的种类、排放类型和行业范围。

数据基础:首先考虑关键数据是否可获得,其次考虑数据的准确性。

减排潜力:建立碳排放权交易体系的目的是深度挖掘不同行业的减排潜力,并通过市场机制实现这些减排潜力。

减排成本:考虑碳排放的价格以及减排成本,分析对相关企业生产成本的影响,并与自上而下的模型研究对接,进一步分析对国民经济的影响。

2. 管理者原则

需要具体考虑以下方面:

政策协调:主要指与国家或地区已发布的节能、低碳发展及环保等政策措施相协调。

管理成本:管理机构的监督成本、交易成本等。

避免泄漏:考虑碳价的传导途径以及主要用能设施间的可替代性,避免碳排放从交易体系覆盖范围之内向体系之外转移。

六、对我国碳排放权交易体系覆盖范围的建议

1. 气体种类和排放类型

全国碳排放权交易体系建设初期仅包括 CO_2。CO_2 是我国最主要的温室气体,占全国温室气体排放总量的 80%左右。

具体的排放环节包括:

(1)化石燃料燃烧导致的 CO_2 排放:约占全国温室气体排放总量的 72%,占全国 CO_2 排放总量的 90%以上。

(2)过程排放:具体包括水泥生产过程 CO_2 排放,合成氨、电石和甲醇等化工生产过程能源作为原材料用途导致的 CO_2 排放,约占全国温室气体排放总量的 8%—10%。

(3)外购电力、热力所对应的排放:与统计制度、节能政策、企业核算与报告指南保持一致性,将此部分排放计入消费侧。我国目前电力、热力价格不能向下游用户传导,工业锅炉等通用设备可以实现煤改电、气改电,或通过外购热力代替自有锅炉供热,因此如果不覆盖外购电力、热力所对应的排放较易造成碳排放权交易体系内外的碳泄漏。

2. 覆盖行业和门槛

可参考欧盟经验分阶段进行。

第一阶段(2017—2020 年):将电力生产和供应业(纯发电、热电联产、电网)、石油化工(炼油、乙烯)、化学原料和化学制品制造业(合成氨、电石、甲醇生产、其他化工产品生产)、非金属矿物制品业(水泥生产、平板玻璃生产)、黑色金属冶炼和压延加工业(钢铁联合企业、独立炼钢厂、钢压延加工)、有色金属冶炼和压延加工业(铝冶炼、铜冶炼)、造纸和纸制品业、民航业年能耗 1 万吨标准煤的企事业单位,以及各省、自治区、直辖市规定的重点排放单位纳入交易体系;其余 2010 年温室气体排放达到 1.3 万吨 CO_2 当量,或 2010 年综合能源消费量达到 5000 标准煤的法人单位,按照《关于组织开展重点企(事)业单位温室气体排放报告工作的通知》(发改气候[2014]63 号)要求,核算和报告本单位温室气体排放情况。

第二阶段(2020 年之后):在经过几年的排放报告数据积累之后,视情况决定是否扩大覆盖范围。

七、对纳入行业的量化分析

1. 二氧化碳排放现状

根据国际能源署(IEA)数据,2012 年我国能源燃烧 CO_2 排放 82.5 亿吨[①]。根据本课题组进一步测算,电力、热力、制造业、航空业排放合计约占我国能源燃烧 CO_2 排放量的 82%。

在制造业中,石油加工、化学原料和化学制品制造业、非金属矿物制品业、黑色金属冶炼和压延加工业、有色金属冶炼和压延加工业、造纸和纸制品业六大高耗能制造业占制造业能源燃烧 CO_2 排放(电力、热力消耗计入消费侧)的 83%。

图 10.1 是本课题组根据《中国能源统计年鉴》中的分品种终端能源消费量乘以相应的排放因子测算的八大纳入行业能源消费 CO_2 排放量。

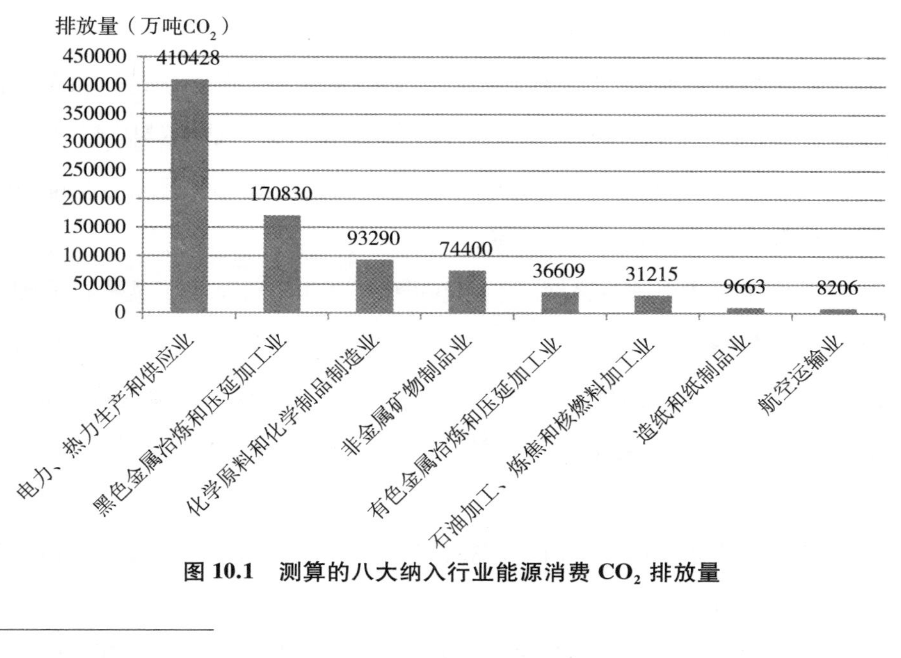

图 10.1　测算的八大纳入行业能源消费 CO_2 排放量

① "CO_2 Emissions from Fuel Combustion Highlights 2014", http://www.iea.org/publications/freepublications/.

2. 市场规模估计

经咨询行业专家,第一阶段纳入企业的数量可能超过6000家。根据主要产品产量及单位产品能耗等统计数据进行估算,占全国同口径CO_2排放量的45%以上。

第二节 配额分配

一、配额分配方法

1. 基本定义

二氧化碳排放配额(以下简称"配额"),是纳入碳排放权交易体系的排放源在特定时期内可以合法造成二氧化碳排放的总量限额,是政府应对气候变化主管部门发放给相关企业(单位)的二氧化碳初始排放权。

二氧化碳排放基准(以下简称"基准"),是根据国家低碳发展目标和完成国家自主碳减排贡献(INDC)要求,考虑到行业碳减排潜力和成本等因素,确定的行业单位实物产出(活动水平)导致的二氧化碳减排限额。各行业的基准值由国家应对气候变化主管部门确定并发布。

二氧化碳排放历史排放强度(以下简称"历史强度"),是为了某些行业配额分配需要,根据国家应对气候变化主管部门的要求,经过核查的若干历史年份的法人单位或其主要设施的单位实物产出(活动水平)导致的二氧化碳排放量。用于配额分配的历史强度值计算方法由国家应对气候变化主管部门确定并发布。

二氧化碳减排系数(以下简称"减排系数"),是根据国家低碳发展目标和完成国家自主碳减排贡献(INDC)要求,并考虑行业碳减排潜力和成本等因素,确定的行业历史强度下降率。行业减排系数由国家应对气候变化主管部门确定并发布。

2. 配额分配方法

按照是否免费的标准，配额分配方法可以分为免费分配、公开拍卖和定价出售三种。免费分配，即政府或相关部门根据一定的标准（如排放量、产品产量、能源消耗量等指标），将一定数量的配额免费发放给体系覆盖的排放设施。公开拍卖，即管理部门按照一定频率公开出售一定数量的配额，由企业竞价购买，出价高者可获得配额。定价出售，即管理部门规定初始配额的价格，由管理部门统一向企业出售许可证，企业根据自身的排放和经济情况选择购买配额或进行减排。

在免费分配中，分配原则可以是基于历史数据（历史总量法和历史强度法），也可以是基于相关年份的实际活动水平数据与行业基准值（benchmark）的乘积（行业基准法）；分配所基于的参数可以是企业的排放量，也可以是企业的生产投入或者产出。

（1）基准法

基准法是根据法人单位的实物产出量（活动水平）、所属行业基准两个要素计算法人单位配额的方法。基准法的核心计算公式为：

$$单位配额 = 行业基准 \times 实物产出量 \qquad (10.1)$$

（2）历史强度下降法

历史强度下降法是根据法人单位的实物产出量（活动水平）、历史强度值、减排系数三个要素计算法人单位配额的方法。历史强度下降法的核心计算公式为：

$$单位配额 = 历史强度值 \times 减排系数 \times 实物产出量 \qquad (10.2)$$

不同的排放交易体系根据其经济发展、覆盖行业以及减排目标等不同的情况选择合适的配额分配方案。

二、国外碳市场配额分配方法对我国的借鉴与启示

1. 国外碳市场配额分配方法简述

（1）欧盟温室气体排放交易机制（EU ETS）

EU ETS 第一阶段几乎全部采用免费分配，且以历史总量法为主；第二阶段，

拍卖的比例只有3%，其他为免费分配，历史总量法仍旧占据了较大比例，德国、英国等国部分采用了本国的基准法。基准法是德国第二阶段分配的主要方式，对2003年以前建的年排放超过2.5万吨CO_2的能源设施和2003年以后的所有设施均采用基准法分配配额，仅对2003年以前年排放小于2.5万吨CO_2的能源设施采用历史总量法进行分配。

EU ETS第三阶段分配方式发生了大幅度改变，拍卖将逐步成为主要的分配方式，免费分配的比例逐步降低，由历史总量法和国家基准法相结合的方式改为使用统一的欧盟基准法进行分配。2013年的拍卖配额比例至少为40%以上，并在接下来的几年中，这一比例将逐步上升。

电力部门（利用废气发电和部分中东欧国家的除外）以及捕获、传输和储存CO_2的部门将全部通过拍卖获得配额。对于电网建设较为落后或能源结构较为单一且经济较不发达的10个成员国，欧盟提供了“减损”选择（Optional Derogation），允许其在第三阶段的电力部门配额从免费分配逐渐过渡到拍卖，2013年时可以获得最多70%的免费配额，比例逐年递减，到2020年时需要全部通过拍卖获得。

对于工业和热力部门，无碳泄漏风险的行业拍卖比例将从2013年的20%上升到2020年的70%，目标是到2027年实现100%拍卖。面临欧盟外部竞争、存在高碳泄漏风险的行业将在第三阶段获得100%免费配额。免费分配的部分（包括“碳泄漏”行业在内）将采用欧盟层面的统一的事前标杆法（ex－ante benchmarks）。欧盟的标杆法主要针对的是产品，所采用的标杆是同类产品排放效率最高的10%设施的排放量平均值。

大部分配额的拍卖（约60%左右）将在欧盟的统一拍卖平台上进行，德国、英国和波兰将在自己的拍卖平台上进行拍卖。最终，欧盟指定EEX作为27个成员国的配额拍卖平台，EEX同时也是德国的拍卖平台，波兰在指定自己的拍卖平台前也将在EEX进行拍卖，英国则指定了ICE。欧盟于2010年出台了统一的拍卖管理规则，拍卖的原则是公开、透明、统一和非歧视。

（2）美国加州碳交易机制

排放配额通过免费和拍卖的方式分配，2013年的排放配额将以免费发放为主，之后免费发放的数额将逐年减少。免费配额分配方式依行业不同分为工业设施和配电两种。

工业设施的免费配额通过两种方式计算得出，分别是基于总产量和能源消费量所设置的排放基准（Benchmark）。其中造纸、石油提炼和钢铁行业使用总产量排放基准，其他行业使用能源消费量排放基准来计算，具体的配额计算方法为：

所分得的配额=产出（或能源消耗）×基于产出（能源消耗）的基准×上限调整因子（Cap Adjustment Factor）×工业援助因子（Industry Assistance Factor）

为了帮助碳泄漏风险较高的企业应对碳交易机制，加州政府在工业配额分配公式中设置工业援助因子，通过调整免费配额的数量给予有泄漏风险的企业一定优惠。

配电企业（Electrical Distribution Utility）的免费配额是基于长期购电计划计算得出的，全部配电企业每年可分得的配额总量为 9770 万吨乘以每年的上限调整因子。配电企业所获得的所有免费排放配额都必须在市场上拍卖且拍卖所得必须全部用于补贴电力消费者；配电企业本身并不是加州碳交易机制的纳入企业，加州政府通过将免费配额分配给不在纳入范围的配电企业来平抑电价上涨，同时避免了欧盟在碳交易机制初期发电企业利用规则获取额外利益（Windfall Profits）的弊端，这是加州碳交易体系的一大创新和亮点。

除去上述免费分配的配额外，其他配额将以拍卖的方式进行分配。首次拍卖时间为 2012 年 11 月 14 日，之后于每季度第二个月的第 12 个工作日拍卖一次，全年共四次。

加州还设置了配额价格控制储备（Allowance Price Containment Reserve，APCR）机制，只有履约实体才能参与购买储备配额，储备配额以固定价格出售。第一阶段的出售额度为当年配额总量的 1%，第二阶段为 4%，第三阶段为 7%；储备配额每年分四次出售，第一次储备出售定于 2013 年 3 月 8 日，之后在每个季度拍卖后的第六个星期。储备配额分为三个价格层级，每个层级的配额数量相等。2013 年三个价格层级分别为：40、45、50 美元；以后每年在前年价格的基础上递增 5%，同时考虑当年物价指数变化率。拍卖储备配额所取得的资金将进入空气污染控制基金(Air Pollution Control Fund)。

(3)澳大利亚碳价格机制

固定价格期间,分配方式分为免费分配与固定价格购买两种。对于“排放密集交易暴露行业”(Emissions-Intensive Trade-Exposed Industries,EITE)给予部分免费的配额,除去免费分配部分,其他配额都要求以当年的固定价格购买。

浮动价格期间,分配方式分为免费分配与拍卖购买两种。免费配额的分配仍将继续照顾“排放密集交易暴露”型企业;拍卖收入将用于家庭扶持与产业援助项目。清洁能源管理局(Clean Energy Regulator)将负责拍卖的相关事宜。拍卖将采用单向拍卖,不接受延期付款。拍卖的配额用于特定年份,可以储存但不能预借。

(4)新西兰碳交易市场

只有部分行业可以获得免费配额。部分种植业、对于受国际贸易影响或者无法将成本转嫁到消费者的企业可以获得一定的免费配额,但是获取配额必须通过两个条件:有一定的贸易风险和排放强度达到标准以上(每1新西兰元收入800吨二氧化碳当量)。

有获取免费配额资格的生产活动通过以下公式计算所能获取的配额数:

$$Allocation = [LA \times \sum (PDCT \times AB)]/2 \tag{10.3}$$

其中,

Allocation 指可得的配额数,依照公式计算。

LA 指协助水平,以百分比表示并且由生产活动的碳排放强度决定,可以分为高强度协助水平(90%)和低强度协助水平(60%)。

PDCT 指产品的数量,法规中有对产品进行严格的定义,计算前需要进行认真的阅读。

AB 指分配基准,基准的设定受产品碳强度的影响,数值可在法规中查询。

(5)东京都碳排放总量控制和交易体系

东京都碳交易体系配额分配采用祖父原则(Grandfathering),即配额分配是基于设施历史排放水平,每一阶段减排目标由履约因子(Compliance factor)确定。配额计算公式如下:

排放配额=基准排放量×(1-履约因子)×执行时期(5年)。

基准排放量是2002—2007年中任意连续3年排放的平均值。

第一阶段履约因子:对于集中供暖或供冷的设施,其履约因子是6%,其他设施则是8%。

第二阶段履约因子:计划为17%。

如果排放设施的减排成绩很好,被认定为顶级设施(Top-Level Facilitites),其履约因子可以降低到原来的1/2—3/4。

(6)韩国碳排放市场

考虑到企业的参与的积极性及其竞争性的影响,碳市场的配额分配将从免费分配开始,第一阶段100%免费分配,第二阶段97%免费分配,第三阶段开始低于90%免费分配。

免费配额的计算将考虑历史总量法和基准法。该比例的确定主要考虑了排放交易对国内产业国际竞争力的影响、气候变化相关国际谈判的发展动向,以及物价水平等对国民经济发展的影响等。另外,出口比例高于一定标准,或因温室气体减排导致的生产成本高于一定标准的企业,可以以无偿方式获得全部排放权。排放权的分配程序如下:企业编制"排放权分配申请书"(以下称为"分配申请书")并向主管当局提交。

(7)美国区域温室气体计划(RGGI)

RGGI的免费配额主要有两类,一类是早期(2006—2008年)减排的企业可获得的早期减排配额(Early Reduction CO_2 Allowance,ERA),另一类是属于补贴或奖励性质的储备(set-aside)配额,各州可自主规定。第二阶段开始,不仅没有ERA,免费发放的储备配额也将减少,因此绝大部分配额都将拍卖。

第一阶段共有89%的配额进行拍卖,其中成功拍出70%,未拍出配额中14%注销,5%转到下一个控制期;1%以固定价格出售;10%作为储备配额,其中成功发放4%,未发放的储备配额中3%注销,3%转到下一个控制期。每个控制期结束后,剩余的拍卖配额或储备配额由各州自行决定处置方式,有的州将其注销,有的州将其转移到下一个控制期。配额拍卖每个季度一次,在每个季度的第三个月举行。2008年9月进行第一次拍卖,截至2015年3月已完成27次拍卖。

(8)加拿大魁北克的限额交易

为帮助缓解竞争和碳泄漏,魁北克为以下几个行业免费分配配额:采矿业(不包括石油和天然气业);制造业(包括石油和天然气业);蒸汽和空气调节供应;使用由采取排放限制及交易制度的地区(未与魁北克连接)购入电力的设施;生产的电力以固定价格销售,合同在 2008 年 1 月 1 日前签定,之后未延长或更新。

根据排放基准决定每年分给选定排放者的配额,排放基准根据法案附件 C 中列出的公式计算。2012 年到 2014 年,配额免费分配将根据设备的 2007 年到 2011 年年均历史排放强度,由产量修正,其中生产过程排放获得 100%免费配额,燃料燃烧获得 80%免费配额,其他排放源获得 100%免费配额。

2015 年到 2020 年每年配额随排放强度下降目标而下降。不同产业活动下降幅度不同。与免费配额的减少相反,拍卖配额将增加。

其他未被免费分配的配额每年最多拍卖四次。拍卖从 2012 年开始以 10 加元/吨起价,每年增长 5%(包含通胀因素)。该底价原定为 15 加元/吨,为与美国加州进行连接而调整。

2015 年之前,每个投标人在每次拍卖限购相应配额比例的排放单位。单个排放者购买不能超过 2013 年和 2014 年 15%的年配额量,2015 年以后不能购买超过 25%的年配额量。非排放者购买不能超过 2013 年和 2014 年 4%的年配额量,2015 年以后不能购买超过 25%的年配额量。

2. 国际经验对我国的借鉴与启示

基于历史总量的配额分配方法存在明显缺陷,一方面是可能由于市场需求的减少和经济形势的突变而发生过量分配;另一方面,对于能效较高、排放强度已经处于领先地位的企业来说,会产生“鞭打快牛”的不公平现象。

因此,欧盟、美国加州目前已停止采用基于历史总量的方法,转而采用基准法,基本公式如下:

配额=产出×基于产出的基准×上限调整因子×免费分配比例

配额=能耗×基于能耗的基准×上限调整因子×免费分配比例

然而,目前欧盟采用的基准法仍存在两个问题:首先,欧盟的碳排放配额是事先分配的，产出或能耗采用的是历史数据，仍导致了一定程度的过量分配；其次，上述第二个公式方法是以能耗为活动水平，不限制能耗是不利于节能减碳的。

因此，目前欧盟的专家学者仍在研究对于其现在使用的基准法的进一步改进，具体思路有如下两个：

(1)研究使用动态基准法，以当年产出作为活动水平；

(2)研究纳入消费侧，核算边界内增加电力消费导致的排放。

三、国内碳市场试点经验的借鉴与启示

1. 国内碳交易试点地区配额分配方法概述

我国试点地区配额分配方法各有特点，运行效率和实践经验为全国统一碳市场的配额分配方法提供了良好的借鉴。多数试点地区对于既有设施采用的是以历史排放强度为基数的历史强度法，由于存在配额多发、降低减排积极性等原因都存在一定的缺陷，而以行业先进水平为分配基础的基准法，更加符合经济发展的客观规律。

(1)北京

北京市对纳入碳交易试点的发电企业和电网企业均采取免费配额分配。其中对发电企业的既有机组，即 2013 年 1 月 1 日前投入运行的固定设施，采取历史强度法核定额配，历史强度基准为控排企业 2009—2012 年期间碳排放强度的平均值，且既有机组碳配额按照控排系数逐年递减；对发电企业新增机组，即 2013 年 1 月 1 日后投入运行的固定设施，采取基准法核定配额。对于电网企业，北京市碳交易试点采取历史排放法免费核发配额。

表 10.1　北京市发电/供热设施控排系数

	2013 年	2014 年	2015 年
火力发电企业的燃气设施	100%	100%	100%
火力发电企业的燃煤设施	99.9%	99.7%	99.5%

续表

	2013 年	2014 年	2015 年
供热企业(单位)的燃气设施	100%	100%	100%
供热企业(单位)的燃煤设施	99.8%	99.5%	99.0%

表 10.2　北京市电力行业碳排放强度先进值

类别	单位	先进值
低热电比　热电联产: 9E 级 热电比≤0.2	kgCO$_2$/MWh	409.98
低热电比　热电联产: 9E 级 0.2<热电比≤0.3	kgCO$_2$/MWh	368.3
低热电比　热电联产: 9E 级 热电比>0.3	kgCO$_2$/MWh	341.15
9F 级热电比≤0.2	kgCO$_2$/MWh	353.1
0.2<9F 级热电比≤0.3	kgCO$_2$/MWh	345.49
9F 级热电比>0.3	kgCO$_2$/MWh	312.37

(2)天津

天津电力行业的分配方法与北京相似。天津市对纳入碳交易试点的发电企业采取免费配额分配。对发电企业的既有机组,按照历史强度法核定配额,历史强度基准水平依据纳入发电企业在 2009—2012 年期间正常工况下单位产出二氧化碳排放的平均值确定,且历史强度基准值逐年下降 0.2%。对发电企业新增机组,采取基准法核定配额。

(3)上海

上海市对纳入碳交易试点的发电企业采取免费配额分配,并按照不同燃料类型、不同机组类型和装机规模确定了 6 条基准线,采取基准法核定发电企业配额,其中,燃煤发电的基准值每年递减 0.5%。上海是唯一全部采用基准法对电力企业进行配额分配的试点。

上海市对于电力行业采用基准法来进行 2013 年至 2015 年碳排放配额分配。在综合考虑电力企业不同类型发电机组的年度单位综合发电量碳排放基准、年度综合发电量以及符合率修正系数等因素后，确定企业年度碳排放配额，其计算公式如下：

企业年度碳排放配额=年度单位综合发电量碳排放基准×年度综合发电量×符合率修正系数

表 10.3　年度单位综合发电量碳排放基准

类型		装机容量（万千瓦）	年度单位综合发电量碳排放基准（吨二氧化碳/万千瓦时）		
			2013 年	2014 年	2015 年
燃气		—	3. 800	3. 800	3. 800
燃煤	超超临界	100	7. 440	7. 403	7. 366
		66	7. 686	7. 647	7. 609
	超临界	90	7. 951	7. 911	7. 871
		60	7. 954	7. 914	7. 875
	亚临界	60	8. 155	8. 114	8. 074
		30	8. 218	8. 177	8. 136

年度综合发电量根据企业年度实际发电量和年度供热量确定，计算公式为：

年度综合发电量=年度实际发电量+年度供热折算发电量

年度供热折算发电量=年度供热量+热电折算系数

（4）广东

广东省对纳入碳交易试点的发电企业的配额分配采取部分免费发放和部分有偿发放，其中免费配额的比例为 95%。广东省对燃煤燃气纯发电机组和燃煤热电联产机组采用基准法分配配额，对燃气热电联产机组以及资源综合利用发电机组等企业使用历史排放法，历史排放基准依据企业近三年正常年份的年均碳排放量。另外对于采用基准法的机组的新建项目的配额根据设计产能和基准值进行核定。

表 10.4　广东省基准值

机组类型			基准值（克 CO_2/千瓦时）
燃煤	1000MW		825
	600MW	超超临界	850
		超临界	865
		亚临界	880
	300MW	非循环流化床机组	905
		循环流化床机组	927
	300M 以下	非循环流化床机组	965
		循环流化床机组	988
燃气	390MW		390
	390MW 以下		440

对于使用历史排放法分配配额的燃气热电联产企业以及资源连综合利用发电机组企业，配额量根据历史平均碳排放量与年度下降系数计算得到。其中，历史平均碳排放量原则上取企业 2011—2013 年正常年份的年均碳排放量。

（5）深圳

深圳市对纳入碳交易试点的发电企业的配额分配采取无偿分配和有偿分配两种方式。

关于有偿分配，深圳采取拍卖方式出售的配额数量不得低于年度配额总量的 3%。深圳市政府可以根据碳排放权交易市场的发展状况逐步提高配额拍卖的比例。

深圳工业企业的配额分配数量根据目标碳强度和产量/产值确定，配额发放包括预分配和配额调整两步。首先，每年第一季度根据目标碳强度和预期产量/产值，签发当年度的预分配配额，配额预分配的结果由主管部门报市政府批准后下发。其次，每年 5 月 20 日前，主管部门根据目标碳强度和和统计指标数据（实际产量/产值）确定实际配额数量，对照管控单位上一年度预分配的配额数量，相应进行追加或者扣减，追加配额的总数量不得超过当年度扣减的配额总数量。电力企业年度目标碳强度为所处行业基准碳排放强度或自身的历史碳强度，生产数据为产量（发电量、供气量、供水量等）。预分配时，取预期产量/产值；最终分配时，取实际产量/产值。对于发电行业：年度配额=当年生产总量×目标碳强度。

（6）湖北

湖北省对纳入碳交易试点的发电企业采取免费配额分配，并创新地综合使用历史总量法和标杆法对纳入发电企业进行配额核定。其中，企业的预分配配额采取历史总量法，即先根据历史排放基数的一半给企业预分配配额；事后调节配额采取标杆法其中对火电企业的标杆值采用2011年位于第50%位纳入火电企业的单位发电量碳排放量，为9.1931吨/万千瓦时；而对热电联产、采用煤矸石等其他燃料的发电企业，其标杆值等于企业当年单位发电量碳排放量。

（7）重庆

重庆市对纳入碳交易试点的发电企业在2015年前采取免费配额分配。重庆的配额分配与其他试点碳市场有较大的区别，配额分配不是依据基准线法或历史总量法确定配额数量，而是由配额管控单位每年自行在规定时间内申报本年度排放量。主管部门在申报结束后20个工作日内根据配额申报情况确定最终配额数量。若最终排放量与申报量差别过大，主管部门还可在第二年对配额数量进行调整。此外，重庆试点全部施行免费分配，暂未设置配额有偿分配的机制。

2. 国内试点经验对我国的借鉴与启示

国内7个试点地区的以下做法，对于建设全国碳市场有很好的借鉴与启示作用：

对历史总量法的改进：北京、上海、湖北采用了事先分配+事后调整的历史总量法，在一定程度上避免了鞭打快牛，更公平。但这种方法难以从根本上避免过量分配问题的发生；操作复杂，核查难度大，管理成本高。

企业边界与设施边界相结合的配额分配方法：与我国现行的法人统计制度和能源计量水平相适应。

基于历史排放强度的方法：企业以自身的历史强度为比较基准，不受行业排放强度数据统计工作的限制；以当年产出作为活动水平，避免过量分配。

四、全国碳排放权交易体系配额分配总体思路

1.行业方法的确定

参考国外的经验,但主要是借鉴国内试点的实践。建设全国统一碳市场应尽可能少采用历史总量法。

最大可能利用基准法,规避经济变化造成的不确定性,避免过多的配额事后调整(企业之间可比性好、数据可获得性好的"双好"子行业)。行业基准法的履约主体是独立法人企业或视同法人的独立核算单位。履约边界是企业的主产品生产系统(工序、分厂、装置),能耗可以单独计量,计量准确性高,易于核查;产品和工艺具有同质性,行业内横向可比。

对于有些行业子类,由于生产工艺复杂、子行业横向可比性差、涉及大量二次能源再利用、分工序能源计量准确性低等原因,难以在全国碳排放权交易体系建设初期即开发出公平、科学、可操作的行业基准值,因此从历史排放强度下降法方法入手,随着企业能源计量水平的提高和统计数据的积累,逐步过渡到基准法。

表 10.5　各行业配额分配方法

国民经济行业分类	企业子类	配额分配方法
电力、热力生产和供应业	发电	基准法
	热电联产	基准法
	电网	历史强度下降法
石油加工、炼焦和核燃料加工业	原油加工	基准法
化学原料和化学制品制造业	乙烯	基准法
	合成氨	基准法
	电石	基准法
	甲醇、其他子行业	历史强度下降法
非金属矿物制品业	水泥熟料	基准法
	平板玻璃	基准法

续表

国民经济行业分类	企业子类	配额分配方法
有色金属冶炼和压延加工业	电解铝	基准法
	铜冶炼	历史强度下降法
黑色金属冶炼和压延加工业	粗钢、延压加工	历史强度下降法
造纸和纸制品业	纸浆制造	历史强度下降法
	机制纸和纸板	历史强度下降法
航空运输业	航空旅客运输	基准法
	航空货物运输	基准法
	机场	历史强度下降法

2. 行业基准值研究方法

在全国碳市场建设的第一阶段，以各省市级主管部门上报国家发改委的2013—2015年重点排放单位核查报告数据为基础，对排放数据进行分类、汇总和分析，按照国际通用的碳排放基准值计算方法，计算各行业碳排放强度基准值。主要包括如下几个步骤：

第一步：选取参加全国碳排放权交易的某行业所有重点排放单位作为样本，计算样本2013—2015年平均碳排放强度。原则上应选取本行业的所有重点排放单位核查填报数据作为样本，但当个别单位的数据填报有误或有缺失的情况下，可以剔除相应的样本数据，并进行说明。

$$\text{样本2013—2015年平均碳排放强度}=\frac{\text{样本2013—2015年总排放量}}{\text{样本2013—2015年总产量}}$$

第二步：按照单个样本碳排放强度由低到高的顺序排列，选取该行业2013—2015年若干个样本的累计产量占所有样本总产量的比例达到5%时，这些样本的碳排放强度加权平均值，作为行业基准值的第一个参考值。具体计算公式如下：

$$\text{行业2013—2015年前5\%加权平均碳排放强度}=\frac{\text{5\%以内的样本2013—2015年总排放量}}{\text{5\%以内的样本2013—2015年总产量}}$$

第三步：按照上述方法，行业内样本的累计产量每增加 5%，计算碳排放强度加权平均值，作为行业基准值的参考值数据序列。

第四步：结合节能降碳、地区和产业发展相关政策和需求，兼顾效率和公平原则，对计算出的基准值参考值进行配额盈缺分析、样本企业抗压力试算和地区分布研究，最终选出适用于全国碳排放权交易的基准值。

3. 配额核定工作流程

（1）制定配额分配方法：国家主管部门。

（2）出台配额分配技术指南：国家主管部门确定各纳入行业的配额分配具体方法、公式及参数、时间安排、分配程序及其他具体要求。

（3）配额预分配：省级主管部门依照配额分配方法和技术指南的要求，基于与配额分配年度最接近的历史年份的主营产品产量（服务量）等数据，初步核算所辖区域内纳入企业的免费配额数量。经国家主管部门批准后，在注册登记系统中作为预分配的配额数量，进行登记。采用有偿分配方式的省级主管部门要

国家—地方—企业配额关系

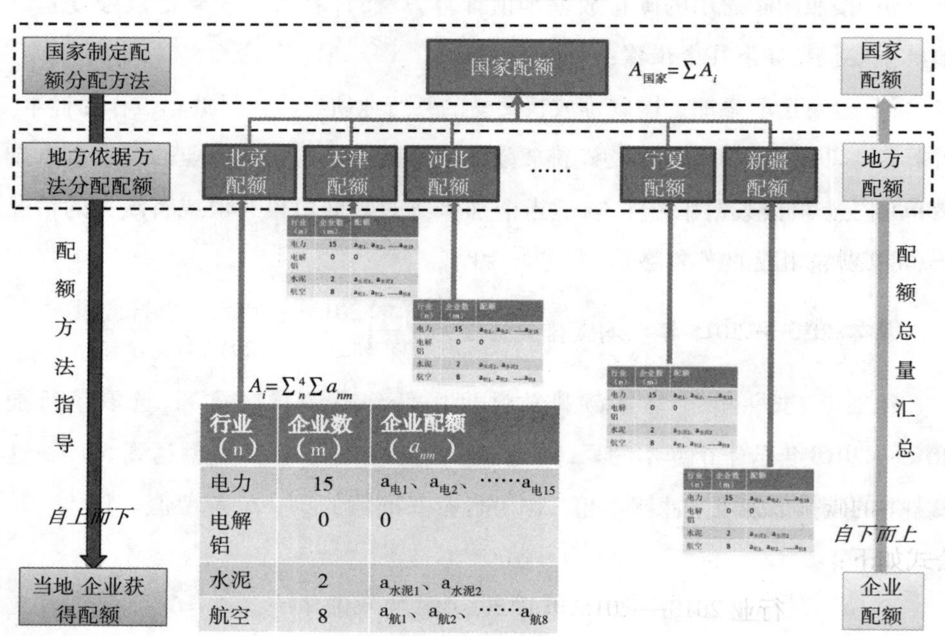

图 10.2　国家—地方—企业在配额分配中的关系

制定有偿分配的具体方案，报国家主管部门批准后实施。

(4)确定最终配额数量：省级主管部门依照最终确定的配额分配方法和技术指南的要求，基于配额分配年度的主营产品产量(服务量)、新增设施排放量等核查数据，核算所辖区域内纳入企业的最终配额数量，多退少补。经国家主管部门批准后，在注册登记系统中作为最终配额数量，进行登记。

五、以电解铝行业为例介绍配额分配方法应用

1. 配额含义

以电解铝生产为主营业务的企业法人(或视同法人的独立核算单位)的所有电解工序消耗交流电所产生的 CO_2 排放限额。

2. 电力消耗的 CO_2 排放因子取值

电解铝生产企业电解工序消耗交流电力所产生的 CO_2 的排放因子全国取同一值，2017 年为 0.6858 tCO_2/MWh，以后年份电力 CO_2 排放因子值另行发布。

3. 配额分配方法

电解铝生产企业的 CO_2 排放配额分配方法是行业基准法。具体分配公式为：

$$A = BQ$$

其中

A—企业二氧化碳配额总量，单位：tCO_2；

B—电解工序 CO_2 排放基准值，2017 年电解工序的国家 CO_2 排放基准值为 9.1132 tCO_2/t 铝液，以后年份的国家基准值按逐年有所降低的原则在当年另行发布；

Q—企业铝液产量，是企业所有电解工序的铝液产量之和，单位：t。

4. 2017 年配额计算流程

(1)配额预分配

第一步：核实电解铝生产企业 2015 年铝液产量数据。

第二步:按企业 2015 年铝液产量的 50%,乘以电解工序 CO_2排放基准,计算预分配的配额量。

(2)最终配额确定

第一步:核实企业在 2017 年的铝液产量数据。

第二步:按企业 2017 年的实际铝液产量,乘以电解工序 CO_2排放基准值,计算最终分配的配额量。

第三步:由于产量的变化导致企业最终分配的配额量与预分配的配额量不一致的,以最终分配的配额量为准,多退少补。

第三节　总量设定

一、自上而下的配额总量设定

碳市场设计的一个需要考虑的重要问题就是碳市场在完成国家碳减排目标中究竟能起多大的作用? 降低碳强度是我国“十二五”和“十三五”规划要完成的约束性目标,也是最重要的应对气候变化目标。根据规划纲要要求,“十三五”期间我国的碳强度要下降 18%左右[①]。为了保证这一碳减排指标的完成,国务院发布了《“十三五”国家应对气候变化工作方案》,将国家碳强度下降 18%的目标分解到了的各省(自治区、直辖市),也成为各省(自治区、直辖市)“十三五”要完成的约束性规划指标。这就客观上要求明确碳市场配额总量设定与完成碳强度下降目标之间的数量关系。

完成规划期碳强度下降目标所需的碳减排量可以表示为:

$$\Delta Q_Y = Q_Y^0(1 + \alpha_Y)\beta_Y \tag{10.4}$$

其中:

ΔQ_Y —实现规划期碳强度下降目标所需要的碳减排量;

① 《国务院关于印发“十三五”控制温室气体排放工作方案的通知》,2016 年,见 http://www.gov.cn/zhengce/content/2016-11/04/content_5128619.htm。

Q_Y^0 —规划期初的整个经济体的碳排放总量；

α_Y —规划期整个经济体的经济增长率；

β_Y —规划期要求的整个经济体的碳强度下降率。

规划期末碳市场完成的碳减排量可以表示为：

$$\Delta Q_{ets} = Q_{ets}^0(1 + \alpha_{ets})\beta_{ets} \tag{10.5}$$

其中：

ΔQ_{ets} —规划期碳市场完成的碳减排量；

Q_{ets}^0 —规划期初的碳市场所覆盖行业的碳排放总量；

α_{ets}^0 —规划期碳市场所覆盖行业综合平均经济增长率；

β_{ets}^0 —规划期碳市场所覆盖行业综合平均碳强度下降率。

根据式（10.4）和式（10.5），碳市场在实现碳减排目标的贡献可以表示为：

$$\delta = \frac{Q_{ets}^0}{Q_Y^0} \times \frac{1 + \alpha_{ets}}{1 + \alpha_Y} \times \frac{\beta_{ets}}{\beta_Y} \tag{10.6}$$

其中：

δ —碳市场对实现碳减排目标的贡献率。

对式（10.6）进行重新整理，令 $\varepsilon = \frac{Q_Y^0}{Q_{ets}^0}$，为简便起见忽略幂级数展开后的 α_{ets} 二次以上的高次项以及 α_{ets} 和 α_Y 的乘积项，所要求的碳市场覆盖行业的综合平均碳强度下降率可表示为：

$$\beta_{ets} = \varepsilon\delta\beta_Y(1 + \alpha_Y - \alpha_{ets}) \tag{10.7}$$

规划期末碳市场的配额总量可以用下面的公式表示：

$$Q_{ets} = Q_{ets}^0(1 + \alpha_{ets})(1 - \beta_{ets}) \tag{10.8}$$

将式（10.7）带入式（10.8），我们可以得到碳市场配额总量的一个新的表达式：

$$Q_{ets} = Q_{ets}^0(1 + \alpha_{ets})(1 - \varepsilon\delta\beta_Y(1 + \alpha_Y - \alpha_{ets})) \tag{10.9}$$

式（10.9）是一个自上而下的碳市场配额总量设定方程式。我们可以把其中的 ε 理解成代表碳市场覆盖范围的一个特征参数。由方程（10.9）可以看出，碳市场的配额总量和碳市场覆盖范围、碳减排目标要求和希望碳市场发挥的作用相关,也和碳市场所覆盖行业未来的经济增长率有关。欧盟碳市场失败的一个主要原因,就是设计者预先估计的碳市场所覆盖行业的经济增长率高于后来实际的情况,造成设定的配额总量大大高于实际碳排放量。

二、自下而上的配额总量设定

配额分配方法可分成有偿分配法和免费分配法。拍卖是配额有偿分配采用的主要方法。利用拍卖的方法分配配额,配额分配和总量设定的关系十分简单,只要在市场上将设定的配额总量拍出就行了。在现阶段,我国碳市场的配额分配还是以免费发放为主。我们在这里选择基于未来实际活动水平的基准法,重点讨论配额分配方法与总量设定之间的关系。

基于未来实际活动水平的基准法可以表示为:

$$a = Bl \tag{10.10}$$

其中:

a —排放企业或单位可获得的碳排放配额;

B —排放企业或单位所属行业的碳排放基准值;

l —排放企业或单位的实际活动水平。

如果采用基于实际活动水平的基准法分配配额,碳市场的配额总量可表示为:

$$Q_{ets} = \sum_{i}^{N} B_i L_i \tag{10.11}$$

其中:

N —碳市场所覆盖行业总数;

B_i —行业 i 的碳排放基准值;

L_i 行业 i 的实际活动水平。

方程(10.11)所表述的碳市场配额总量是由行业基准和行业活动水平决定的,而行业基准的确定往往是根据行业企业的碳排放强度数据分布情况确定的,考虑了技术上的可行性,是一种自下而上的配额总量设定方法。

三、自上而下与自下而上相结合的总量设定

碳市场总量设定要求自上而下设定的配额总量与自下而上设定的配额总量相一致，因此我们有：

$$Q_{ets}^{0}(1+\alpha_{ets})(1-\varepsilon\delta\beta_{Y})=\sum_{i}^{N}B_{i}L_{i} \tag{10.12}$$

方程(10.12)建立了碳市场总体设计的一个理论分析框架，它表述了碳市场总体设计中的关键政策目标指标(碳强度下降率和碳市场的贡献率)、关键碳市场特征指标(碳市场覆盖范围和行业碳排放基准值)和关键经济指标(碳市场覆盖行业的总体经济增长率和分行业活动水平)之间的数量关系，揭示了碳市场总体设计应该遵循的基本原理。也就是说，只有当碳市场设计涉及的这些指标满足方程(10.12)时，碳市场的设计才是内部逻辑一致的，也才能做到科学合理。

下面用一个例子说明自上而下与自下而上相结合的总量设定。2015 年我国化石燃料消费所产生的 CO_2 排放量约为 90 亿吨。根据“十三五”规划纲要的目标要求，“十三五”期间的 GDP 年增长率在 6.5%左右，碳强度累计下降 18%。根据当前已经公布的国家碳市场的覆盖范围和纳入碳市场的企业门槛进行估算，2015 年纳入全国碳市场的 CO_2 排放量约为 45 亿吨。假定“十三五”期间碳市场覆盖行业的总经济增长率为 27%(年均 5%)，如果希望全国碳市场的建设在实现碳减排目标中的贡献不低于 30%、50%和 70%的话，根据公式(10.9)，我们可以计算出 2020 年全国碳市场的配额总量应分别不高于 51 亿吨、47 亿吨和 42 亿吨。根据公式(10.11)，行业碳排放基准的选择就应该保证碳市场配额总量分别不高于 51 亿吨、47 亿吨和 42 亿吨。另一个方面，在利用企业排放报告数据确定行业碳排放基准过程中，通过进行完成碳减排目标所希望的行业碳排放基准和根据企业报告数据所确定的行业碳排放基准之间的对比分析，来验证利用自上而下的方法提出的碳市场贡献率是否可行。

(本章作者：佟庆、周丽、张希良，清华大学)

参考文献

Publication:CO_2 Emissions from Fuel Combustion Highlights 2014,http://www.iea.org/publications/freepublications/.

《国务院关于印发〈"十三五"控制温室气体排放工作方案的通知(2016)〉》,http://www.gov.cn/zhengce/content/2016-11/04/content_5128619.htm。

图 索 引

表索引

责任编辑:陈　登

图书在版编目(CIP)数据

中国碳市场发展报告:从试点走向全国/段茂盛,吴力波 主编. —北京:
人民出版社,2018.9
ISBN 978-7-01-019598-8

Ⅰ.①中… Ⅱ.①段… ②吴… Ⅲ.①二氧化碳-排污交易-市场分析-研究
报告-中国-2017 Ⅳ.①X511

中国版本图书馆 CIP 数据核字(2018)第 168390 号

中国碳市场发展报告

ZHONGGUO TANSHICHANG FAZHAN BAOGAO

——从试点走向全国

段茂盛　吴力波　主编
齐绍洲　胡　敏　副主编

人民出版社 出版发行
(100706　北京市东城区隆福寺街 99 号)

天津文林印务有限公司印刷　新华书店经销

2018 年 9 月第 1 版　2018 年 9 月北京第 1 次印刷
开本:710 毫米×1000 毫米 1/16　印张:16.75
字数:244 千字

ISBN 978-7-01-019598-8　定价:56.00 元

邮购地址 100706　北京市东城区隆福寺街 99 号
人民东方图书销售中心　电话 (010)65250042　65289539